高等学校国家级精品资源共享课程

国家级电工电子实验教学示范中心

电工电子实验系列教材

电工学实验教程

王宇红　主编

王宇红　廉玉欣　郑雪梅　牟晓明　刘晓芳　编

王香婷　主审

高等教育出版社·北京

内容提要

本书为国家级精品课程、国家级精品资源共享课程“电工电子实验系列课程”中电工学实验部分的教材。全书共分为7章，既包括基础验证型实验、设计型实验，又包括综合设计型实验、研究创新型实验，并且融入了紧密贴合工程实际的高新技术，内容丰富，为学生个性化学习提供了扩展空间。本书不仅可作为高等院校非电类专业学生的实验教材，也可以作为相关工程技术人员的参考书籍。

本书集合了哈尔滨工业大学电工电子实验教学示范中心十余年的实验教学改革与实践经验，将实验相关知识点的重点内容制作成讲解视频（扫描二维码即可观看），便于学生自主学习。本书既适用于全开放、自主学习式实验教学模式，也满足于国家级精品资源共享课和MOOC课程的教学要求。

本书为新形态教材，正文中提供了70余个与教材内容相关的实验视频资源，用手机扫描二维码，输入封底的20位密码（刮开涂层可见），完成与教材的绑定后可观看学习。

图书在版编目(CIP)数据

电工学实验教程/王宇红主编.--北京:高等教育出版社,2020.9

ISBN 978-7-04-054159-5

Ⅰ.①电… Ⅱ.①王… Ⅲ.①电工实验-高等学校-教材 Ⅳ.①TM-33

中国版本图书馆CIP数据核字(2020)第101440号

Diangongxue Shiyan Jiaocheng

策划编辑 金春英　责任编辑 孙　琳　封面设计 于文燕　版式设计 王艳红
插图绘制 于　博　责任校对 马鑫蕊　责任印制 刘思涵

出版发行 高等教育出版社
社　　址 北京市西城区德外大街4号
邮政编码 100120
印　　刷 肥城新华印刷有限公司
开　　本 787mm×1092mm　1/16
印　　张 15.5
字　　数 340千字
购书热线 010-58581118
咨询电话 400-810-0598

网　　址 http://www.hep.edu.cn
　　　　 http://www.hep.com.cn
网上订购 http://www.hepmall.com.cn
　　　　 http://www.hepmall.com
　　　　 http://www.hepmall.cn

版　　次 2020年9月第1版
印　　次 2020年9月第1次印刷
定　　价 31.00元

物 料 号 54159-00

前言

电工学实验是面向高等工科院校非电类专业本科生开设的电类基础实践课，是电工学课程的重要组成部分。

随着教育改革的深入发展，以及社会对创新性人才的广泛需求，实验教学模式的改革势在必行。开放式实验教学是顺应时代发展的人性化教学模式的最好体现，它是指实验时间、实验地点、实验元件、实验内容的全面开放。在这种教学模式下，教师由传统的讲授指导变为启发引导，给学生更多的自由发挥空间，以促进学生的个性化学习和发展，有利于培养创新能力强的高素质“拔尖”人才。开放式实验教学不仅对学生的自主学习能力提出了要求，而且对配套的网络教学平台及实验指导教材提出了更高的要求。丰富完善的教学资源能够帮助学生做好自主预习，进而实现知识收获最大化。

作为国家级实验教学示范中心的哈尔滨工业大学电工电子实验教学中心，坚持开放式实验教学十余年，在实践中探索、总结并积极改革，在培养高精尖的创新性人才方面不懈努力。

《电工学实验教程》在哈工大电工电子实验教学中心开放式教学的背景下应运而生，汲取了哈工大电工电子实验教学中心所有教师的实践教学经验，并在大家的支持和指导下完成。

本书具有如下特点：

(1) 参编教师由实验教学及理论教学一线教师组成，不仅具有丰富的开放式实验教学经验，而且把握了理论知识的精度及深度。

(2) 顺应工程实用能力的需求，引入了最新版本的 OrCAD 17.2 仿真软件及可编程序控制器和变频器的应用。

(3) 注重对学生创新能力的培养，包含了电子技术综合实验。

(4) 配备的大量实验仪器及实验内容的教学视频为实验教学中心的教师亲自录制，深入浅出地阐述了实验重难点，将视、听、像结合的预习课件生动形象地展现在学生面前，以帮助学生高效直观地完成自主预习。

本书由王宇红担任主编，负责全书的统稿。参加本教程编写工作的有牟晓明(2.6~2.8 节及 7.2.13 小节)、郑雪梅(第 3 章)、廉玉欣(第 4 章)、刘晓芳(第 5 章)、王宇红(第 1、6 章及 2.1~2.5、7.1.1~7.2.12 小节)。

本书承蒙中国矿业大学王香婷教授主审，王教授对全书进行了仔细审阅，对错误之处做出指正并提出许多宝贵的修改意见。在此谨向王香婷教授致以衷心感谢！

由于编者水平有限，书中难免有错误和不妥之处，敬请读者提出宝贵意见，以便于本书的修订和完善。编者邮箱为 hongest@ hit.edu.cn。

本书为新形态教材，正文中提供了 70 余个与教材内容相关的实验视频资源，用手机扫描二维码，输入封底的 20 位密码(刮开涂层可见)，完成与教材的绑定后可观看学习。与教材绑定后一年为有效期。如有账号问题，请发邮件至：abook@ hep.com.cn。

编者

2019 年 7 月于哈尔滨工业大学

目录

第 1 章 电工学实验常识

电工学实验是电工学教学中至关重要的实践环节。学生通过自主完成设计、搭接、测量、分析等步骤，可加深对电路理论的理解，并在此基础上进一步完成对复杂电路的设计和完善，这对学生综合素质及创新能力的培养起到不可或缺的作用。

全开放的自主学习模式，体现了以学生为中心的教学理念，促进了学生个性化的学习与发展，对学生的自主学习能力和意识提出了更高的要求。本章介绍的电工学实验基本常识，包括实验流程、实验安全及实验测量等相关知识，是学生实验课程进行之前必须通过自学、了解并掌握的知识要点，以保证后续实验的安全及质量。

1.1 传统教学模式下的实验流程与要求

完整的实验过程不是只有实验操作一个环节，为保证实验质量，必须重视实验预习、实验操作及实验总结的每一个环节。

1. 实验预习

实验预习是指在实验操作前对本次实验涉及的理论知识、仪器操作的熟悉。

(1) 回顾实验原理。复习实验内容所涉及的理论知识，用理论解答该次实验内容。

(2) 了解实验目的。实验是巩固并加深理解“电工学”课程理论知识的手段，并通过它培养学生用理论知识分析和解决实际问题的能力，以及严肃认真的实验习惯和严谨的科学工作作风。在实验过程中，教会学生连接电路、排查故障的实验技巧；熟悉常用电工电子仪器的使用方法；掌握实验数据的采集与记录、实验曲线的测试与绘制及各种实验现象的分析方法等。由于每个实验对以上目的的侧重不同，因此同学们应在预习的过程中加以明确。

(3) 掌握仪器操作。每个实验均应用多种测量仪器，在实验进行前观看视频文件并掌握所涉及的各种仪器的使用方法。

(4) 明确实验任务，预测实验结果。预先按照各项实验任务计算其理论值，以备与实验测试值进行比较。对于设计性实验，应事先绘制好设计电路。

2. 实验操作

正确合理的实验操作方法是实验顺利进行的有效保证。实验操作时，应注意如下事项：

(1) 检查实验仪器

实验前，首先按照实验指导书清点实验台上提供的实验仪器，并按照预习时网络视频或实验指导书的讲解内容检查仪器是否完好，如有问题及时向指导教师提出。

(2) 连接线路

按照实验报告提供的实验电路或自己绘制的设计电路接线时，应遵循如下要求：

① 接线前，调节电源至实验要求值后关闭。接线过程中，保持电源为关闭状态。

② 对于较为复杂的实验电路，应按照“先并联后串联”“先主路后辅路”的顺序进行。

③ 为避免接触不良，应尽量避免在一个接点连接三根以上的导线。

④ 接好线路后，对照实验电路图，从左到右仔细检查。对于强电或可能造成设备损坏的实验电路，在自查的基础上，应请指导教师复查后方可接通电源。

(3) 排查故障

当电路出现故障时，可按照以下方法排查：

① 断电检查法。关闭电源开关，用万用表的欧姆挡对电路中的接点进行逐一测试，根据被检查点的电阻值是否异常找出故障点。

② 通电检查法。不需关闭电源，用万用表的电压挡对电路中的接点进行逐一测试，根据被检查点的电压值是否异常找出故障点。

(4) 测试数据

① 首先进行预测，此过程不必仔细读取数据，而只是概略地观察被测量的变化趋势及测量仪表的读数变化范围。

② 根据预测结果选定仪表的适当量程，对实验电路进行正式测量。为保证绘制曲线的精确度，注意在曲线的拐点处多取几组数据。

③ 测试完毕后先自查，看是否与理论预测结果相近。经指导教师复核无误后，方可拆除接线。

(5) 整理实验台

完成所有实验内容后，将仪器、导线等所用实验器具按原样摆放，确保所有仪器的电源为关闭状态。经老师允许后，方可离开实验室。

3. 实验总结

实验总结通过实验报告的形式进行。除实验操作外，实验报告的撰写也是教师考核学生实验效果的重要部分。规范的实验报告要求学生用通顺的文字及清晰的图表总结实验目的、过程、结果等信息，并对实验结果进行正确、简要地分析。

1.2 开放实验环境下的实验流程与要求

开放实验是教育改革的需要，是创新培养的需要。全开放模式下的实验教学管理系统，包括开放实验教学门户网站、网上预约选课、课程预习资料、学时累计、课程评分等系统。这些网络信息交流功能为师生进行交互式实验教学提供了便利的条件。

为提高学生自主学习效果，在哈尔滨工业大学电工电子实验教学中心的网

站中，我们将电工学各实验项目制作成多媒体课件或教学视频，将实验教学内容和仪器仪表使用方法生动、形象、真实地展现在学生面前，可在较短时间内帮助学生理解实验内容，既提高了预习效率，又调动了学生学习的积极性；同时，也大大改善了实验课堂的质量，减少了实验过程中的误操作和实验材料的损耗。

根据课程对学生自主学习的要求，学生在进入实验室做实验之前，必须了解并遵循以下实验流程，方能顺利完成实验，以取得良好的实验效果。

1. 预约

学生先进行网上预约选课，课内实验一般安排3个学时，可在任何终端登录中心门户网站，通过网上预约选课系统自主预约实验时间段、实验室以及实验台。学生登录选课系统后，能够看到本学期需要完成的所有实验项目，可根据教学进展及个人情况，合理安排自己的实验时间和实验项目。中心下设多个开放实验室，每个开放实验室的设备各不相同，学生可以任意选择实验室完成不同类型的实验，以及课程设计等活动。

2. 预习

中心网站提供了所有电工电子实验的预习课件、实验仪器的讲解视频，以及实验指导视频。学生预约选课后，根据相应预习资料进行学习，预习完毕后，必须通过网络实验预习系统考试题目的测试，才能够进入实验室进行实验操作。对于设计综合型实验，要求学生根据实验内容，设计电路，撰写实验预习报告。

3. 操作

学生进入实验室刷学生卡，教师机会显示该学生是否预约了本次实验，预考核是否通过，以及预约的实验台号等信息。学生只能到指定的实验台进行实验，教师通过PDA实时给出操作成绩，实验结束后，学生即可登录系统查询成绩。

4. 报告

要求学生认真撰写实验报告，包括实验数据的整理和分析，实验设计电路及验证等，还可针对实验内容提出自己的想法和改进建议等。中心在指定地点配备实验报告箱，实验结束后，由课代表统一收齐本班学生的实验报告并上交，提交下次报告时取回前次批改过的报告。

5. 考核

每门实验课的实验成绩由平时成绩和期末考试成绩组成，二者各占实验课程总成绩的50%。其中平时成绩由预考核成绩、操作成绩、报告成绩通过加权换算得出，期末考试采取实际操作的形式来完成。

1.3 实验安全与规则

任何情况下，实验安全是学生必须重视的意识基础。

1. 安全常识

实验室使用的各种电工及电子仪器仪表都是在动力电下工作的。为避免用电事故的发生，有必要在进行实验前了解一些安全用电常识。

（1）一般地，实验室使用的动力电是 380 V/50 Hz 或 220 V/50 Hz 的三相交流电源。为保证供电平衡，通常采用三相四线制。

（2）实验仪器的工作电压一般为 220 V。为避免由于仪器漏电而对操作人员造成的安全隐患，实验时要求将同时使用的所有仪器的金属外壳连在一起，并与大地相接，即“共地”，因此在实验室需引入一条与大地连接良好的保护地线。

（3）保护地线与零线有着本质的区别。首先，二者接地的地点不同。保护地线在用电器端接地，零线在变压器次级端接地。其次，保护地线只有在产生漏电时才出现漏电流，正常情况下电流为零，而零线电流不等于零，为三条火线中电流的矢量和。在实验室的各种测量是以大地（保护地线）为参考点的，而不是零线。

（4）实验仪器的工作电压从实验台的电源接线盒中引出。按照电工操作规程，两芯插座的左孔接零线，右孔接火线。三芯插座除了左孔接零线，右孔接火线外，中间孔接保护地线。

（5）触电时，电流会对人体造成伤害，其程度与通过的电流大小、频率、持续时间等因素有关。工频（50 Hz）交流电对人体伤害最大，我国规定的安全工频电流为 30 mA。另外，电压越高，电流越大，一般情况下规定安全电压为 36 V，但在潮湿闷热的环境中，安全电压则被规定为 12 V。

2. 安全规则

为保证人身及设备安全，在实验时必须遵守如下规则：

（1）严禁带电接线、拆线或改接线路。

（2）通电后不得触及任何带电部位，不得带电操作，严格遵守“先接线后通电”“先断电后拆线”的操作规程。

（3）在做电机实验时，避免触及转动的电动机。切断电源后，若电动机尚未停止转动，不准用手制动电动机。

（4）所有实验仪器均应在了解其注意事项后方可使用。例如电流表内阻很小，必须串联接电路。若将电流表误当作电压表使用，会因流过大电流而烧毁电流表。同样，功率表的电流线圈也必须串接使用。

（5）实验过程中发现异常现象，如设备发热、异常声响、焦煳气味等，应立即关断电源，保护现场，报告指导教师。

1.4　电量测量与数据处理

测量是通过与已知标准量进行比较，从而确定被测量数值的过程。我们所做的电量测量，是借助各种电工、电子测量仪器仪表而对电磁量进行的测量。掌握正确的测量方法，是从事科学技术研究工作最基本的实践能力。

1. 测量的方法

大体上，测量的方法可被分为直接测量和间接测量。

（1）直接测量：可直接从测量数据中得出测量结果的方法，如用电压表测量电压值、电流表测量电流值等。

(2) 间接测量:不能直接从测量数据中获得,而需将测量数据带入运算公式,通过计算求得测量结果的方法。例如,测量某电阻消耗功率,先通过电压表和电流表测得电阻的电压值和电流值,再通过公式 $P=UI$ 计算得出功率值。

2. 测量的过程

测量的过程一般包括以下三个阶段:

(1) 测量准备。确定被测量,设计测量方法并选择合适的测量仪器仪表。

(2) 测量操作。严格遵照测量仪器仪表的使用注意事项进行操作并认真记录测试数据。

(3) 数据处理。通过计算和分析,得出测试结果。

3. 测量的误差

通过实验方法获得被测量的测量结果与其真值存在一定差异,即测量误差。测量误差不可能彻底消除,它受仪器精度、测量方法及测量人员技能等因素的影响,但我们可以通过学习测量误差相关知识、选用合适的测量仪器、设计合理的测量方法、提高测量技能等途径来降低测量误差,获得尽可能接近真值的测量结果。

(1) 绝对误差

被测量的测量值 A 与真值 A_0之间的差称为绝对误差,其符号为 ΔA。

$$\Delta A=A-A_0$$

(2) 相对误差

绝对误差 ΔA 与被测量的真值 A_0的比值称为相对误差,其符号为 γ,通常用百分数表示。

$$\gamma=\frac{\Delta A}{A_0}\times 100\%$$

(3) 仪表准确度

仪表在正常工作条件下测量时可能产生的最大绝对误差 ΔA_m 与仪表量程 A_m 的比值称为仪表的准确度,其符号为 α,通常用百分数表示。

$$\alpha=\frac{\text{最大绝对误差}(\Delta A_m)}{\text{满刻度量程}(A_m)}\times 100\%$$

由上式可知,α 越小,仪表准确度越高。我国直读式仪表的准确度分为 0.1、0.2、0.5、1.0、1.5、2.5、5.0 七个级别。通常 0.1/0.2 级仪表可作为标准表用来校正其他低等级的仪表,并可进行精密测量;0.5～1.5 级仪表用于实验室测量;1.5～5.0 级仪表用于工程测量。

另外,仪表测量时,由于最大相对误差可表示为

$$\gamma_m=\frac{\text{最大绝对误差}(\Delta A_m)}{\text{被测量的真值}(A_0)}=\text{准确度等级}(\alpha)\times\frac{\text{满刻度量程}(A_m)}{\text{被测量的真值}(A_0)}$$

因此可知,当被测量的真值一定时,相对误差决定于仪表的准确度等级 α 与其满刻度量程的乘积。若仪表量程相同,准确度等级愈高(α 值愈小),相对误差愈小;若仪表准确度相同,量程愈小,相对误差愈小。

例: 设直流电流源输出电流 $I=80$ mA。今用一只 0.5 级多量程直流毫安表

的 100 mA 量程和 200 mA 量程分别进行测量，产生的最大相对误差如下：

① 用 100 mA 量程测量时

$$\gamma_m=\alpha\times\frac{A_m}{A_0}=\pm0.5\%\times\frac{100}{80}=\pm0.625\%$$

② 用 200 mA 量程测量时

$$\gamma_m=\pm0.5\%\times\frac{200}{80}=\pm1.25\%$$

由上例可以看出，即使采用同一块电流表测量同一被测电流，使用不同的电流量程，所产生的相对误差也是不同的。被测量值愈是接近所选挡位的满刻度量程，产生的相对误差就愈小，测量的结果就愈准确。所以，同学们在以后的实验过程中，应根据被测量值的大小选择适当的仪表量程，使仪表的读数尽可能接近满刻度量程（仪表指针指示于满量程的 2/3 以上区域），以减小测量误差。

4. 测量数据的处理

由于测量误差不可避免，因此测量值仅是一个近似值，测量数据的处理过程是一个近似计算的过程，为了记录数据方便准确，我们需要了解有效数字的概念。

有效数字由可靠数字和欠准数字组成。假设用电流表测量电流，若指针指示于 8.2 与 8.3 之间，不同的测量人员可能会读取不同的数据，如 8.24、8.25 或 8.26 等。这些数据的前两位是确定的，称为可靠数字。而后一位估计数字是不确定的，称为欠准数字。从数据左侧第一个非 0 数字开始的所有可靠数字再加一位欠准数字均为有效数字，有效数字的个数称为有效位数。

记录有效数字应遵循如下规定：

① 有效数字只包含一位欠准数字。

② 有效数字的位数与小数点无关，例如，1234、1.234、12.34 都是四位有效数字。

③ 第一个非 0 数字前的 0 不算有效数字，例如，0.45、4.5 均为两位有效数字。

④ 位于非 0 数字之间及之后的 0 为有效数字，例如，4.05 为三位有效数字，40.50 为四位有效数字。

⑤ 对于末尾含若干个 0 的整数，若无特别说明，则所有数字均为有效数字，有效位数即为该整数的位数。例如，45 000 为五位有效数字。利用科学计数法，可将该数字表示成不同位数的有效数字，如 4.5×10^4 为二位有效数字；4.50×10^4 为三位有效数字；4.500×10^4 为四位有效数字。用科学计数法表示有效数字时需注意，左侧第一位应为非 0 数字。

第2章 电工技术实验

本章包括直流电路实验和交流电路实验,是电工学实验的基础。直流电路实验部分侧重于对基本概念、基本定理的验证,培养学生正确测量、分析数据及排查故障的基本能力。交流电路实验部分侧重于对各种电路现象的观察、分析和总结,加深同学们对较为抽象的交流电路现象的理解。认真完成本章实验,是高质量完成全部电工学实验的必要条件。

2.1 电阻元件的伏安特性与电路的测量

1. 实验目的

(1) 掌握电工仪器仪表的使用方法。

(2) 测定线性电阻元件和非线性电阻元件的伏安特性。

(3) 学习应用仪表检查电路故障的方法。

2. 实验预习

(1) 认真阅读实验教程的第1章内容,了解实验室安全、实验要求及实验测量等知识。

(2) 预习电工测量仪表的使用方法。

(3) 预先估算实验待测数据,以便实验测量时选择适当的仪表量程。

3. 实验原理

(1) 电阻元件的特性是以该元件两端的电压 U 及流过该元件的电流 I 之间的关系来表征的,常以伏安特性 $U=f(I)$ 或 $I=f(U)$ 来表示。一般情况下,伏安特性曲线常以电流为横坐标,但在电子技术中,半导体器件的伏安特性曲线习惯上以电压为横坐标。线性电阻元件的伏安特性是通过坐标原点的一条直线,符合欧姆定律,即 $R=\dfrac{U}{I}=$ 常数。半导体稳压管是一种特殊的电阻元件,其伏安特性曲线如图2.1所示,电阻是非线性的,即 $\dfrac{U}{I}\neq$ 常数。显然,稳压管的电阻值不但随电压和电流的大小而改变,还与电流的方向有关。半导体器件的伏安特性对分析电子电路和确定电路的工作点具有重要的意义。

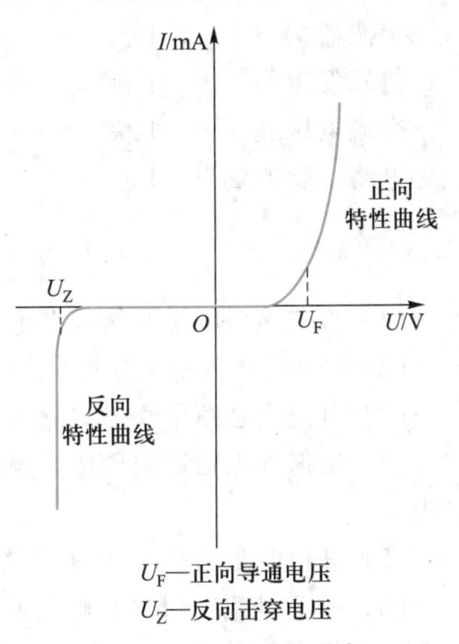

图2.1 稳压管伏安特性

(2) 电工仪器仪表通常用于电路故障的排查与数据的测量,掌握正确的使用方法是顺利完成电工学实验的前提条件,使用时应注意各种仪器仪表的连接与读取数据的不同要求。

经常测量的电参量包括:

① 直流电压(电流):是指大小不随时间变化的电信号,通常用符号 DC 标识。

② 交流电压(电流):是指大小随时间进行周期变化的电信号,通常用 AC 标识。

③ 峰值 V_p:周期信号的最大瞬时值。

④ 峰-峰值 V_{p-p}:周期信号一个周期内最高值和最低值之间的差值。

⑤ 有效值 V_{rms}:也称方均根值。根据电流热效应规定,在相同的电阻上分别通以直流电流和交流电流,经过一个交流周期,如果它们在电阻上所消耗的电能相等,则把该直流电流(电压)的大小作为交流电流(电压)的有效值,正弦电流(电压)的有效值等于其最大值(幅值)的 $1/\sqrt{2}$,约 0.707 倍。

测量前应根据被测量属性选择直流仪表或交流仪表。直流电路通常由直流稳压电源提供输入信号,电路中的直流电流可用直流电流表、示波器或 FLUKE 测试仪来测量,直流电压可用数字万用表、示波器或 FLUKE 测试仪来测量。交流电路的输入信号通常由函数信号发生器提供,交流电流用交流电流表、示波器或 FLUKE 测试仪来测量,数字万用表可用于测量低频交流电压,对于本教程交流部分实验用到的 1kHz 以上高频信号。若用普通的万用表测量会产生很大误差(某些高端万用表可测量较高频率交流信号),因此应该使用交流电压表、示波器或 FLUKE 测试仪进行测量。

4. 实验设备

直流稳压电源	1 台
直流毫安表	1 块
数字万用表	1 块
示波器	1 台
信号发生器	1 台
交流电压表	1 块
电路实验装置	1 套

5. 注意事项

(1) 直流稳压电源及信号发生器的输出端不能短路。

(2) 严禁将直流稳压电源的输出端与信号发生器的输出端直接短接在一起。

(3) 电流表必须串联于被测支路。

(4) 根据预先估算结果选择测量仪表的合适量程,若无法估计,应选择较大量程。

(5) 进行电路测量时,所有仪器仪表应“共地”。

(6) 进行直流测量时须注意参考方向,测量结果应考虑是否添加“+”“-”号。

（7）直流稳压电源及信号发生器的输出，以测量仪表的实测值为准。

以上注意事项也适用于今后的各种实验，参加每次实验都要有科学态度和安全意识，逐步养成良好的实验习惯。

2-1 视频：伏安特性的测定

. 实验内容

（1）直流信号的测量

通过测定电阻、稳压管的伏安特性曲线，熟练掌握直流信号的测量方法。

2-2 视频：UNI-T 56 数字万用表

1）测定电阻元件和稳压管。选取数字万用表的合适挡位，测定电阻元件的阻值，以及稳压管的阳极和阴极。

2）测定线性电阻元件伏安特性。将稳压电源的输出电压 U_S 调至 0V，按图 2.2 连接电路。在万用表的监测下，按表 2.1 所列数值改变 U_S，测电阻两端的电压 U 及电阻上流过的电流 I 填入表 2.1 中，并在图 2.3 中画出线性电阻元件伏安特性曲线。

提示：二极管的阴阳极可通过外观判断，大多数二极管表面用一个不同颜色的环表示阴极。也可通过万用表判断，将万用表调至二极管挡，红、黑表笔各接在二极管的一端。若万用表有数值显示（二极管压降），则此时红笔接的是二极管阳极，黑笔接的是二极管阴极；若万用表没有数值显示，则红笔接的是二极管阴极，黑笔接的是二极管阳极。

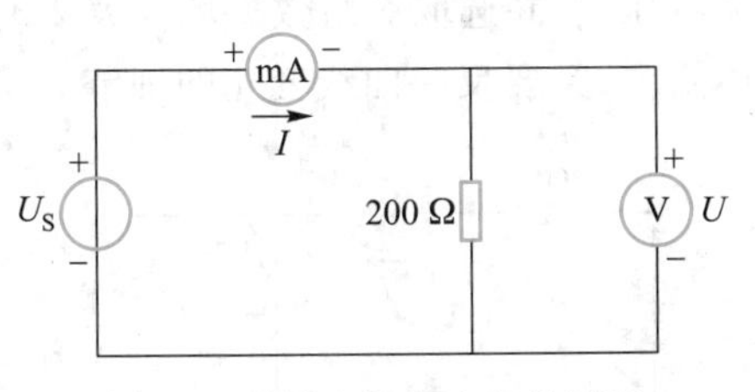

图 2.2　线性电阻伏安特性测定

表 2.1　线性电阻伏安特性数据

U_S/V	0	2	3	6	8
U/V					
I/mA					

2-3 视频：DF1731SB3AD 直流稳压电源

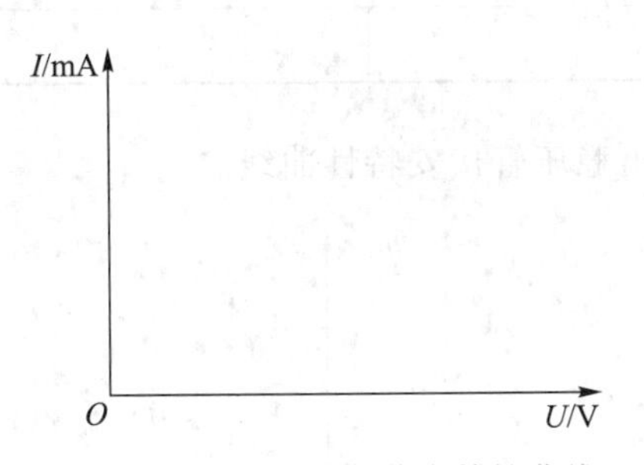

图 2.3　线性电阻元件伏安特性曲线

2-4 视频：C65 直流电流表

3）测定稳压管伏安特性。

① 正向特性按图 2.4 接线，在万用表的监测下，将稳压电源的输出电压 U_S 由 0 V 逐步调至 6 V，用直流毫安表测量电流 I，用万用表测量稳压管两端电压 U，并选取 8 组测量数据填入表 2.2 中。所选数据既要满足正向特性曲线的整体要求，又能反映曲线变化的细节。

图 2.4 稳压管正向特性测定

表 2.2 稳压管正向特性数据

U_S/V								
U/V								
I/mA								

② 反向特性按图 2.5 接线(只需将图 2.4 中稳压管反接即可)。在万用表的监测下,将稳压电源的输出电压 U_S 由 0 V 调至 9 V,用直流毫安表测量电流 I,用万用表测量稳压管两端电压 U,并选取 8 组数据填入表 2.3 中。所选数据既要满足反向特性曲线的整体要求,又要反映曲线变化的细节。

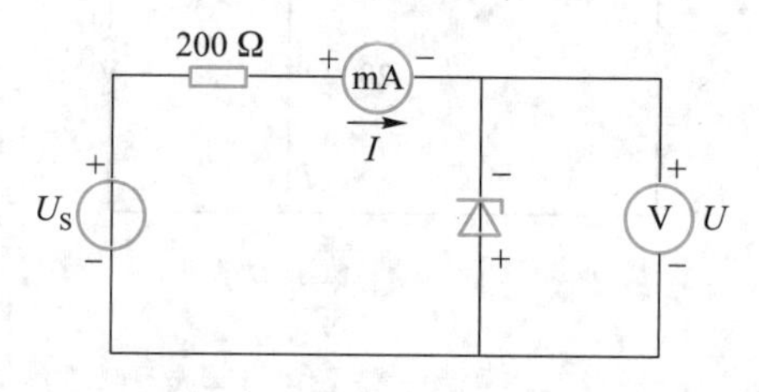

图 2.5 稳压管反向特性测定

表 2.3 稳压管反向特性数据

U_S/V								
U/V								
I/mA								

③ 在图 2.6 中画出稳压管伏安特性曲线。

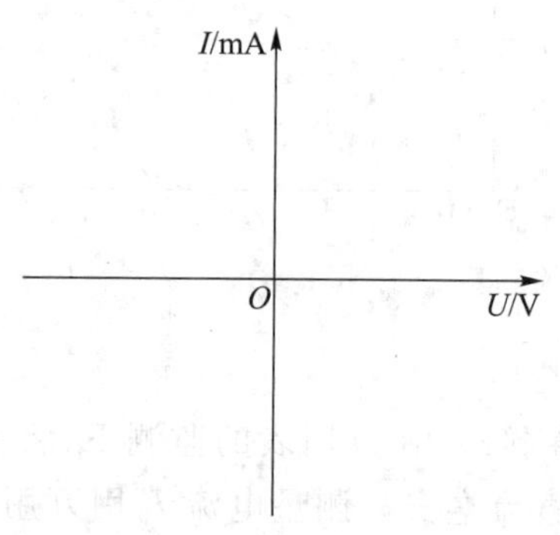

图 2.6 稳压管伏安特性曲线

2-5 视频:AgilentDSO-5032A 示波器

(2) 交流信号的测量

通过对示波器的操作练习,熟练掌握交流信号的测量方法。

1）示波器的游标手动测量，步骤如下：

① 将校准信号接入CH1。

② 按下Cursors按钮，示波器屏幕显示游标测量界面。

③ 按下Mode软键，选测量模式为Manual。

④ 按下Source软键，选定相应的信源：1。

⑤ 选择游标类型为X（时间测量）。

⑥ 按下X1软键，调节“输入”旋钮，使游标X1左右移动；

按下X2软键，调节“输入”旋钮，使游标X2左右移动。

⑦ 屏幕显示游标X1、X2的时间值及游标X1、X2间的时间差值，将所测数据填入表2.4中。

⑧ 选择游标类型为Y（幅值测量）。

⑨ 按下Y1软键，调节“输入”旋钮，使游标Y1上下移动；

按下Y2软键，调节“输入”旋钮，使游标Y2上下移动。

⑩ 屏幕显示游标Y1、Y2的电位值及游标Y1、Y2间的电压差值，将所测数据填入表2.4中。

2-6 视频：AgilentDSO-5032A示波器的手动测量

表2.4 示波器校准信号的测量

自动测量			游标手动测量	
峰-峰值	周期	频率	峰-峰值	周期

2-7 视频：AgilentDSO-5032A示波器的自动测量

2）示波器的自动测量，步骤如下：

① 将校准信号接入CH1。

② 按下Quick Meas按钮，示波器屏幕显示自动测量界面。

③ 按下Source软键，选定相应的信源：1。

④ 按下Select软键，显示测量项目菜单。

⑤ 调节“输入”旋钮，选定待测项目。

⑥ 按下Measure软键，开始测量。

⑦ 测量校正信号波形的峰-峰值、周期和频率，并将结果填入表2.4中。

提示：当CH1、CH2均有信号输入时，被选中作为触发信源的通道无论其输入是否被显示都能正常工作。但当只有一路输入时，“信源选择”应该为有信号输入的那一路通道，否则波形难以稳定。

3）示波器垂直系统练习，步骤如下：

① 调节信号发生器，使其输出频率为1kHz的正弦波信号，信号显示幅度按表2.5所给数值设置。

表2.5 垂直系统练习

信号发生器显示		示波器测量		交流电压表测量
频率/kHz	峰-峰值/V	峰-峰值/V	有效值/V	有效值/V
1	1			
1	5			
1	10			

2-8 视频：Agilent33210A函数信号发生器

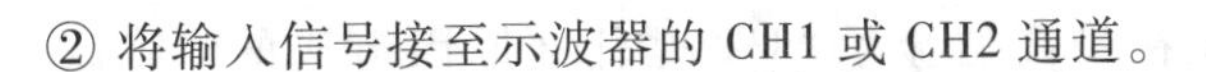

② 将输入信号接至示波器的CH1或CH2通道。

③ 按下 Auto Scale 按钮，使波形清晰显示于屏幕。

④ 转动“垂直位移”旋钮，显示波形上下移动。

⑤ 转动“垂直灵敏度”旋钮，改变 Volt/div 垂直挡位，观察波形变化。

⑥ 按表 2.5 测量数据，并记录结果。

4）示波器水平系统练习，步骤如下：

① 调节信号发生器，使其输出峰-峰值为 6 V 的方波信号，信号频率按表 2.6 中所给数值设置。

② 将输入信号接至示波器的 CH1 或 CH2 通道。

③ 按下 Auto Scale 按钮，使波形清晰显示于屏幕。

④ 按下 Manual Zoom 按钮，屏幕显示水平系统测量界面。

⑤ 调节“水平灵敏度”旋钮，改变挡位设置，观察波形的水平幅度变化。

⑥ 调节“水平位移”旋钮，观察波形的水平位置变化。

⑦ 按表 2.6 测量数据，并记录结果。

表 2.6　水平系统练习

信号发生器显示		示波器测量	
峰-峰值/V	频率/kHz	频率/kHz	周期/ms
6	0.5		
6	5		
6	20		

5）观察幅度较小的正弦波信号，步骤如下：

① 调节信号发生器，输出有效值 10 mV、频率 1 kHz 的正弦波。

② 将输入信号接至示波器的 CH1 通道。

③ 按下 Auto Scale 按钮。

④ 调节“水平灵敏度”旋钮，设定挡位为 500 μs/div。

⑤ 按下通道数字键 1，屏幕显示该通道的参数设置界面。

⑥ 打开带宽限制。

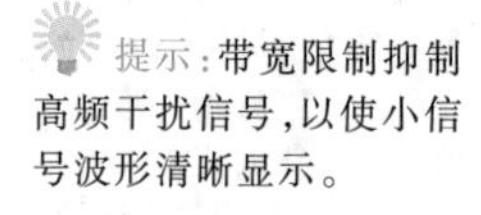
提示：带宽限制抑制高频干扰信号，以使小信号波形清晰显示。

6）观察两不同频率信号，步骤如下：

① 调节信号发生器，输出频率 1 kHz、电压峰-峰值 5 V 的正弦波。将该输入信号接至示波器的 CH1 通道。

② 将示波器校准信号接至 CH2 通道。

③ 按下 Auto Scale 按钮。

④ 调整水平、垂直挡位直至波形显示满足测试要求。

⑤ 按通道 1 按键，调节“垂直位移”旋钮，调整通道 1 波形的垂直位置。

⑥ 按通道 2 按键，调节通道 2 波形的垂直位置，使两通道波形既不重叠在一起，又利于观察比较。

提示：双踪显示时，可采用单次触发，得到稳定波形，触发源选择长周期信号，或是幅度稍大，信号稳定的那一路。

7. 实验思考

（1）可以使用普通的数字万用表测量高频交流电压值吗？为什么？

（2）若数字万用表仅在最高位显示“1”，是什么原因造成的？应该怎样

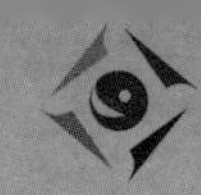

操作？

（3）若直流毫安表指针反偏，该怎样处理？

（4）测量交流信号时，所有仪器仪表必须“共地”，为什么？

（5）用交流电压表测量正弦波信号时，表盘所显示的数值是波形的峰值还是有效值？

7. 实验报告

（1）要求实验报告通顺、清晰、整洁，认真分析和讨论实验中的问题。以后对各次实验报告的要求与此相同，不再重复。

（2）比较测量值与理论值，分析产生误差的原因。

（3）讨论线性电阻和非线性电阻的伏安特性有何不同。

2.2 基尔霍夫定律和叠加定理

1. 实验目的

（1）验证并加深理解基尔霍夫定律和叠加定理。

（2）加强对参考方向的掌握和运用。

2. 实验预习

（1）复习基尔霍夫定律和叠加定理，简述它们的基本要点。

（2）预估实验表格待测电压、电流数值，以便测量时选择合适量程及测量后进行误差分析。

（3）预习实验内容及相关仪器的介绍视频。本实验链接视频中使用的是FLUKE190测试仪，同学们亦可使用万用表及直流毫安表完成实验。

2－9 视频：FLUKE190－104测试仪

3. 实验原理

（1）基尔霍夫定律：电路理论中的基本定律，测量某电路的各支路电流及各元件电压，分别满足基尔霍夫电流定律和基尔霍夫电压定律。

基尔霍夫电流定律（KCL）：在任一瞬时，对任一节点，流入（或流出）电流的代数和等于零，即$\sum I=0$。

基尔霍夫电压定律（KVL）：在任一瞬时，沿任一回路循行方向（顺时针方向或逆时针方向），回路中各段电压的代数和恒等于零，即$\sum U=0$。

（2）叠加定理：在线性电路中，由多个独立电源共同作用产生于任一元件的电流或其两端的电压，均可看成是电路中各个电源单独作用时在该元件上产生的电流或电压的代数和。

2－10 视频：FLUKE190－104测试仪测量直流信号的方法

4. 实验设备

直流稳压电源	1台
直流毫安表	1块
数字万用表	1块
电路实验装置	1套

注：亦可用FLUKE190测试仪取代毫安表、万用表测量直流信号。

5. 注意事项

（1）指针式仪表测量时，若仪表指针反偏，则应调换仪表的极性，重新测量。

（2）电压的输出值以实际测量为准。

（3）测量直流电压、电流时，不仅需要正确读取数值，还要正确判断方向，一般情况下，与参考方向相同为正，与参考方向相反为负。

（4）验证叠加定理的实验中，若测量某一电源单独作用时的实验数据，应将其他电源从电路中撤出，并将撤出电压源后的支路用导线短接，撤出电流源的支路保持开路。

6. 实验内容

（1）基尔霍夫电流定律（KCL）

2-11 视频：基尔霍夫定律的验证

电路如图 2.7 所示，其中 $U_{S1}=10\ \text{V}$，$U_{S2}=8\ \text{V}$，$R_1=R_3=200\ \Omega$，$R_2=100\ \Omega$。

① 调节直流稳压电源，使两路输出分别为 10 V、8 V，关闭稳压电源通道开关待用。

② 按图 2.7 所示电路接线。

③ 开启直流稳压电源通道开关，分别测量流经节点 A 的各支路电流 I_1、I_2、I_3，填入表 2.7 中。

④ 设定流入节点 A 的电流为参考正方向，验证 $\sum I=I_1+I_2+I_3$ 是否成立。

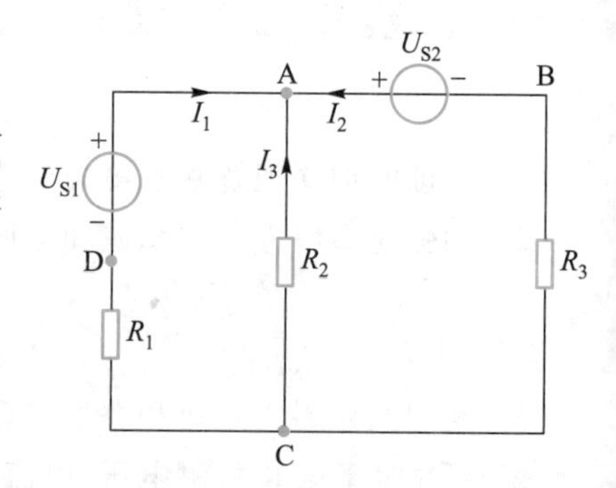

图 2.7　基尔霍夫定律的验证

表 2.7　基尔霍夫定律的验证

	I_1	I_2	I_3	U_{AB}	U_{BC}	U_{CD}	U_{DA}	U_{AC}
计算值								
测量值								

2-12 视频：叠加定理的验证

（2）基尔霍夫电压定律（KVL）

① 按图 2.7 所示电路接线。

② 分别测量各元件两端电压，填入表 2.7 中。

③ 按顺时针方向，验证各回路电压 $\sum U=0$ 是否成立。

（3）叠加定理

① 调节双路直流稳压电源，使一路输出电压 $U_{S1}=9\ \text{V}$，另一路输出电压 $U_{S2}=6\ \text{V}$（用万用表的直流电压挡测定），然后关闭稳压电源，待用。

② 按图 2.8 所示电路接线。

③ 分别在 U_{S1}、U_{S2} 共同作用、U_{S1}

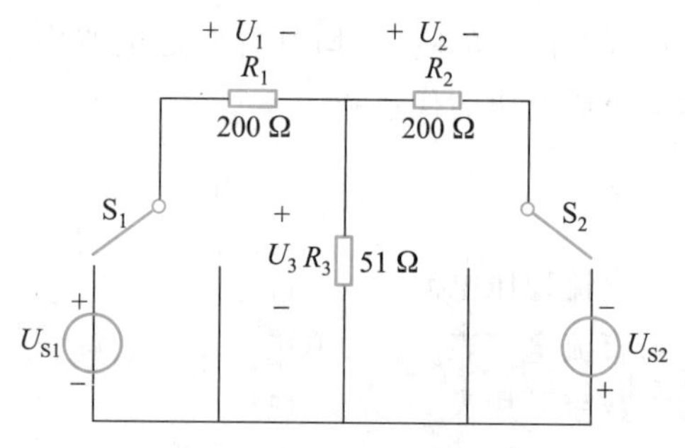

图 2.8　叠加定理的验证

单独作用及 U_{S2} 单独作用时测量各电阻上的电压 U_1、U_2、U_3 之值，填入表 2.8 中。

④ 将两个电压源单独作用的结果叠加，填入表 2.8 中，验证叠加定理。

表 2.8 验证叠加定理数据

实验数据 / 实验项目	理论值			测量值		
	U_1/V	U_2/V	U_3/V	U_1/V	U_2/V	U_3/V
U_{S1}、U_{S2} 共同作用						
U_{S1} 单独作用						
U_{S2} 单独作用						
叠加结果						

7. 实验思考

改变电压或电流的参考方向时，实验结论会否有所变化？

8. 实验报告

(1) 根据实验数据，验证基尔霍夫定律及叠加定理的正确性。

(2) 总结实验心得及体会。

2.3 戴维南定理

1. 实验目的

(1) 通过实验验证并加深理解戴维南定理。

(2) 掌握测量有源二端网络等效参数的实验方法。

(3) 进一步熟悉直流仪器仪表的使用方法。

2. 实验预习

(1) 复习戴维南定理，能简述它的基本要点。

(2) 根据图 2.9 所给参数，计算出 a、b 之间有源二端网络的开路电压 U_{OC} 及等效内阻 R_0，填入表 2.9 中，以便测量后进行误差分析。

(3) 预习实验内容及相关仪器的介绍视频。本实验链接视频中使用的是 FLUKE190 测试仪，同学们亦可使用万用表及直流毫安表完成实验。

3. 实验原理

戴维南定理：任何一个线性有源二端网络对外部电路的作用都可以用一个电压源和电阻串联的支路来等效。其中电压源的电压等于该网络输出端的开路电压，电阻等于该网络中所有独立源置零（理想电压源视为短路，理想电流源视为开路）后，从输出端看进去的等效电阻。

4. 实验设备

直流稳压电源　　1台

注：亦可用 FLUKE190 测试仪取代毫安表、万用表测量直流信号。

直流毫安表　　1 块
数字万用表　　1 块
电路实验装置　　1 套

5. 注意事项

（1）改接线路前，应首先关闭电源。

（2）直流稳压电源输出端不可短路。

（3）使用直流毫安表测量电流时，应根据预习时计算的理论值选择测量仪表的合适量程，若无法估计，应选择较大量程。

（4）记录数据时，应考虑测量值的正负。

（5）用万用表直接测量 R_0 时，二端口网络中的独立源必须先置零，以免损坏万用表。

6. 实验内容

2-13 视频：戴维南定理的验证

（1）测定开路电压 U_{OC} 及等效内阻 R_0

① 调节双路直流稳压电源，使一路输出电压为 $U_{S1}=10$ V，另一路输出电压为 $U_{S2}=3$ V，然后关闭稳压电源，待用。

② 按图 2.9 所示电路接线。

③ 用实验的方法测定有源二端网络的开路电压 U_{OC} 及等效内阻 R_0。

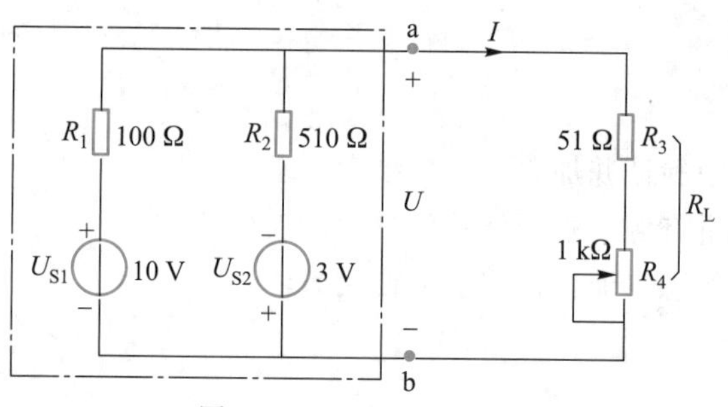

图 2.9　U_{OC} 及 R_0 的测定

方法一：

开路电压 U_{OC} 的测定：将图 2.9 中的 R_L 支路断开，用万用表的直流电压挡测得电压 U_{ab}，即为开路电压 U_{OC}。

等效内阻 R_0 的测定：对于有源二端网络中的独立电压源，可将电压源取下，用短路导线代替电源；对于有源二端网络中的独立电流源，应断开电流源接线，并保持该支路开路。将有源二端网络中的独立电源全部置零后，用万用表的电阻挡测量该网络 a、b 两端间的电阻 R_{ab}，即为等效内阻 R_0。

将测试结果填入表 2.9 中。

表 2.9　U_{OC} 和 R_0 的数据

理论值		测量值	
U_{OC}	R_0	U_{OC}	R_0

方法二：

通过绘制有源二端网络的外特性曲线 $U=f(I)$，得到 U_{OC} 和 R_0 的值。如图 2.10 所示，外特性曲线与两坐标轴的交点为 U_{OC} 和 I_{SC}。

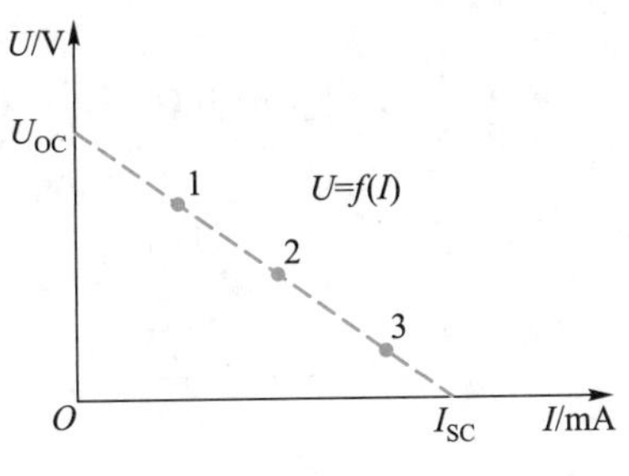

图 2.10 外特性曲线

其中，U_{OC} 为有源二端网络的开路电压；I_{SC} 为有源二端网络的短路电流。于是，得到有源二端网络的等效内阻

$$R_0=\frac{U_{OC}}{I_{SC}}$$

实验步骤如下：

① 在图 2.9 所示电路中，调节负载 R_L 的电位器（R_4），分别测量三四组电压 U 和电流 I 的数据，填入表 2.10 中。

表 2.10 外特性测量数据

测量值								由外特性求出值		
U/V				I/mA						
U_1	U_2	U_3	U_4	I_1	I_2	I_3	I_4	U_{OC}/V	I_{SC}/mA	R_0/Ω

② 在图 2.11 中按一定比例画出有源二端网络的外特性曲线 $U=f(I)$。

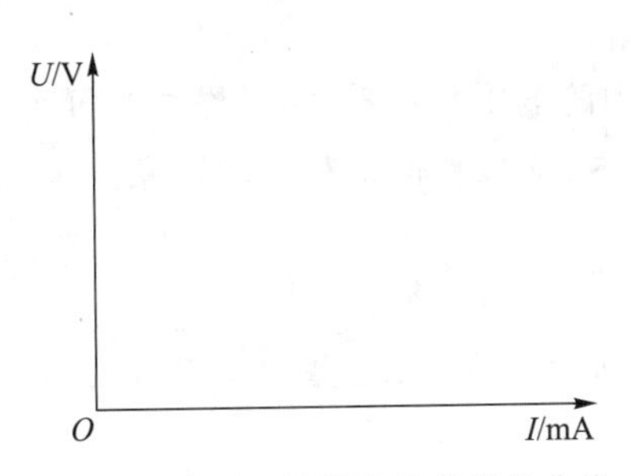

图 2.11 有源二端网络的外特性曲线

③ 通过外特性曲线求出 U_{OC}、I_{SC} 及 R_0 值填入表 2.10 中。

（2）验证戴维南定理

① 将双路稳压电源任何一路的输出电压调至 U_{OC} 值，关闭稳压电源通道开关，待用。

② 按图 2.12 接线。由 U_{OC} 与 R_0 组成一个新的电压源，它是图 2.9 电路中有源二端网络的戴维南等效电源。

③ 调节负载 R_L 的电位器(R_4),测出几组电压 U 及电流 I 的数据,填入表 2.11 中。

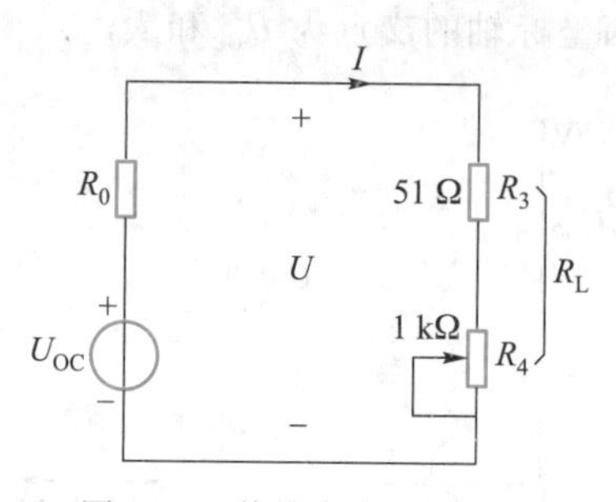

图 2.12　戴维南定理的验证

表 2.11　戴维南等效电源外特性数据

U/V						
I/mA						

④ 根据实验数据按一定比例在图 2.13 中画出戴维南等效电源的外特性曲线,与有源二端网络的外特性曲线比较,验证戴维南定理。

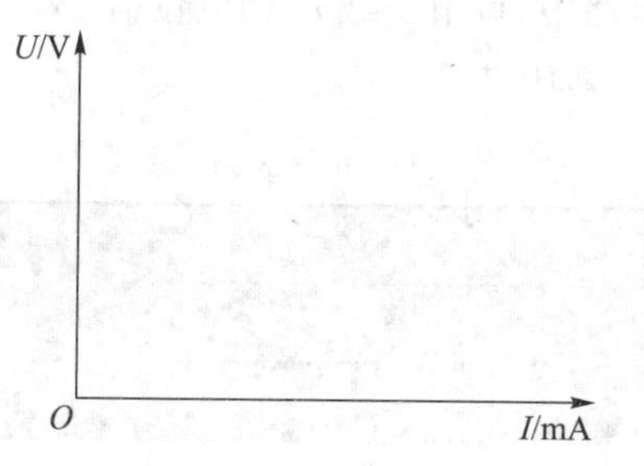

图 2.13　戴维南等效电源的外特性曲线

提示:戴维南等效电源中的等效内阻 R_0 可由原二端网络中两个电阻经串并联组成。

7. 实验思考

实验中,要将电路中的电压源置零,如何操作?可否直接将电压源输出端短接?若电路中包含电流源,应该如何将其正确置零?

8. 实验报告

(1) 按图 2.9 电路所给的参数,计算 U_{OC}、R_0 值,与实验测出的 U_{OC}、R_0 值进行比较,分析误差原因。

(2) 根据表 2.10、表 2.11 绘制外特性曲线,验证戴维南定理。

2.4　*RLC* 电路的谐振

1. 实验目的

(1) 了解 *RLC* 交流电路的串、并联谐振特性,掌握谐振曲线的测量方法。

(2) 熟练掌握相关实验仪器的使用方法。

2. 实验预习

2-14 视频：AS2294 系列双通道交流电压表

(1) 根据实验电路图所给参数，预先估算谐振频率。

(2) 预习实验内容及相关仪器的介绍视频。本实验链接视频中使用的是 FLUKE190 测试仪，同学们亦可使用示波器及交流电压表完成实验。

3. 实验原理

在一定条件下，含有电感元件和电容元件的电路可以呈现电阻性，即整个电路的总电压与总电流同相位，这种现象称为谐振。由于电路结构不同，谐振可分为串联谐振和并联谐振。

(1) 串联谐振

RLC 串联电路产生的谐振称为串联谐振，条件是 $X_L = X_C$，即 $2\pi fL = 1/(2\pi fC)$，这说明电路是否产生谐振决定于电路的参数和电源的频率。本次实验是在保持电路参数不变的情况下，改变电源频率，研究串联谐振，电路如图 2.14所示。

保持电路参数 R、L、C 不变，电路中 X_L、X_C、$|Z|$和 I 等各量随频率变化的关系曲线，称为频率特性曲线，如图 2.15(a)、(b) 所示。由理论分析可知，串联谐振的谐振频率为

$$f_0 = \frac{1}{2\pi\sqrt{LC}}$$

由图 2.15(a) 可以看出，以谐振频率 f_0 为界，当电源频率 $f<f_0$ 时，电路呈容性，当电源频率 $f>f_0$ 时，电路呈感性。

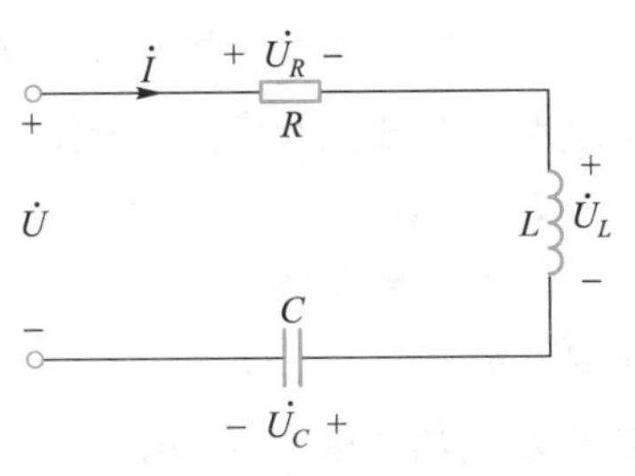

图 2.14　*RLC* 串联电路

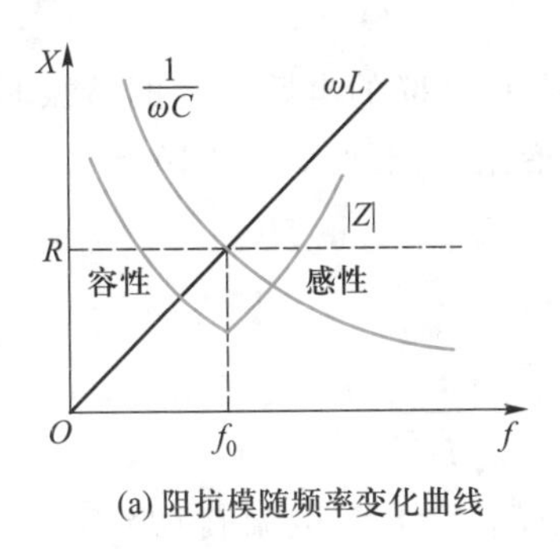

(a) 阻抗模随频率变化曲线

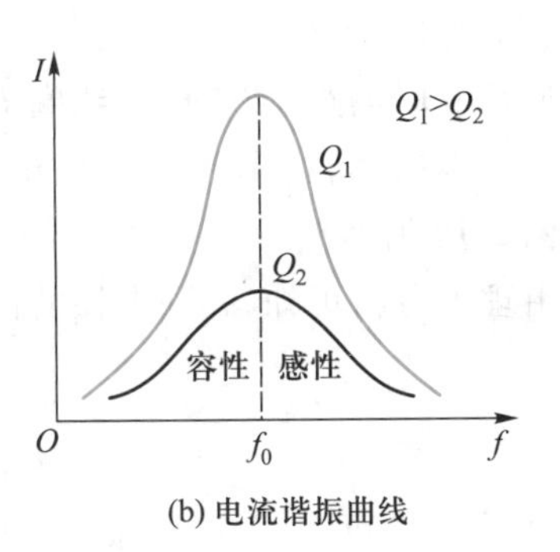

(b) 电流谐振曲线

图 2.15　*RLC* 串联频率特性曲线

串联谐振电路具有如下特性：

① 电路的阻抗模 $|Z| = \sqrt{R^2+(X_L-X_C)^2} = R$，其值最小。

② 电流值最大，电源电压与电流同相位，电路对电源呈现电阻性。

③ 谐振频率仅由电路参数 L、C 决定，与电阻及外部条件无关。

图 2.15(b) 所示为电流 I 随频率变化的关系曲线，通常又称为电流谐振曲线。由电流谐振曲线可以看出，品质因数 Q 值越高，曲线越陡，选择性越好；Q 值越低，谐振曲线越平坦，选择性越差。所以，电路选择性的优劣取决于电路的品

质因数 Q。Q 通常以谐振时 U_L（或 U_C）与 U 之比值来表示，即

$$Q=\frac{U_L}{U}=\frac{U_C}{U}=\frac{1}{\omega_0 RC}=\frac{\omega_0 L}{R}$$

（2）电路参数 R、L、C、R_L、R_C 的测定

理想电感元件和理想电容元件是不消耗有功功率的，而实际的电感线圈和电容器并非如此。实验所用的电感线圈不仅存在感抗，还含有线圈导线电阻（用 R_L 表示）。因此线圈的端电压可以表示为

$$\dot{U}_L=\dot{U}_{L_L}+\dot{U}_{R_L}$$

式中 $\dot{U}_{L_L}$ 为线圈感抗所对应的电压，$\dot{U}_{R_L}$ 为线圈导线电阻所对应的电压。

实际的电容器都存在介质损耗，消耗一定的有功功率，用 R_C 表示电容器的等效电阻（质量好的电容器，功率损耗极小，R_C 可以忽略不计）。因此，电容器的端电压可以表示为

$$\dot{U}_C=\dot{U}_{C_C}+\dot{U}_{R_C}$$

$\dot{U}_{C_C}$ 为电容器容抗所对应的电压，$\dot{U}_{R_C}$ 为电容器的等效电阻所对应的电压。

用万用表测量出串联电阻 R 及电感线圈的电阻 R_L 的数值。用交流电压表测出总电压有效值及电阻、电感线圈、电容器的端电压有效值 U、U_R、U_L、U_C，由此可求得 R_C、L、C。

因为 $I_0=U_R/R$

而 $R+(R_L+R_C)=U/I_0$

所以 $R_C=U/I_0-R-R_L$

由 $X_C=\sqrt{(U_C/I_0)^2-R_C^2}$　　$X_L=\sqrt{(U_L/I_0)^2-R_L^2}$

可得 $C=1/(\omega_0 X_C)$　　$L=X_L/\omega_0$

（3）并联谐振

RLC 并联电路，或者电感线圈 L 和电容器 C 并联的电路产生的谐振叫作并联谐振。本次实验仅研究后一种电路的并联谐振，其电路如图 2.16 所示，谐振曲线如图 2.17 所示。

由理论分析可知，并联谐振的谐振频率为

$$f_0=\frac{1}{2\pi}\sqrt{\frac{1}{LC}-\frac{R_L^2}{L^2}}\approx\frac{1}{2\pi\sqrt{LC}}$$

由图 2.17 可知，并联谐振时，电路的阻抗模 $|Z|$ 最大，电流值 I 最小。

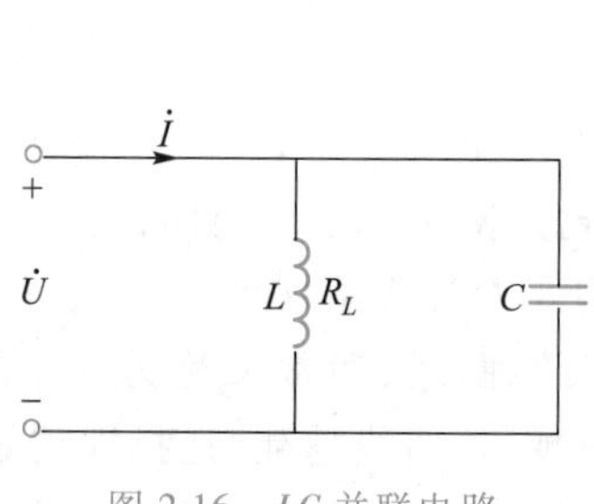

图 2.16　LC 并联电路

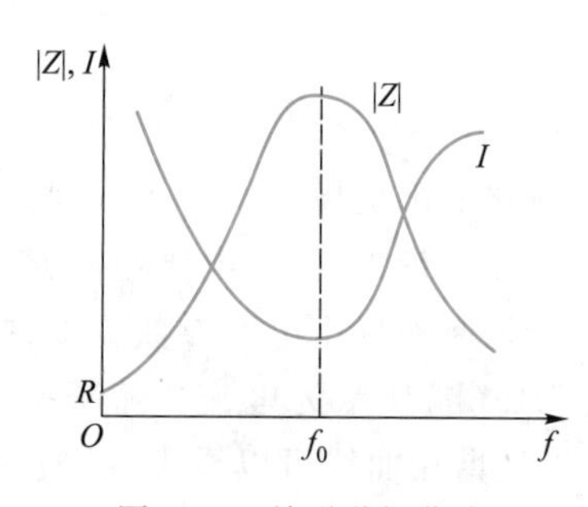

图 2.17　并联谐振曲线

4. 实验设备

信号发生器　1 台
示波器　1 台
交流电压表　1 块
电路实验装置　1 套
数字万用表　1 块

注：亦可用 FLUKE190 测试仪取代示波器、交流电压表测量交流信号。

5. 注意事项

（1）信号发生器、交流电压表和示波器的“地”端应接在一起。

（2）本实验中，电路输入信号应由信号发生器的功率输出端提供。

（3）本实验中，交流电压有效值的测量应该使用交流电压表，而不可使用万用表。

（4）本实验中，万用表仅用于测量元器件电阻值。

2-15 视频：*RLC* 串联谐振

6. 实验内容

（1）串联谐振

1）将信号发生器调节到待用状态。

① 选择信号发生器输出波形为正弦波。

② 在交流电压表监测下，调节信号发生器的“幅度”旋钮，令其输出的正弦波电压有效值 U 为 5 V。

③ 关闭电源待用。

2）将示波器调到待用状态，熟悉各旋钮的作用。

3）按图 2.18 接线，其中电感 $L=50$ mH，电容 $C=0.1$ μF，电阻 $R=510$ Ω。分别将示波器的两个通道接至信号发生器输出端及电阻两端，同时监测电压有效值 U 和 U_R。

在预先估算的电路谐振频率 f_0 附近，改变信号发生器的频率，监测电阻电压 U_R 的幅值变化，同时观察输入电压 $u(t)$ 与电流 $i(t)$ 的波形，当两个信号波形同相位且 U_R 测量值最大时，电路呈电阻性，达到谐振状态。信号发生器所指示的频率即为谐振频率 f_0，读出 f_0 值填入表 2.12 中。

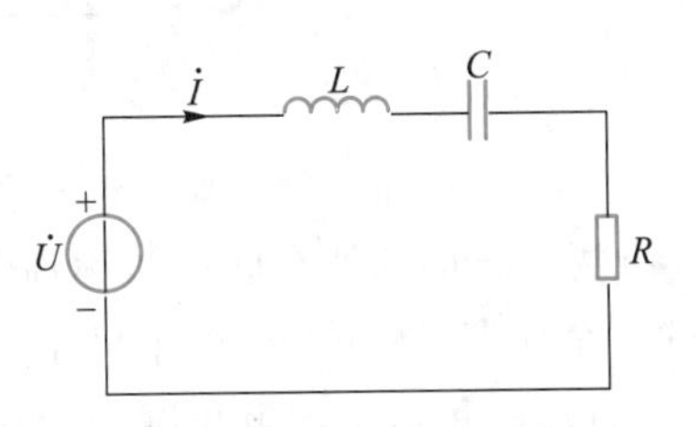

图 2.18　*RLC* 串联电路

表 2.12　*RLC* 串联电路实验数据

序号		1	2	3	4	5	f_0	7	8	9	10
记录	f/kHz										
	U_R/V										
	I/mA										
计算	$X_L=\omega L/\Omega$										
	$X_C=\dfrac{1}{\omega C}/\Omega$										
	$\lvert Z\rvert=\sqrt{(R+R_L)^2+(X_L-X_C)^2}/\Omega$										

提示：① 实验过程中始终监测信号发生器的输出电压 U，每变化一次频率，都应重新调节“幅度”旋钮，使其保持 5 V 不变。
② R_L 为电感线圈电阻，其阻值可用万用表测量。

4）在 0.5～10 kHz 范围内改变电源频率，取 10 个左右频率值，测出相应的 U_R和 I 的值填入表 2.12 中（在 f_0附近取点密一些），并按表中项目填写计算结果。

5）在上述实验过程中，当 $f<f_0$时，在示波器上能观察到电源电压 $u(t)$ 的波形在相位上滞后于电流 $i(t)$ 的波形，电路呈电容性。当 $f>f_0$时，在示波器上能观察到电源电压 $u(t)$ 的波形在相位上超前于电流 $i(t)$ 的波形，电路呈电感性，按表 2.13 测量各种情况下的电压有效值：电源电压 U、电阻电压 U_R、电感电压 U_L、电容电压 U_C及电阻 R、R_L值，并根据以上测量值，填写计算结果。

表 2.13　*RLC* 串联电路频率特性比较

电路性质	测量值								计算值		
	U/V	U_R/V	U_L/V	U_C/V	I/mA	R/Ω	R_L/Ω	φ	R_C/Ω	L/mH	C/μF
电阻性											
电感性											
电容性											

6）测量相位差：测量表 2.13 中各种情况下电源电压 $u(t)$ 与电流 $i(t)$ 的相位差 φ，填入表中。

用示波器测定两个正弦量相位差的方法如图 2.19 所示。

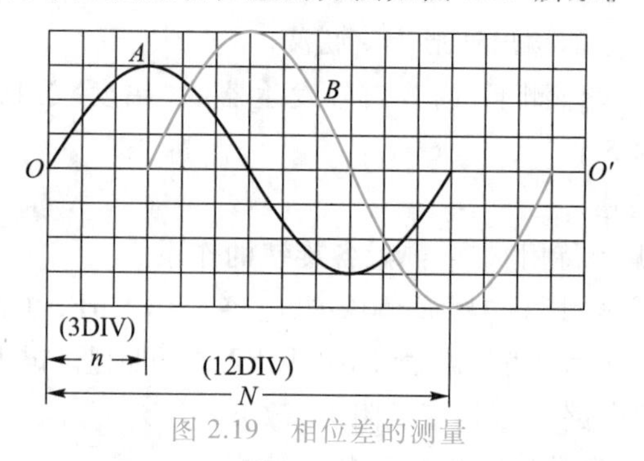

图 2.19　相位差的测量

调节 CH_1通道的“垂直位移”及 CH_2通道的“垂直位移”两个旋钮，使 $u(t)$ 及 $i(t)$ 两个波形都处在同一对称轴上，适当调节水平控制区“SCALE”旋钮，使波形的一个周期（T）在水平标尺上占满 N DIV（格），例如图 2.19 所示波形 N＝12 DIV，则每格所占电角度为 $360°/N=360°/12=30°$，以超前的信号波形 A 作基准信号，用水平控制区“POSITION”旋钮将 A 的零点调到与坐标原点重合，从荧光屏上即可读出波形 B 滞后波形 A 的格数为 n（3 DIV），则相位差为

$$\varphi=n\times360°/N=3\times30°=90°$$

7）在图 2.20、图 2.21 中分别画出以下各种曲线。

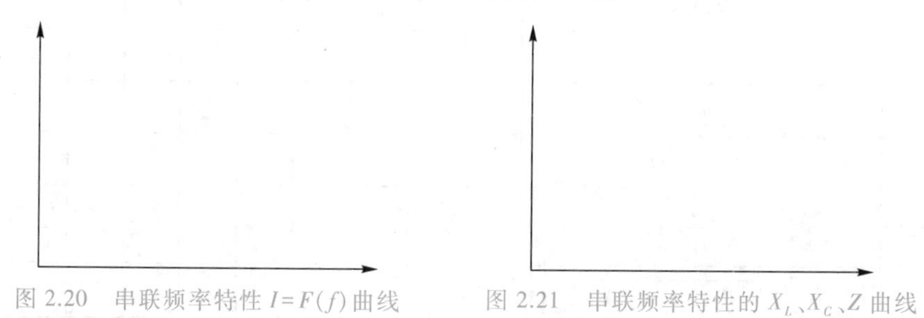

图 2.20　串联频率特性 $I=F(f)$ 曲线　　图 2.21　串联频率特性的 X_L、X_C、Z 曲线

（2）并联谐振

1）信号发生器的工作状态与串联谐振实验相同，用交流电压表监测其输出电压有效值为 5 V。按图 2.22 实验电路接线（接入 R 是为了观测谐振电流的波形），R_L 为电感线圈的电阻，可用万用表测量其阻值），其中电阻 $R=2\ \text{k}\Omega$，电感 $L=50\ \text{mH}$，电容 $C=0.033\ \mu\text{F}$。最后接入示波器观察波形。

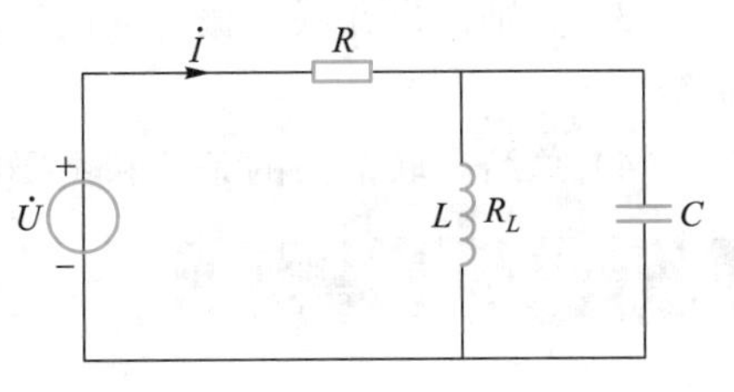

图 2.22　并联谐振实验电路

注意：应保持并联谐振电路的端电压 U 为定值。

2）在预先估算的谐振频率 f_0 附近，改变信号发生器的频率，用交流电压表监测 U_R，同时在示波器上观察电压 $u(t)$ 与电流 $i(t)$ 的波形，当电压 $u(t)$ 和电流 $i(t)$ 相位相同且 U_R 读数最小时，电路达到谐振状态。信号发生器的频率即为谐振频率 f_0，读出 f_0 及相应的 U_R 值，填入表 2.14 中。在 0.5～10 kHz 范围内改变电源频率，取 10 个左右频率值，并测出相应的 U_R 值填入表 2.14 中（在 f_0 附近取点密一些）。

表 2.14　并联电路实验数据

序号		1	2	3	4	5	f_0	7	8	9	10
记录	f/kHz										
	U_R/V										
计算	I/mA										
	$\|Z\|/\Omega$										

3）在图 2.23、图 2.24 中画出相应曲线。

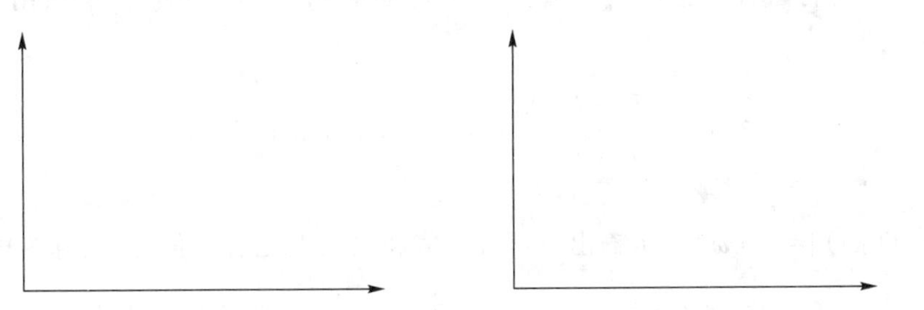

图 2.23　并联频率特性 $I=F(f)$ 曲线　　图 2.24　并联频率特性 $Z=F(f)$ 曲线

7. 实验思考

（1）调节哪些参数可以使电路发生谐振，如何判断电路是否发生谐振？

（2）能否用万用表测量本实验中各交流电压？为什么？

（3）理论上，RLC 串联电路达到谐振时，电阻电压 U_R 等于电源电压 U，而在本实验中电路达到谐振时，电阻电压 U_R 却比电源电压 U 小，这是为什么？

8. 实验报告

（1）做出串联谐振电路中的电流谐振曲线 $I=F(f)$，标明谐振频率 f_0 的位置。

（2）分别做出串联电路中频率特性曲线 $X_L=F(f)$、$X_C=F(f)$ 及 $Z=F(f)$，并标明 f_0 的位置。

（3）分别做出并联谐振时的电流谐振曲线 $I=F(f)$ 及 $Z=F(f)$，并标明 f_0 的位置。

（4）总结串联谐振的条件和主要特征。

2.5 RC 电路的频率特性

1. 实验目的

（1）测量 RC 电路的频率特性，并做出其频率特性曲线。

（2）进一步熟悉相关实验仪器的用途及使用方法。

2. 实验预习

（1）复习与 RC 电路频率特性有关的内容。

（2）预习实验内容及相关仪器的介绍视频。本实验链接视频中使用的是 FLUKE190 测试仪，同学们亦可使用示波器及交流电压表完成实验。

3. 实验原理

在 RC 串联的正弦交流电路中，由于电容元件的容抗 $X_C=1/(2\pi fC)$，它与电源的频率有关，所以当输入端外加电压保持幅值不变而频率变化时，其容抗将随频率的变化而变化，从而引起整个电路的阻抗发生变化，电路中的电流及在电阻和电容元件上所引起的电压也会随频率而改变。我们将 RC 电路中的电流及各部分电压与频率的关系称为 RC 电路的频率特性。

一般我们称输出电压 $\dot{U}_o$ 与输入电压 $\dot{U}_i$ 的比值为电路的传递函数，用 $T(j\omega)$ 来表示，即

$$T(j\omega)=\frac{\dot{U}_o}{\dot{U}_i}=\frac{U_o}{U_i}(\omega)\underline{/\varphi(\omega)}=|T(j\omega)|\underline{/\varphi(\omega)}$$

式中 $|T(j\omega)|=\frac{U_o}{U_i}(\omega)$ 表示输出电压有效值和输入电压有效值之比，称为电路的幅频特性；$\varphi(\omega)$ 称为电路的相频特性。两者统称为电路的频率特性。

（1）几种 RC 电路的幅频特性

1）高通滤波器。实验电路如图 2.25(a) 所示，它是由 RC 串联组成的电路，其输出电压取自电阻两端，即

$$\dot{U}_o=\dot{U}_R=\frac{R}{R+\frac{1}{j\omega C}}\dot{U}_i=\frac{j\omega RC}{1+j\omega RC}\dot{U}_i$$

则电路的传递函数为

$$T(j\omega)=\frac{j\omega RC}{1+j\omega RC}=\frac{\omega RC}{\sqrt{1+(\omega RC)^2}}\underline{/\left(\frac{\pi}{2}-\arctan(\omega RC)\right)}$$

其幅频特性为

$$|T(\mathrm{j}\omega)|=\frac{U_{\mathrm{o}}}{U_{\mathrm{i}}}(\omega)=\frac{\omega RC}{\sqrt{1+(\omega RC)^2}}$$

或写成

$$T(f)=2\pi fRC/\sqrt{1+(2\pi fRC)^2}$$

曲线如图 2.25(b)所示，其中 $f_0=\frac{1}{2\pi RC}$，称为截止频率，它所对应的 $T(f_0)=\frac{1}{\sqrt{2}}=0.707$。由幅频特性曲线可以看出：当 $f>f_0$ 时，$T(f)$ 变化不大，接近于 1，即 U_{o} 接近 U_{i}；当 $f<f_0$ 时，$T(f)$ 显著下降，因此这种电路具有抑制低频信号，而易通过高频信号的特点，故称为高通滤波器。

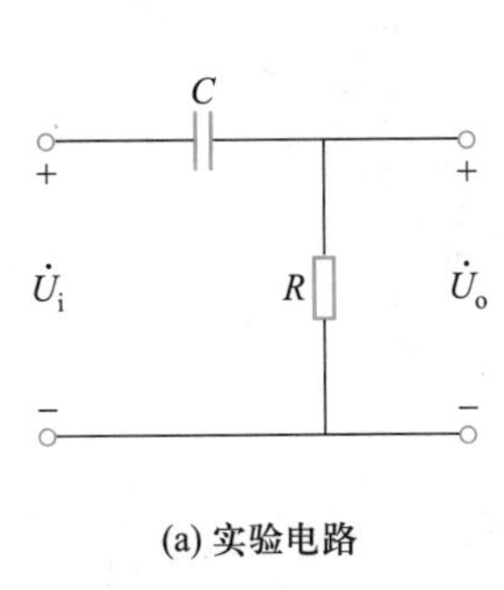

(a) 实验电路

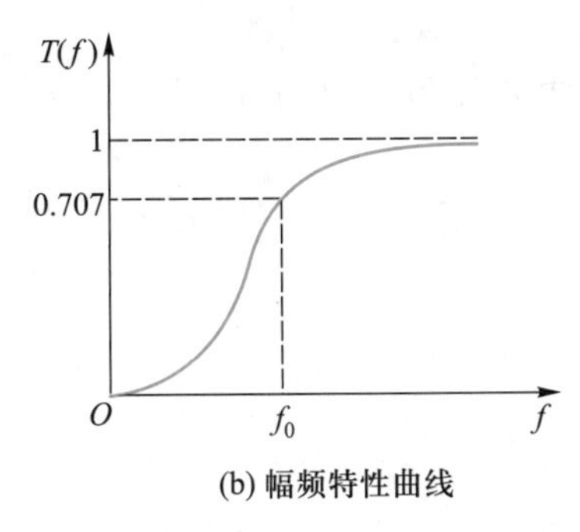

(b) 幅频特性曲线

图 2.25　高通滤波器

2）低通滤波器。实验电路如图 2.26(a)所示，它也是由 RC 串联组成的电路，其输出电压取自电容两端，即

$$\dot{U}_{\mathrm{o}}=\dot{U}_{C}=\frac{\frac{1}{\mathrm{j}\omega C}}{R+\frac{1}{\mathrm{j}\omega C}}\dot{U}_{\mathrm{i}}=\frac{1}{1+\mathrm{j}\omega RC}\dot{U}_{\mathrm{i}}$$

其电路的传递函数为

$$T(\mathrm{j}\omega)=\frac{\dot{U}_{\mathrm{o}}}{\dot{U}_{\mathrm{i}}}=\frac{1}{1+\mathrm{j}\omega RC}=\frac{1}{\sqrt{1+(\omega RC)^2}}\angle -\arctan(\omega RC)$$

其幅频特性为

$$|T(\mathrm{j}\omega)|=1/\sqrt{1+(\omega RC)^2}$$

或写成

$$T(f)=1/\sqrt{1+(2\pi fRC)^2}$$

由此可做出幅频特性曲线，如图 2.26(b)所示。其中 $f_0=\frac{1}{2\pi RC}$，称为截止频率，它所对应的 $T(f_0)=\frac{1}{\sqrt{2}}=0.707$。由幅频特性曲线可以看出：当 $f>f_0$ 时，$T(f)$ 显著下降；当 $f<f_0$ 时，$T(f)$ 接近于 1，即 U_{o} 接近 U_{i}。因此这种电路具有抑制高频信号，而易通过低频信号的特点，故称为低通滤波器。

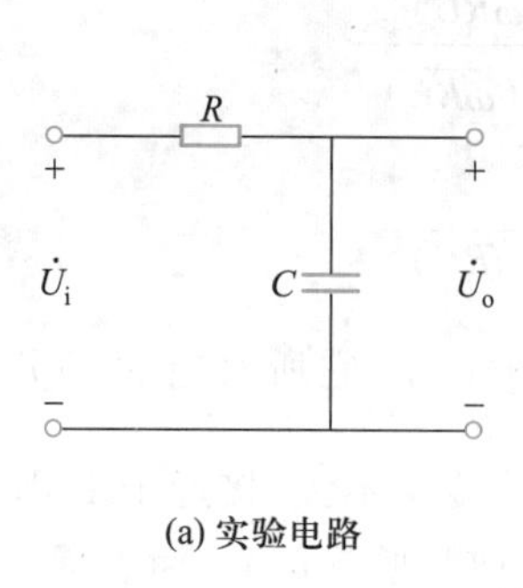

(a) 实验电路

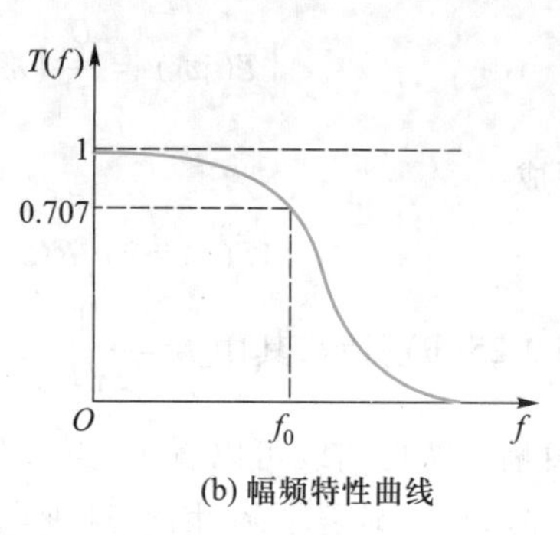

(b) 幅频特性曲线

图 2.26　低通滤波器

3）*RC* 串并联选频电路。

实验电路如图 2.27(a)所示。取 $R_1=R_2=R, C_1=C_2=C$，则

$$T(\mathrm{j}\omega)=\frac{\dot{U}_o}{\dot{U}_i}=\frac{1}{3+\mathrm{j}\left(\omega RC-\frac{1}{\omega RC}\right)}$$

其幅频特性为

$$|T(\mathrm{j}\omega)|=\frac{1}{\sqrt{3^2+\left(\omega RC-\frac{1}{\omega RC}\right)^2}} \text{或} T(f)=\frac{1}{\sqrt{3^2+\left(2\pi fRC-\frac{1}{2\pi fRC}\right)^2}}$$

当 $f_0=\frac{1}{2\pi RC}$时，$T(f_0)=\frac{1}{3}$，而 $\varphi(f_0)=0$，即在 f_0处输出电压 $\dot{U}_o$ 与输入电压 $\dot{U}_i$ 同相位，且 U_o达到最大值，为$\frac{1}{3}U_i$，因此这种电路具有选频特性，它的幅频特性曲线如图 2.27(b)所示，可以看出选频电路具有带通特性。

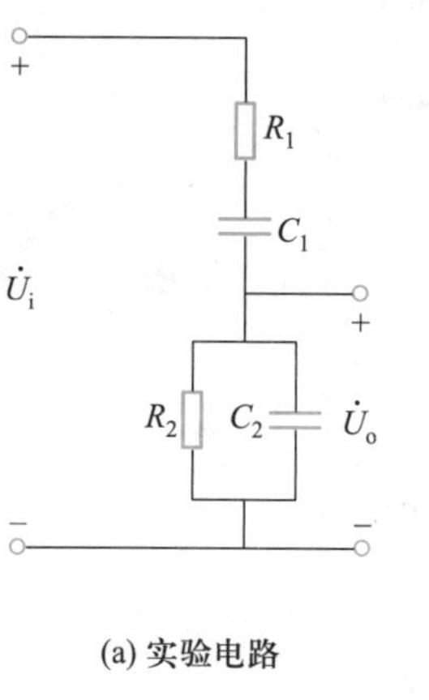

(a) 实验电路

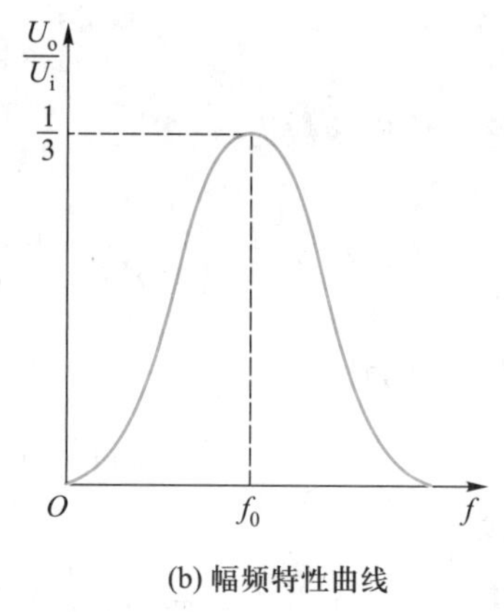

(b) 幅频特性曲线

图 2.27　选频电路

RC 串并联选频电路多用于 *RC* 振荡电路及信号发生器中。

(2) 频率特性曲线的测量方法

幅频特性曲线的测量通常采用“逐点描绘测量法”：保持信号发生器输出电压 U_i不变，改变信号发生器的频率，用交流电压表测量对应不同频率的输出电压 U_o，则传输电压比的模 U_o/U_i随频率的变化关系即为电路的幅频特性。根据测试

数据，以 f 为横轴，以 U_o/U_i 为纵轴可绘出幅频特性曲线。

在测量过程中应注意，在频率改变的同时用交流电压表监测输入电压幅度，使之保持恒定。这是因为一般信号发生器都是非理想的，有一定的内阻，被测网络的阻抗会随着频率的变化而变化，从而引起被测网络输入电压的变化。如果不重新调节信号发生器的电压输出，保持恒定，就会导致测量误差加大。

(3) 频率特性曲线的绘制方法

在绘制频率特性曲线时，频率轴上的坐标值如果以均匀刻度来标识，则在测试频率范围很宽时，由于刻度是等分的，而频率轴的长度有限，则低频段的坐标值不得不被压缩而挤在一起，难以将低频段曲线的细微变化反映出来。为此，频率轴采用对数标尺刻度，它能使低频段展宽而高频段压缩，这样在很宽的频率范围内能将频率特性清晰地反映出来。例如，图 2.28 所示的高通滤波器幅频特性曲线为采用半对的数坐标系，其横轴为对数刻度，纵轴为均匀刻度。

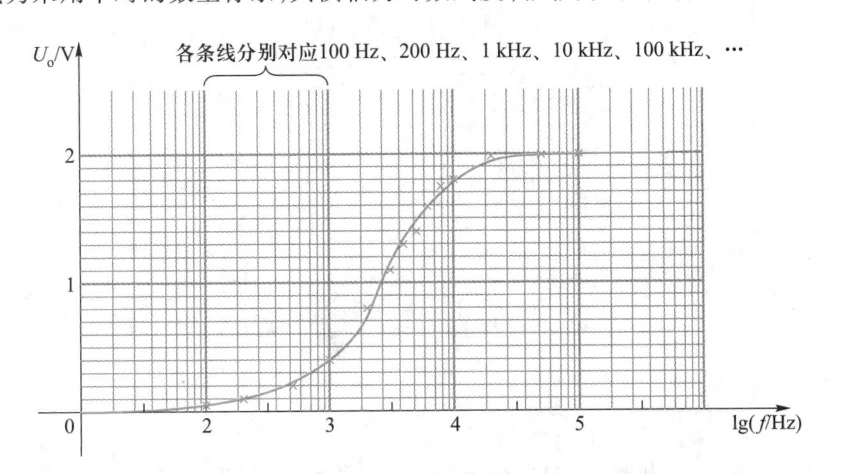

图 2.28　半对数坐标系

在绘制曲线时，应特别注意一些特殊频率点的测试，如截止频率点的测试。

4. 实验设备

信号发生器　1 台

交流电压表　1 块

电路实验装置　1 套

注：亦可用 FLUKE190 测试仪取代示波器、交流电压表测量交流信号。

5. 注意事项

(1) 信号发生器、交流电压表和示波器的"地"端应接在一起。

(2) 本实验中电压有效值的测量应该使用交流电压表或 FLUKE190 测试仪，而不可使用万用表。

6. 实验内容

(1) 调节信号发生器。用交流电压表监测，调节信号发生器"幅度"旋钮，使输出电压有效值 $U_i=1$ V。

(2) 高通滤波电路。按图 2.25(a)接好线路。选 $R=2.2$ kΩ，$C=0.1$ μF，计算

2-16 视频：*RC* 电路的频率特性

$f_0=\dfrac{1}{2\pi RC}$的值，调节其输入信号的频率（调频的同时应监测信号发生器的输出电压，保证 $U_i=1$ V 不变）。用交流电压表测出对应的输出电压 U_o，填入表 2.15 中。并在图 2.29 所示的半对数坐标系上做出高通滤波器幅频特性曲线。

表 2.15　高通滤波器实验数据

次序	1	2	3	4	5	6	7	8	9	10
f/Hz	20	60	100	200	500	f_0	1k	2k	5k	10k
U_o/mV										

计算值：$f_0=$　　　　测量值：$f_0=$

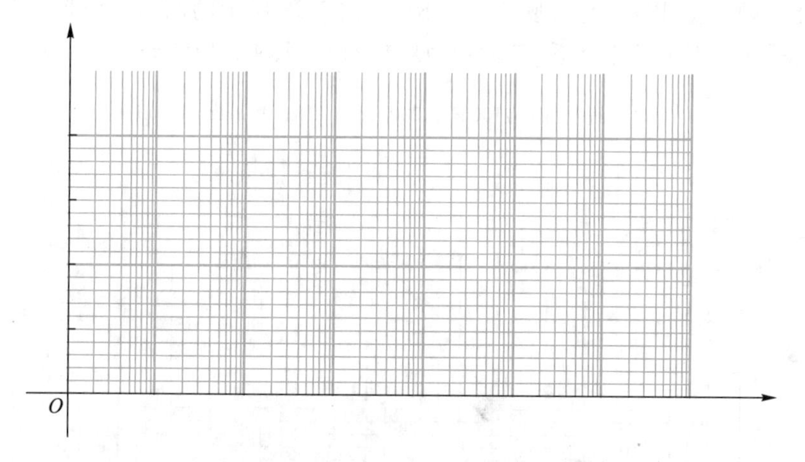

图 2.29　高通滤波器幅频特性曲线

（3）低通滤波电路。按图 2.26（a）接好线路。选 $R=2.2$ kΩ，$C=0.1$ μF，计算 $f_0=\dfrac{1}{2\pi RC}$的值，调节其输入信号的频率（调频的同时应监测信号发生器的输出电压，保证 $U_i=1$ V 不变），用交流电压表测出对应的输出电压 U_o，填入表 2.16 中。在图 2.30 所示的半对数坐标系上做出低通滤波器幅频特性曲线。

表 2.16　低通滤波器实验数据

次序	1	2	3	4	5	6	7	8	9	10
f/Hz	20	60	100	200	500	f_0	1k	2k	5k	10k
U_o/mV										

计算值：$f_0=$　　　　测量值：$f_0=$

（4）RC 串并联选频电路。按图 2.27（a）所示接好线路，选 $R_1=R_2=R=2.2$ kΩ，$C_1=C_2=C=0.1$ μF，计算 $f_0=\dfrac{1}{2\pi RC}$的值，调节其输入信号的频率（调频的同时应监测信号发生器的输出电压，保证 $U_i=1$ V 不变），用交流电压表分别测出对应的输出电压 U_o，填入表 2.17 中，并在图 2.31 所示的半对数坐标系上做出 RC 串并联选频电路幅频特性曲线。

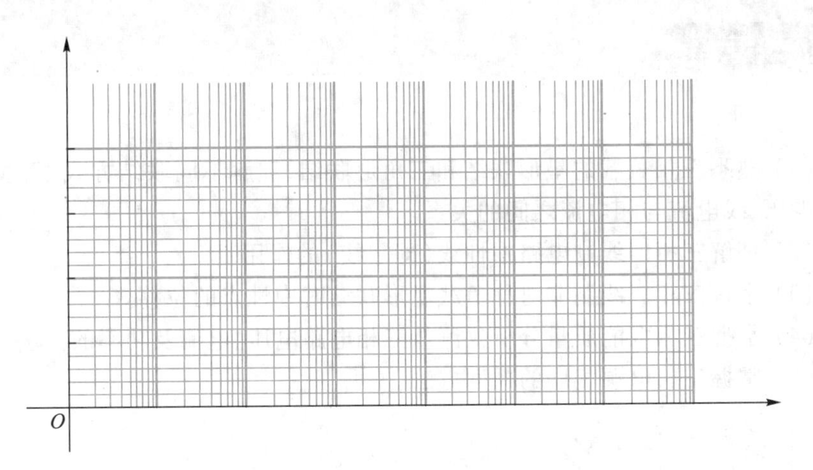

图 2.30 低通滤波器幅频特性曲线

表 2.17 选频电路实验数据

次序	1	2	3	4	5	6	7	8	9
f/Hz	60	100	200	500	f_0	1k	2k	5k	10k
U_o/mV									

计算值:f_0 = 测量值:f_0 =

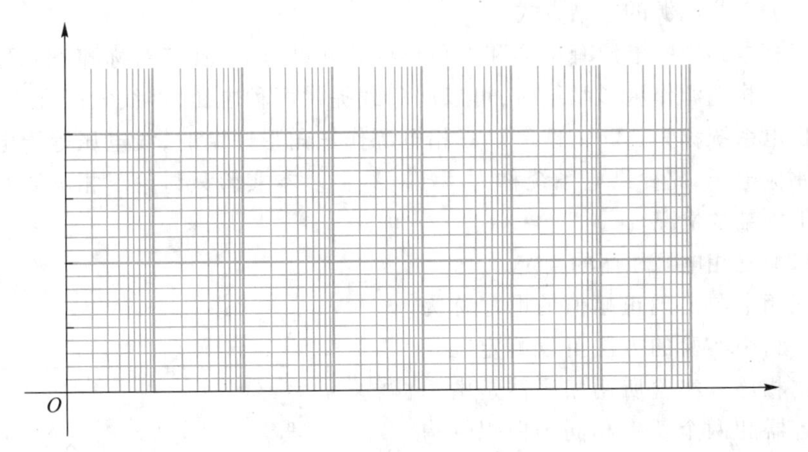

图 2.31 *RC* 串并联选频电路幅频特性曲线

7. 实验思考

测量频率特性曲线时,在改变电源频率的同时为什么必须用交流电压表监测输入电压幅值?

8. 实验报告

整理实验数据,填入相应的表中,并绘出相应电路的幅频特性曲线,分析其特点。

2.6　三相电路

1. 实验目的

（1）熟悉三相负载的星形联结和三角形联结，理解不同联结方式下，线电压与相电压、线电流与相电流之间的关系。

（2）理解三相四线制电路中性线（即零线）的作用。

（3）掌握三相三线制非对称负载星形联结时中性点的位移。

（4）掌握三相电能质量分析仪测量三相电路电压、电流及功率的方法。

（5）掌握三相电源相序的判别方法。

2. 实验预习

（1）复习三相电路的相关知识，掌握负载两种不同联结方式下线电压与相电压、线电流与相电流之间的关系。

（2）三相负载作星形联结或三角形联结的条件。

（3）预习仪器的使用方法介绍，熟悉三相电能质量分析仪等实验仪器的正确使用方法。

3. 实验原理

（1）三相电源的联结方式

三相电路中的电源有星形和三角形两种联结方式，且有对称和不对称两种情况。三相电源作星形联结时，可以向负载提供两种电压，即线电压和相电压。此种供电系统称为三相四线制。三相电源作三角形联结时，线电压等于电源绕组的感应电压，此种供电系统称为三相三线制。本实验只讨论三相电源对称且为星形联结的情况。

（2）三相电源相序的判定

三相电源出现正幅值的顺序称为相序。利用实验的方法可以测定三相电源的相序。实验所用相序器是由一个电容器和两个功率相同的白炽灯构成的三相三线制星形不对称负载。实验电路如图 2.32 所示，假定电容器被接至 A 相，则可根据白炽灯的亮暗判定电源的相序，灯泡较亮的一相为 B 相，灯泡较暗的一相为 C 相。

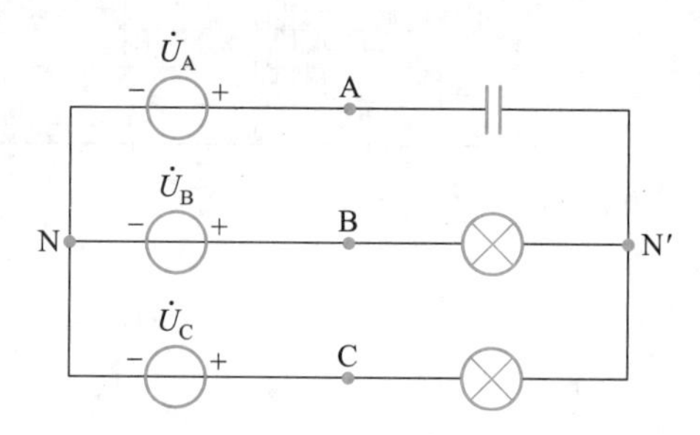

图 2.32　三相电源相序的判定

证明如下：

已知三相电源对称，则

$$\dot{U}_A=220\angle 0^\circ\ \text{V}\qquad \dot{U}_B=220\angle -120^\circ\ \text{V}\qquad \dot{U}_C=220\angle 120^\circ\ \text{V}$$

对于负载不对称且无中性线的星形联结电路，负载中性点 N′相对电源中性点 N 电位已产生位移。利用节点电压法，可得

$$\dot{U}_{N'N}=\frac{\dfrac{\dot{U}_A}{-jX_C}+\dfrac{\dot{U}_B}{R}+\dfrac{\dot{U}_C}{R}}{\dfrac{1}{-jX_C}+\dfrac{1}{R}+\dfrac{1}{R}}=\frac{\dfrac{220\angle 0^\circ}{-jX_C}+\dfrac{220\angle -120^\circ}{R}+\dfrac{220\angle 120^\circ}{R}}{\dfrac{1}{-jX_C}+\dfrac{1}{R}+\dfrac{1}{R}}$$

为简化计算，假设 $X_C=R$，则

$$\dot{U}_{N'N}=\frac{j220\angle 0^\circ+220\angle -120^\circ+220\angle 120^\circ}{2+j}\ \text{V}=138.8\angle 108.4^\circ\ \text{V}$$

因为

$$\dot{U}_{BN'}=\dot{U}_{BN}-\dot{U}_{N'N}=(220\angle -120^\circ-138.8\angle 108.4^\circ)\ \text{V}=328.9\angle -101.6^\circ\ \text{V}$$

$$\dot{U}_{CN'}=\dot{U}_{CN}-\dot{U}_{N'N}=(220\angle 120^\circ-138.8\angle 108.4^\circ)\ \text{V}=88.5\angle 138.4^\circ\ \text{V}$$

所以 $U_{BN'}=328.9\ \text{V}$，$U_{CN'}=88.5\ \text{V}$。

由 $U_{BN'}>U_{CN'}$ 可知，接于 B 相的灯较亮，接于 C 相的灯较暗。

(3) 三相负载的联结方式

三相负载也有星形和三角形两种联结方式，有对称和不对称两种情况。星形联结时，可以根据需要联结成三相三线制或三相四线制。三角形联结时只能采用三相三线制。

1) 星形联结。

当三相负载为图 2.33 所示的星形联结时，无论是否接中性线，无论负载是否对称，线电流恒等于相电流。

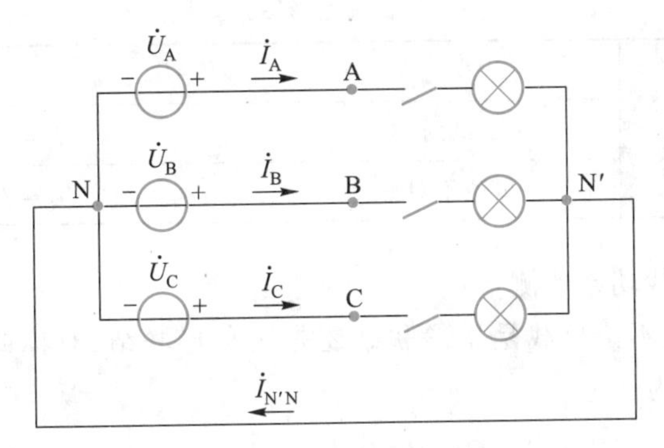

图 2.33　负载星形联结

在三相四线制电路中，中性线电流等于三个线电流的相量和。若电源与负载均对称，中性线电流为零；若电源或负载不对称，中性线电流不为零，但如果中性线阻抗足够小，则仍能保证各相负载电压对称，此时若没有中性线(即采用三相三线制)，则负载中性点 N′电位对电源中性点 N 电位产生位移，导致负载各相电压不对称，负载阻抗最大的一相其相电压最高，严重的可能烧坏用电设备。因此，在负载不对称的情况下，应采用三相四线制，不得在中性线上安装开关或熔断器，以确保每相电压等于电源相电压，不影响各相负载的正常工作。

负载星形联结变量关系总结如表 2.18 所示。

表 2.18 负载星形联结变量关系

<table>
<tr><td rowspan="6">三相负载
星形联结</td><td colspan="3">$I_L=I_P$</td></tr>
<tr><td rowspan="3">有中性线</td><td colspan="2">$U_L=\sqrt{3}U_P$ $U_{N'N}=0$</td></tr>
<tr><td>负载对称</td><td>$I_{N'N}=0$</td></tr>
<tr><td>负载不对称</td><td>$I_{N'N}\neq 0$</td></tr>
<tr><td rowspan="2">无中性线</td><td>负载对称</td><td>$U_L=\sqrt{3}U_P$ $U_{N'N}=0$</td></tr>
<tr><td>负载不对称</td><td>$U_L\neq\sqrt{3}U_P$ $U_{N'N}\neq 0$</td></tr>
</table>

2）三角形联结。

当三相负载为图 2.34 所示的三角形联结时，无论负载是否对称，总有线电压等于相电压。

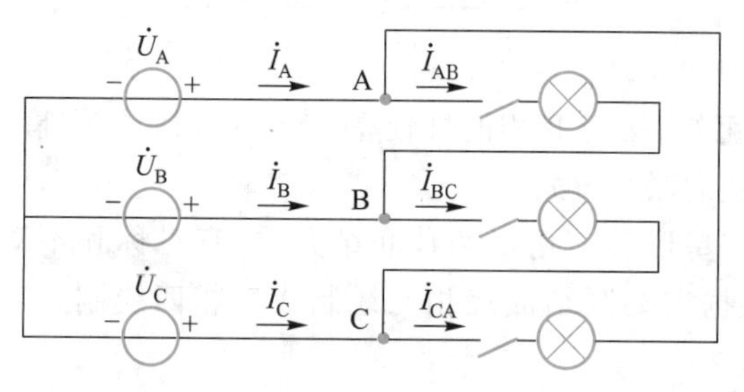

图 2.34 负载三角形联结

负载三角形联结变量关系总结如表 2.19 所示。

表 2.19 负载三角形联结变量关系

<table>
<tr><td rowspan="3">三相负载
三角形联结</td><td colspan="2">$U_L=U_P$</td></tr>
<tr><td>负载对称</td><td>$I_L=\sqrt{3}I_P$</td></tr>
<tr><td>负载不对称</td><td>$I_L\neq\sqrt{3}I_P$</td></tr>
</table>

（4）三相负载功率的测量

三相电路中，不论负载是星形联结还是三角形联结，对称或是非对称，每相负载的有功功率为

$$P=U_P I_P\cos\varphi$$

式中，φ 角是相电压 $\dot{U}_P$ 和相电流 $\dot{I}_P$ 之间的相位差。

每相负载的无功功率为

$$Q=U_P I_P\sin\varphi$$

每相负载的视在功率为

$$S=U_P I_P$$

1）应用功率表。

① 三相四线制电路功率的测量。

接有中性线的三相电路，通常采用三功率表法测量功率，功率表接线如图 2.35 所示。

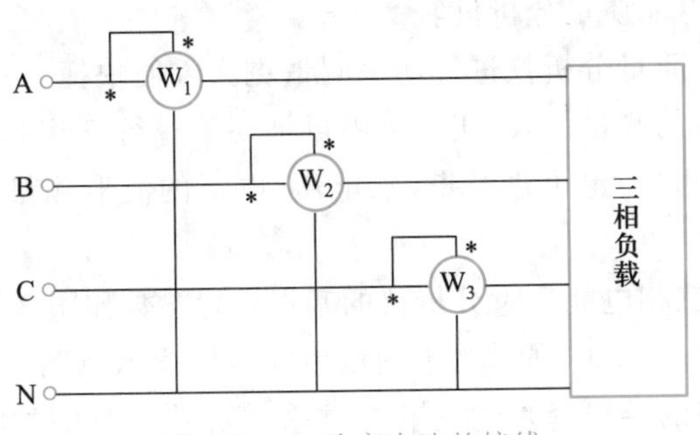

图 2.35 三功率表法的接线

负载对称时,各相负载吸收功率相等,因此可以仅测出一相负载功率,再乘以 3 即为三相负载总功率。

负载不对称时,各相负载吸收功率不相等,此时可用三只功率表测出各相负载的吸收功率(也可用一只功率表分别测量各相负载功率),再将结果相加即可得到三相负载总功率。

② 三相三线制电路功率的测量。

对于三相三线制电路,无论负载是否对称,也无论负载采用星形联结还是三角形联结,均可使用二功率表法测量三相功率。如图 2.36 所示,测量时将两只功率表的电流线圈分别串接在任意两条端线中,电压线圈的非“ * ”端共同接在第三条端线上,总功率即为两只功率表读数的代数和。

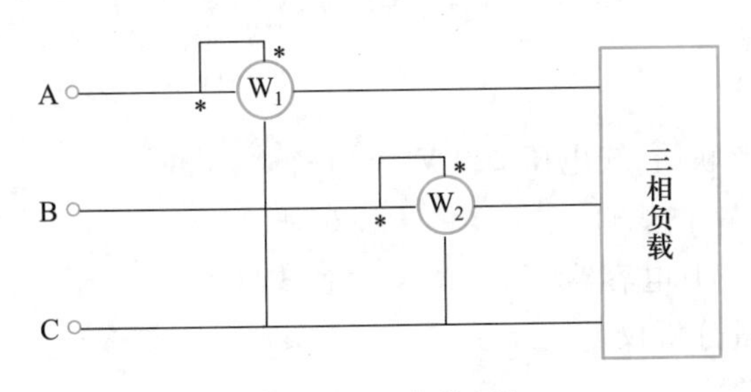

图 2.36 二功率表法

以星形联结的三相对称负载为例,三相电路的瞬时功率为

$$p=p_A+p_B+p_C=u_Ai_A+u_Bi_B+u_Ci_C$$

因为

$$i_A+i_B+i_C=0$$

所以

$$\begin{aligned}p&=u_Ai_A+u_Bi_B+u_C(-i_A-i_B)\\&=(u_A-u_C)i_A+(u_B-u_C)i_B\\&=u_{AC}i_A+u_{BC}i_B\\&=p_1+p_2\end{aligned}$$

平均功率

$$P=P_1+P_2=U_{AC}I_A\cos\alpha+U_{BC}I_B\cos\beta$$

其中,α 为 $\dot{U}_{AC}$ 超前于 $\dot{I}_A$ 的相位角,β 为 $\dot{U}_{BC}$ 超前于 $\dot{I}_B$ 的相位角。

2）应用三相电能质量分析仪。

利用三相电能质量分析仪进行功率测量更为方便快捷。三相电能质量分析仪是一种功能广泛的测量仪表，实验室中可被用于进行三相和单相电路的电压、电流、功率等数据测量，也可进行谐波、电压、电流的波形测量，电压和电流之间的相角测量等。

在本实验中，三相电能质量分析仪的基本设置参数如图 2.37 所示，电路的接线模式为 3φ WYE，图 2.38 所示为采用该模式的接线示意图。实际接线时，注意应将待测电流支路的导线套入电流钳夹，并留意钳夹上标明的电流方向。

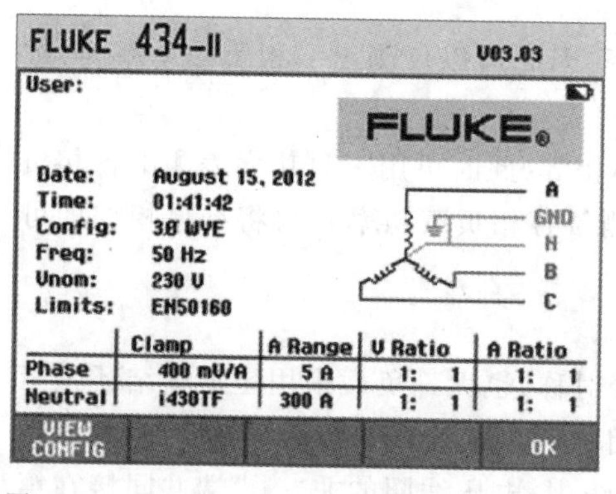

图 2.37　三相电能及功率质量分析仪设置界面

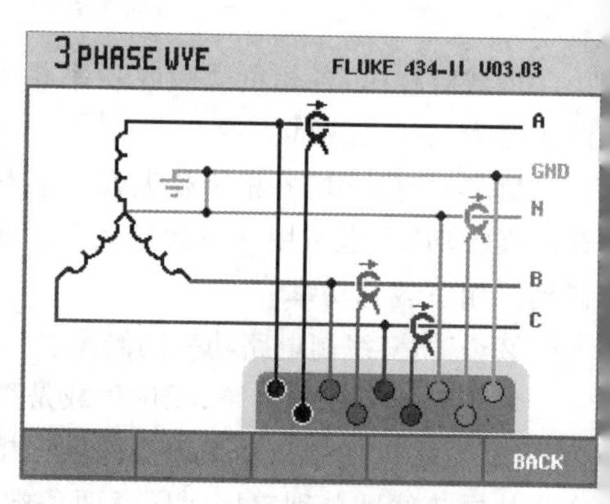

图 2.38　3φ WYE 接线示意图

4. 实验设备

三相电源星形联结，线电压 220 V	1 个
三相负载 15 W 白炽灯	6 只
1 μF、2 μF、4 μF 电容器	各 3 只
三相电能质量分析仪	1 只
三相电路实验模块	1 套

5. 注意事项

（1）本实验采用线电压为 220 V 的三相交流电。因此，应特别注意人身安全：接好线路检查无误后方可通电；实验完毕或改接线路时，须先断电再操作；带电测量实验数据时，避免触及电路及元件的导电部位。

（2）将三相电能质量分析仪接入电路时，须注意电压相序和电流钳夹的方向。

2-17 视频：三相四线制对称负载星形联结

6. 实验内容

（1）负载星形联结

1）三相四线制对称负载。

按图 2.33 连接电路。其中，$\dot{U}_A$、$\dot{U}_B$、$\dot{U}_C$ 为三相电源的相电压，A、B、C 分别接三相负载；N 和 N′分别为电源中性点和负载中性点。每相负载各接一盏内阻相同的白炽灯，研究分析：

① 测量各相负载的电压、电流以及中性线电流。

② 测量各相负载的有功、无功及视在功率。

2）三相四线制非对称负载。

将图2.33中的任意相负载（如C相）改接一个1 μF的容性负载。

① 测量各相负载电压、电流。

② 测量各相负载有功、无功及视在功率。

③ 与对称负载相比，各相电压是否有变化？

④ 与对称负载相比，此时中性线电流有何变化？

2-18 视频：三相四线制非对称负载星形联结

提示：测量中性线电流时，将A、B、C其中任意一相电流钳夹接到中性线即可测量 I_N。

3）三相三线制对称负载。

如图2.33所示的用电系统正常运行时，若中性线NN′突然发生断线故障，利用实验室现有的仪器设备，研究分析：

① 与故障前相比，各相负载的电压、电流是否变化？

② 与故障前相比，$U_{NN'}$是否变化？

③ 在此故障状态下，该用电系统是否可以长时间稳定运行？

2-19 视频：三相三线制对称负载星形联结

4）三相三线制非对称负载。

将图2.33中的任意相负载（如C相）改接一个1 μF的容性负载。若中性线NN′突然发生断线故障，利用实验室现有的仪器设备，研究分析：

① 与故障前相比，各相负载的电压、电流是否变化？

② 与故障前相比，$U_{NN'}$是否变化？若发生变化试分析其原因。

③ 在此故障状态下，该用电系统是否可以长时间稳定运行？

2-20 视频：三相三线制非对称负载星形联结

（2）负载三角形联结

按图2.34连接电路。其中，$\dot{U}_A$、$\dot{U}_B$、$\dot{U}_C$为三相电源的相电压，A、B、C分别接三相负载；每相负载各接一盏内阻相同的白炽灯。研究分析：

① 测量该用电系统正常运行时各相负载的线电流、相电流。

② 将C相负载的白炽灯更换成一个4 μF的电容器，测量各相负载的线电流、相电流；与对称负载相比，此时的线电流、相电流有何变化？

③ 若任意相电源端线断线（如C相），各相负载能否正常工作？为什么？

④ 若任意盏白炽灯发生断路将会发生什么现象？其他两盏灯能否正常工作？

2-21 视频：三相负载三角形联结

（3）测定电源的相序

① 按图2.32连接线路，记录电源相序测定结果。

② 利用三相电能质量分析仪测量电源的相序。

7. 实验思考

（1）实验中使用的三相负载为额定电压220 V的白炽灯，为何不使用线电压为380 V的三相电源为其供电？

（2）负载星形联结时，中性线起什么作用？为什么中性线上不允许安装开关或熔断器？

8. 实验报告

（1）整理实验数据，总结对称负载在两种不同联结方式下的线电压、相电压之间，以及线电流、相电流之间的关系。

（2）根据实验现象，分析三相四线制系统中性线的作用。

2.7 功率因数的提高

1. 实验目的

（1）掌握日光灯电路的工作原理。

（2）掌握交流电路中电压、电流的相量关系。

（3）掌握交流电路参数的测量方法。

（4）掌握提高感性电路功率因数的方法。

（5）掌握三相电能质量分析仪测量日光灯的电路电压、电流、功率及功率因数的方法。

2. 实验预习

（1）了解日光灯电路的结构及接线方法。

（2）掌握提高感性电路功率因数的方法及其重要意义。

（3）了解本次实验的内容和步骤。

3. 实验原理

（1）功率因数的定义

在交流电路中，有功功率、无功功率、视在功率分别为

$$P=UI\cos\varphi$$

$$Q=UI\sin\varphi$$

$$S=UI$$

其中，电压与电流之间相位差 φ 的余弦 $\cos\varphi$ 定义为电路的功率因数，在数值上功率因数等于有功功率和视在功率的比值，即 $\cos\varphi=P/S$。通常情况下，功率因数介于 0 与 1 之间。功率因数的大小与电路中负载性质有关。只有当电路的负载为纯电阻时，其功率因数为 1。当功率因数不等于 1 时，电路中电源和负载之间发生能量转换，即出现无功功率。

（2）提高功率因数的必要性

功率因数是衡量电气设备效率高低的一个重要参数。功率因数越低，说明电路中用于交变磁场转换的无功功率越大，由此将产生如下问题：

① 发电机发出的能量不能充分利用。一部分能量在发电机与负载之间互换，从而导致发电效率不高。

② 发电机绕组和线路阻抗的功率损耗增加。当发电机的电压 U 和输出功率 P 一定时，电流 I 与功率因数 $\cos\varphi$ 成反比，发电机绕组和线路阻抗的功率损耗与 $\cos^2\varphi$ 成反比。

（3）提高功率因数的方法

实际生活中的负载多为感性负载，而功率因数低的根本原因是感性负载的存在。因此，通常采用并联电容器的方法提高功率因数。

在感性负载两端并联电容器后，能量的互换主要或完全发生在感性负载与电容器之间，因此减少了电源与负载之间的能量互换，使发电机的容量得到充分利用。另外，并联电容器后，线路电流减小了，发电机绕组和线路的功率损耗也

减小了。

(4) 日光灯简介

① 电路结构。日光灯电路主要由日光灯管、启辉器和镇流器组成。

灯管的内壁涂有荧光粉,两端各有一个由钨丝制成的灯丝,灯管内充有惰性气体与水银蒸气等。镇流器产生的自感电动势与电源电压共同作用于灯管两端的灯丝上,灯管由于受到高电压作用产生辉光放电而导通。

启辉器的内部装有一个动触点和一个静触点,两触点之间并联一个小电容,启辉器内部充有氖气。接通电源后,由于氖气辉光放电产生高温使动、静触点吸合而接通电路。两触点吸合后,辉光放电停止,使两触点分离。

镇流器主要由一个具有铁心的电感线圈组成。在启辉器的动、静触点吸合又分开的瞬间,由于电路中的电流突然消失,镇流器线圈产生自感电动势。在实验电路中可将灯管视为电阻性负载,镇流器视为一个由电阻与电感组成的感性负载。

② 工作原理。电源接通瞬间,220 V 电压接入启辉器两电极之间,产生辉光放电,灯管灯丝和镇流器线圈有电流流过,此时电源、灯丝、镇流器和启辉器构成一个闭合回路。几秒后,启辉器两极闭合,极间电压降为零,辉光放电消失。启辉器两极断开瞬间,电路中的电流突然消失,使得镇流器线圈两端产生一高电压,与电源电压叠加后作用于灯管两端,日光灯被点燃。

灯管发光后,镇流器线圈两端产生一个较大的电压降,引起灯管两端的电压迅速下降,从而使得启辉器极间电压过低而停止工作,日光灯进入正常工作状态。

4. 实验设备

单相交流电源,220 V	1 个
日光灯管、电感/电子镇流器、启辉器	各 1 个
电容器(1 μF、2 μF、4 μF)	各 3 只
三相电能质量分析仪	1 只
日光灯电路实验模块	1 套

5. 注意事项

(1) 本实验采用 220 V 的单相交流电源,因此应特别注意人身安全:接好线路检查无误后方可通电;实验完毕或改接线路时,必须先断电再操作;带电测量实验数据时,避免触及电路及元件的导电部位。

(2) 注意日光灯电路的正确连接,日光灯灯管与电感镇流器必须串联,以免损坏灯管。

(3) 将三相电能质量分析仪接入电路时,须注意电压相序及电流钳夹的方向。

(4) 三相电能质量分析仪的接线方式应设置为 1φ+ NEUTRAL。

(5) 若三相电能质量分析仪设置正确,但无测量结果,可按 SETUP 键→F1→F2,将 DEMO(演示模式)设置为 OFF(关闭)状态。

2-22 视频:电感镇流器日光灯电路的测量

6. 实验内容

(1) 电感镇流器日光灯电路的测量

1) 未并入电容器。

① 电源为 220 V 单相交流电，负载为日光灯，按图 2.39 连接电路，不接电容器。

② 电路检查无误后，合上电源开关。按表 2.20 测量，将结果填入表内。

③ 绘制电压 $\dot{U}$、电流 $\dot{I}$ 的相量图，总结分析实验结果。

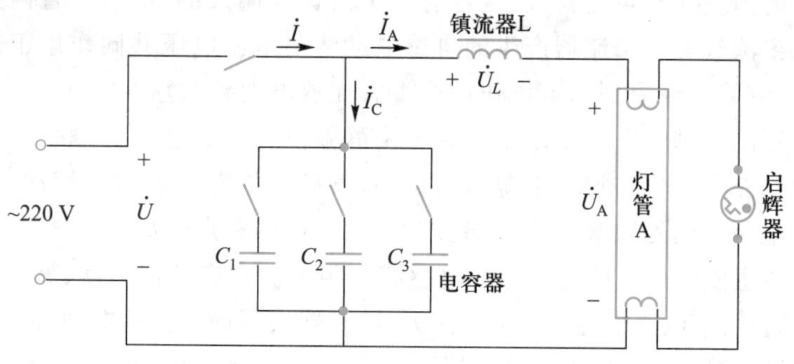

图 2.39　电感镇流器日光灯电路

表 2.20　未并入电容器

测量值					
U/V	U_A/V	U_L/V	I/A	P/W	$\cos\varphi$

2）并入电容器。

① 断开电源开关，并入电容器。

② 电路检查无误后，合上电源开关。

③ 调节电容箱，改变并联电容值，即将 1 μF、2 μF、4 μF 电容器分别并入日光灯电路，按表 2.21 测量，将结果填入表内。

④ 与未并入电容器的测量结果比较，试分析功率因数的变化。

表 2.21　并入电容器

测量次序	测量值					
	C/μF	I/A	I_A/A	I_C/A	P/W	$\cos\varphi$
1						
2						
3						

（2）电子镇流器日光灯电路的测量

1）电源为 220 V 单相交流电，负载为日光灯管，按图 2.40 连接电路。

2）电路检查无误后，合上电源开关。按表 2.22 测量，将结果填入表内。

3）绘制电压 $\dot{U}$、电流 $\dot{I}$ 的相量图。

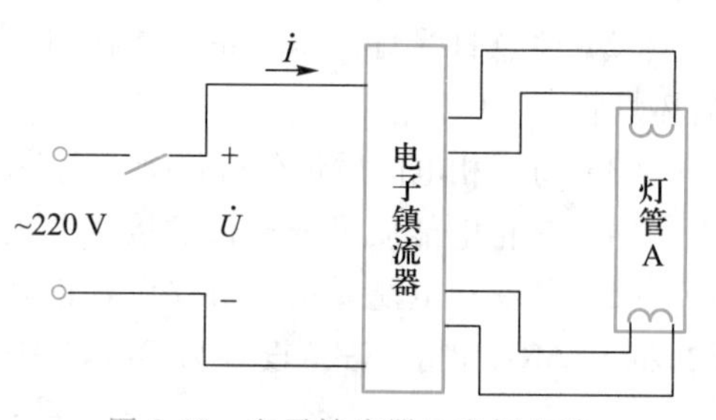

图 2.40　电子镇流器日光灯电路

2-23 视频：电子镇流器日光灯电路的测量

4）与电感镇流器的测量结果比较，总结分析实验结果。

表 2.22　电子镇流器

测量值			
U/V	I/A	P/W	$\cos\varphi$

7. 实验思考

（1）本实验中，表达式 $U=U_L+U_A$ 是否成立？

（2）是否并联电容越大，功率因数越高？

（3）功率因数提高，电流 I 增大还是减小？

（4）根据本次实验电路参数，若使 $\cos\varphi=1$，应并入多大电容？

（5）并联电容器后，电路的功率因数提高了，感性负载本身的功率因数是否也随之提高？

（6）根据实验数据，如何计算日光灯管的等效电阻 R、镇流器线圈电阻 r 及镇流器电感 L？

8. 实验报告

（1）按表格完成数据测量及计算。

（2）根据实验数据，绘制电压、电流相量图，验证基尔霍夫定律。

（3）绘制 $I=f(C)$ 及 $\cos\varphi=f(C)$ 的曲线。

2.8　一阶电路的瞬态过程

1. 实验目的

（1）通过实验加深对一阶 RC/RL 电路瞬态过程的理解。

（2）掌握利用示波器测定 RC/RL 电路瞬态过程时间常数的方法。

（3）了解时间常数对一阶 RC/RL 电路输出波形的影响。

（4）研究一阶 RC/RL 电路在矩形脉冲信号激励下响应的基本规律。

2. 实验预习

（1）复习一阶 RC/RL 电路瞬态过程的理论知识。

（2）复习相关实验仪器的使用方法说明。

（3）预习实验内容。

3. 实验原理

（1）稳态与瞬态过程

通常把电压和电流保持恒定或按周期性变化的电路工作状态称为稳态。电路的瞬态过程是指电路从一个稳态变化到另一个稳态的过程。瞬态过程发生在有储能元件（电容或电感）的电路里。

RC 电路中电容器的充、放电过程，理论上需持续无限长的时间，但工程应用上一般认为经过(3～5)τ 的时间,瞬态过程结束,其中,$\tau=RC$ 为时间常数。在图 2.41 所示 RC 电路输入端加上矩形脉冲电压 u_i,若脉冲宽度 $t_P=(3\sim5)\tau(t_P=T/2)$,可观察到输出电压 u_o波形为基本完整的充放电曲线,如图 2.42 所示。

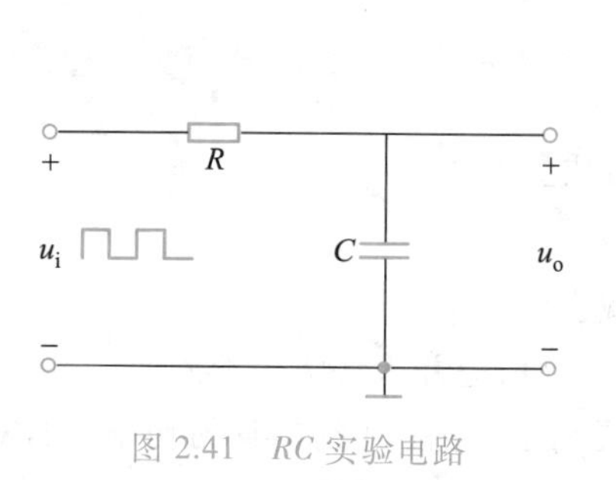

图 2.41　RC 实验电路

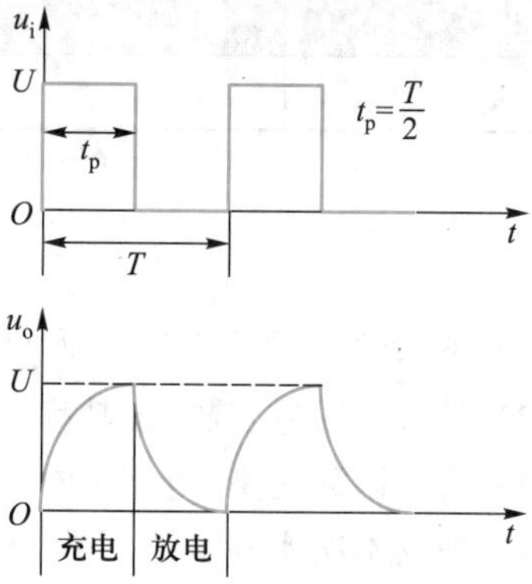

图 2.42　输入输出电压波形

(2) 时间常数的测量

根据理论可知,对于充电曲线,幅值由零上升至稳定值的 63.2%时,所需时间为 τ;对于放电曲线,幅值下降至初始值的 36.8%时所需时间为 τ,如图 2.43 所示。根据这一规律,可方便地从响应波形上测出电路的时间常数 τ。

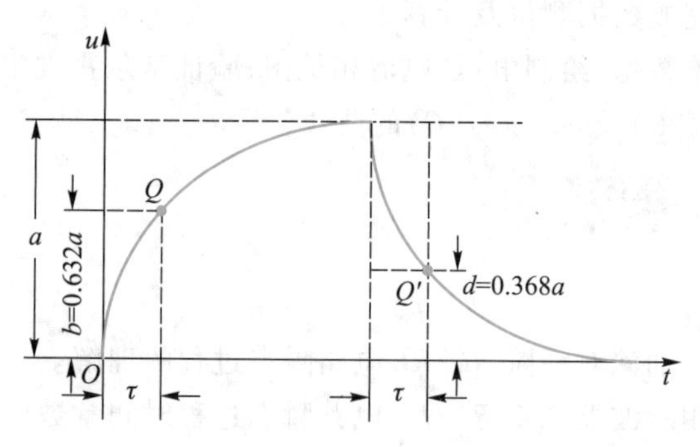

图 2.43　时间常数的测量

(3) 积分电路、微分电路与耦合电路

设置一阶电路的元件参数,使其与输入信号的周期符合一定条件,即可构成简单的积分电路、微分电路或耦合电路。

① 在图 2.41 所示电路中,当 $\tau\gg t_p$ 时,电容充电速度很慢,在充电时间 t_p 内,电容上所充的电荷量极少,因而有

$$u_C(t)\approx 0,\text{即 } u_R(t)\approx u_i(t)$$

所以

$$i_C(t)=\frac{u_R(t)}{R}\approx\frac{u_i(t)}{R}$$

$$u_o(t)=u_C(t)=\frac{1}{C}\int i_C(t)\,\mathrm{d}t\approx\frac{1}{RC}\int u_i(t)\,\mathrm{d}t$$

即输出电压 u_o 与输入电压 u_i 对时间的积分近似成正比,波形如图 2.44 所示,该电路被称为积分电路。

② 在如图 2.45 所示电路中，取输出电压 u_o 为电阻两端电压。

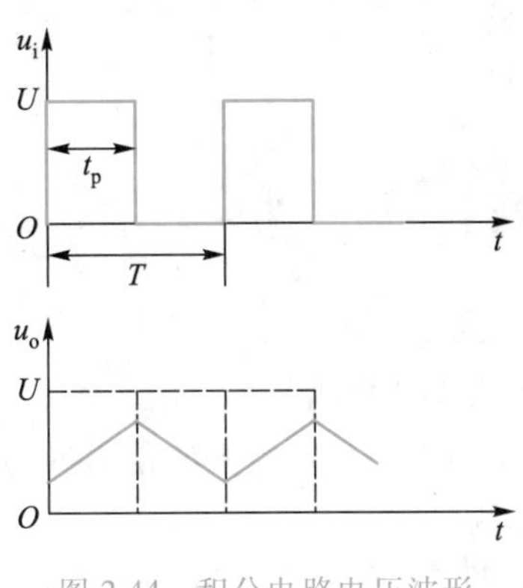

图 2.44　积分电路电压波形

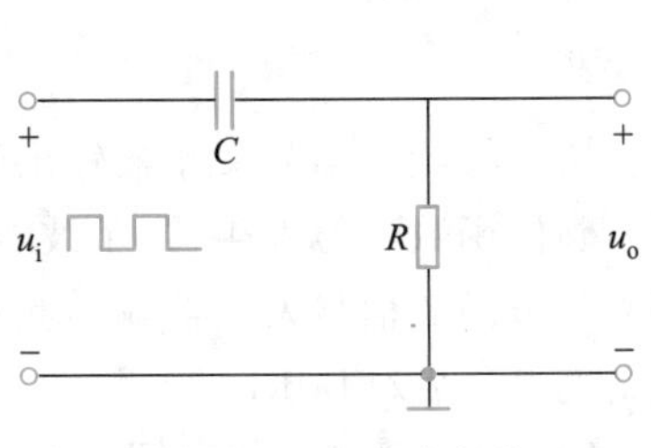

图 2.45　RC 实验电路

当 $\tau \ll t_P$ 时，电容充电时间很短，很快就能达到稳态，同时电阻电压也很快由峰值衰减到零。因而有

$$u_C(t) \approx u_i(t)$$

所以

$$u_o(t) = u_R(t) = R \cdot i_C(t) = RC\frac{\mathrm{d}u_C(t)}{\mathrm{d}t} \approx RC\frac{\mathrm{d}u_i(t)}{\mathrm{d}t}$$

即输出电压 u_o 与输入电压 u_i 对时间的微分近似成正比，波形如图 2.46 所示，该电路被称为微分电路。

③ 同样对于图 2.45 所示电路，当 $\tau \gg t_P$ 时，电容充电速度很慢，因而有

$$u_C(t) \approx 0$$

所以

$$u_o(t) = u_R(t) \approx u_i(t)$$

输出电压 u_o 与输入电压 u_i 的波形近似，如图 2.47 所示，该电路被称为耦合电路。

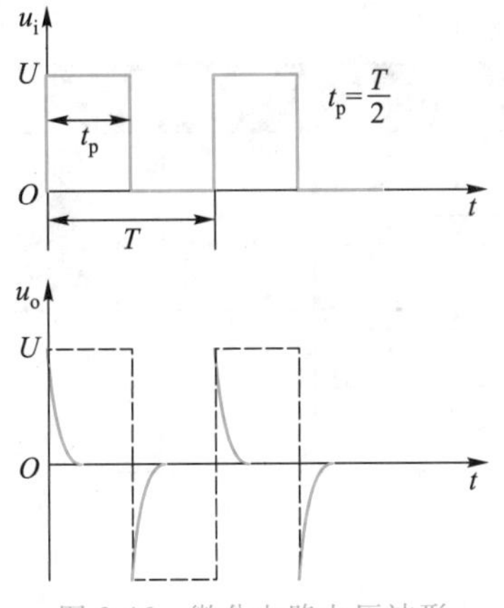

图 2.46　微分电路电压波形

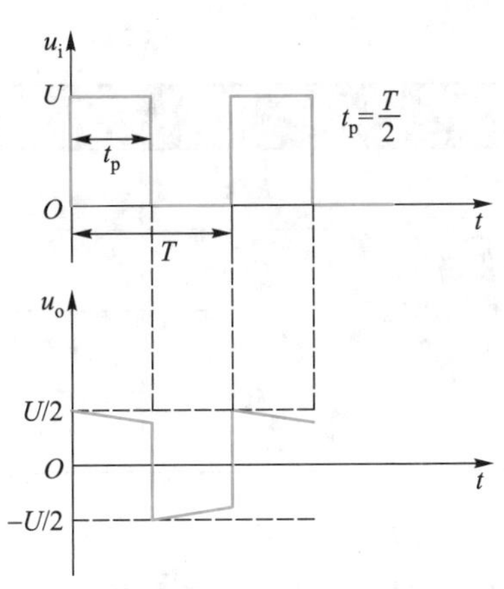

图 2.47　耦合电路电压波形

4. 实验设备

示波器	1 台
函数信号发生器	1 台

交流电压表或 FLUKE190 测试仪	1 只
电阻箱	1 只
电容箱	1 只
电感箱	1 只

5. 注意事项

（1）切勿将函数信号发生器输出端短路，以免损坏仪器。

（2）确保函数信号发生器、示波器和电路三者“共地”。

（3）调节函数信号发生器输出频率 1 kHz、幅值 5 V 的方波信号时，应以示波器或交流电压表/FLUKE190 测试仪的实际测量为准。

（4）FLUKE190 测试仪的耦合方式为 DC 耦合，带宽设置为 20 kHz。

6. 实验内容

2-24 视频：*RC* 电路时间常数的测量

（1）*RC* 电路的瞬态过程

1）时间常数的测量。

① 按图 2.41 接线，其中电阻 *R*、电容 *C* 分别由电阻箱及电容箱提供，输入信号 u_i 由函数信号发生器提供，输入信号及输出信号的波形分别通过示波器的两个通道观测。

② 调节函数信号发生器，使其输出频率 1 kHz、幅值 5 V、占空比 50%的矩形脉冲电压。

③ 调节电阻箱和电容箱，选择适当的 *R*、*C* 值，满足条件 $\tau=RC\approx0.2t_p(t_p=T/2)$。

④ 调节示波器，观察输出电压 u_o 的瞬态波形。

⑤ 记录 *R*、*C* 值及绘制输出电压 u_o 波形，结果填入表 2.23 中。

⑥ 根据 u_o 波形测量 τ 值，根据 *R*、*C* 值计算 τ 值，填入表 2.23 中。

⑦ 调节电阻箱，观察 τ 值变化对输出电压 u_o 波形产生的影响。

表 2.23 瞬态过程的测量

波形名称	参数			波形图
RC 电路瞬态过程输出电压波形	R/kΩ			u_o、O、t（坐标轴）
	C/μF			
	τ/ms	计算值		
		测量值		

2-25 视频：*RC* 积分电路

2）*RC* 积分电路。

① 按图 2.41 接线，其中电阻 *R*、电容 *C* 分别由电阻箱和电容箱提供，输入信号 u_i 由函数信号发生器提供，输入信号和输出信号的波形分别通过示波器的两个通道观测。

② 调节函数信号发生器，使其输出频率 1 kHz、幅值 5 V、占空比 50%的矩形脉冲电压。

③ 调节电阻箱和电容箱，选择适当的 *R*、*C* 值，满足条件 $\tau=RC\approx10t_p(t_p=T/2)$。

④ 调节示波器，观察输出电压 u_o 的波形。

⑤ 记录 R、C 值及绘制输出电压 u_o 波形，结果填入表 2.24 中。

⑥ 根据 R、C 值计算 τ 值，填入表 2.24 中。

⑦ 调节电阻箱，观察 τ 值的变化对输出电压 u_o 波形产生的影响。

3）RC 微分电路。

2-26 视频：RC 微分电路

① 按图 2.45 接线，其中电阻 R、电容 C 分别由电阻箱及电容箱提供，输入信号 u_i 由函数信号发生器提供，输入信号及输出信号的波形分别通过示波器的两个通道观测。

② 调节函数信号发生器，使其输出频率 1 kHz、幅值 5 V、占空比 50%的矩形脉冲电压。

2-27 视频：RC 耦合电路

③ 调节电阻箱和电容箱，选择适当的 R、C 值，满足条件 $\tau = RC \approx 0.1t_P (t_P = T/2)$。

④ 调节示波器，观察输出电压 u_o 的波形。

⑤ 记录 R、C 值及绘制输出电压 u_o 波形，结果填入表 2.24。

⑥ 根据 R、C 值计算 τ 值，填入表 2.24 中。

⑦ 调节电阻箱，观察 τ 值的变化对输出电压 u_o 波形产生的影响。

4）RC 耦合电路。

① 按图 2.45 接线，其中电阻 R、电容 C 分别由电阻箱及电容箱提供，输入信号 u_i 由函数信号发生器提供，输入信号及输出信号的波形分别通过示波器的两个通道观测。

② 调节函数信号发生器，使其输出频率 1 kHz、幅值 5 V、占空比 50%的矩形脉冲电压。

③ 调节电阻箱和电容箱，选择适当的 R、C 值，满足条件 $\tau = RC \approx 10t_P (t_P = T/2)$。

④ 调节示波器，观察输出电压 u_o 的波形。

⑤ 记录 R、C 值及绘制输出电压 u_o 波形，结果填入表 2.24 中。

⑥ 根据 R、C 值计算 τ 值，填入表 2.24 中。

⑦ 调节电阻箱，观察 τ 值变化对输出电压 u_o 波形产生的影响。

表 2.24 RC 积分、微分、耦合电路实验数据

波形名称	参数		波形图
RC 积分电路输出电压波形	R/kΩ		u_C — O — t
	C/μF		
	τ/ms		
RC 微分电路输出电压波形	R/kΩ		u_R — O — t
	C/μF		
	τ/ms		

续表

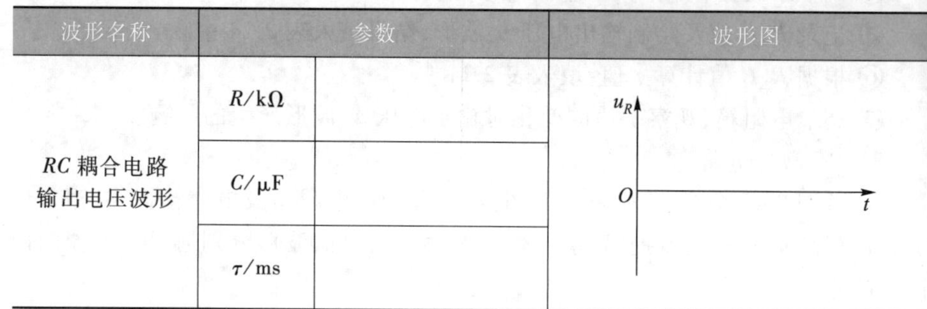

波形名称	参数		波形图
RC 耦合电路输出电压波形	$R/\text{k}\Omega$		
	$C/\mu\text{F}$		
	τ/ms		

2-28 视频：*RL* 电路瞬态过程的测量

(2) *RL* 电路的瞬态过程

1) *RL* 积分电路。

① 按图 2.48 接线，其中电阻 R、电感 L 分别由电阻箱和电感箱提供，输入信号 u_i 由函数信号发生器提供，输入信号和输出信号的波形分别通过示波器的任意两个通道观测。

② 调节函数信号发生器，使其输出频率 1 kHz、幅值 5 V、占空比 50% 的矩形脉冲电压。

③ 调节电阻箱和电感箱，选择适当的 R、L 值，满足条件 $\tau=L/R\approx10t_P(t_P=T/2)$。

④ 调节示波器，观察输出电压 u_o 的波形。

⑤ 记录 R、L 值及绘制输出电压 u_o 的波形，结果填入表 2.25 中。

⑥ 根据 R、L 值计算 τ 值，填入表 2.25 中。

⑦ 调节电阻箱，观察 τ 值变化对输出电压 u_o 波形产生的影响。

2) *RL* 微分电路。

① 按图 2.49 接线，其中电阻 R、电感 L 分别由电阻箱和电感箱提供，输入信号 u_i 由函数信号发生器提供，输入信号和输出信号的波形分别通过示波器的任意两个通道观测。

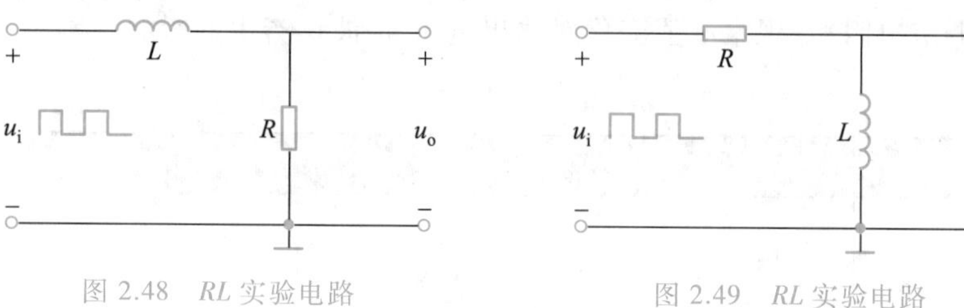

图 2.48　*RL* 实验电路　　　图 2.49　*RL* 实验电路

② 调节函数信号发生器，使其输出频率 1 kHz、幅值 5 V、占空比 50% 的矩形脉冲电压。

③ 调节电阻箱和电感箱，选择适当的 R、L 值，满足条件 $\tau=L/R\approx0.1t_P(t_P=T/2)$。

④ 调节示波器，观察输出电压 u_o 的波形。

⑤ 记录 R、L 值及绘制输出电压 u_o 波形，结果填入表 2.25 中。

⑥ 根据 R、L 值计算 τ 值，填入表 2.25 中。

⑦ 调节电阻箱，观察 τ 值变化对输出电压 u_o 波形产生的影响。

3) *RL* 耦合电路。

① 按图 2.49 接线，其中电阻 R、电感 L 分别由电阻箱和电感箱提供，输入信

号 u_i 由函数信号发生器提供，输入信号和输出信号的波形分别通过示波器的任意两个通道观测。

② 调节函数信号发生器，使其输出频率 1 kHz、幅值 5 V、占空比 50%的矩形脉冲电压。

③ 调节电阻箱和电感箱，选择适当的 R、L 值，满足条件 $\tau=L/R\approx10t_P(t_P=T/2)$。

④ 调节示波器，观察输出电压 u_o 的波形。

⑤ 记录 R、L 值及绘制输出电压 u_o 波形，结果填入表 2.25 中。

⑥ 根据 R、L 值计算 τ 值，填入表 2.25 中。

⑦ 调节电阻箱，观察 τ 值变化对输出电压 u_o 波形产生的影响。

表 2.25 *RL* 积分、微分、耦合电路实验数据

波形名称	参数		波形图
RL 积分电路输出电压波形	R/kΩ		u_R，O，t
	L/mH		
	τ/ms		
RL 微分电路输出电压波形	R/kΩ		u_L，O，t
	L/mH		
	τ/ms		
RL 耦合电路输出电压波形	R/kΩ		u_L，O，t
	L/mH		
	τ/ms		

7. 实验思考

(1) 将方波信号转换为尖脉冲信号，可通过什么电路来实现？将方波信号转换为三角波信号，可通过什么电路来实现？

(2) 当矩形脉冲电压以不同的频率输入到 *RC*、*RL* 积分电路或微分电路时，输出电压是否总保持积分或微分关系？为什么？

(3) 将相同时间常数的一阶 *RC*、*RL* 电路的响应波形进行比较，可得出什么结论？

(4) 一阶动态电路中的电感电流和电容电压各有什么特点？

8. 实验报告

(1) 整理实验数据、绘制波形图。

(2) 说明用示波器测定时间常数 τ 的方法，将测量值与计算值比较，分析误差原因。

(3) 总结时间常数 τ 对 *RC* 电路瞬态过程的影响。

(4) 根据实验结果总结 *RC/RL* 积分电路、微分电路及耦合电路的条件；分析这三种 *RC/RL* 电路各有什么实际应用。

第3章 电动机的继电接触器及可编程控制器的控制实验

电动机的作用是把电能转换为机械能,用来驱动各种用途的生产机械和装置,满足不同的需求。根据应用场合的要求和电源的不同,电动机又分为直流电动机、交流同步电动机、交流感应电动机,以及满足不同需求的特种电动机。

电动机的运动控制主要以各类电动机为控制对象,以一些装置作为控制手段进行有目的控制。常用的控制方法有:传统的继电接触器控制系统、现代的可编程控制器控制系统、计算机及其他电力电子装置为主的控制系统。

3.1 电动机的继电接触器控制基本实验

1. 实验目的

(1) 了解电动机及按钮、交流接触器等几种常用控制电器的结构和工作原理。

(2) 掌握三相异步电动机直接起动和正反转控制线路的工作原理,加深理解自锁和互锁的含义。

(3) 掌握使用万用表检查线路故障的方法;培养分析和解决故障的能力。

2. 实验预习

(1) 阅读实验教程,了解本次实验的内容和步骤。

(2) 掌握按钮、交流接触器、熔断器等几种常用控制电器的结构及工作原理。

(3) 掌握并会设计三相异步电动机直接起动和正反转控制电路的工作原理。

(4) 理解自锁和互锁的含义及实现方法。

3-1 视频:电动机及几种常用控制电器的结构和工作原理

3. 实验原理

(1) 电动机的转动原理

三相异步电动机由定子和转子组成。当定子绕组中通入三相电流后,就会在定子铁心内产生合成磁场,合成磁场随电流的交变而在空间不断旋转,转子导条在旋转磁场中感应产生电动势,在电动势的作用下,闭合的导条产生电流,电流与旋转磁场相互作用,从而使转子转动起来。

电动机转子的转向与磁场的旋转方向相同,但转子的转速必然小于磁场的转速。若两个转速相等,则转子与旋转磁场之间就没有相对运动,转子导条就不能切割磁感应线，感应电动势、感应电流就不会出现，转子也不可能受到电磁力的作用而旋转。

（2）电动机的继电接触器控制

由继电器、接触器和按钮等控制电器实现的对电动机的自动控制，称为继电接触器控制。它是一种有触点的断续控制，即通过继电器、接触器触点的接通和断开方式实现对电路的控制。

3－2 视频：电动机的点动控制

（3）继电接触器控制系统的基本控制电路

1）电动机的直接起动与自锁控制。

图 3.1 所示的是三相异步电动机点动控制电路。当合上刀开关 QS，按下起动按钮 SB 时，交流接触器线圈 KM 通电，主电路中的交流接触器动作，触点 KM 闭合，电动机 M 通电直接起动旋转。按钮 SB 松开，交流接触器线圈断电，主电路触点释放，电动机断电停止运转。

3－3 视频：电动机的直接起动控制

若想在触点 SB 断开的情况下仍然保持电动机运转，可使用自锁控制方式。如图 3.2 所示，在起动按钮 SB_2 两端并联交流接触器 KM 的一对动合辅助触点。当按下起动按钮 SB_2 时，交流接触器线圈通电，使其串在主电路和并联在 SB_2 两端的触点同时闭合，电动机通电起动。此时即使断开 SB_2，由于与其并联的交流接触器的动合辅助触点仍保持闭合，维持线圈通电，使串在主电路的接触器触点保持在闭合状态，因而能够保证电动机的持续运行。这种依靠接触器自身辅助触点使其线圈一直保持通电的控制方式称为自锁控制。这一对起自锁作用的触点称为自锁触点。

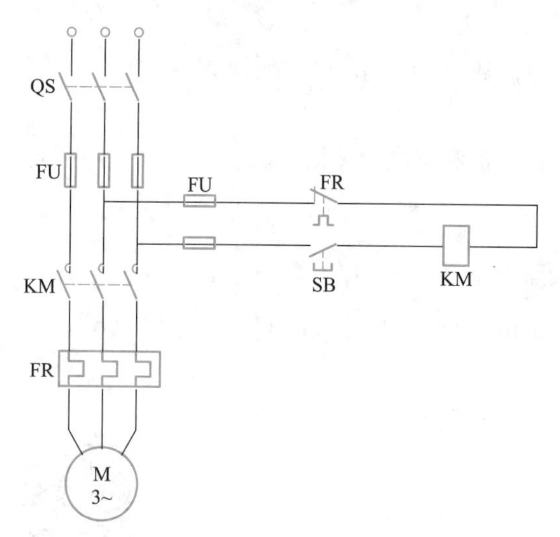

图 3.1　三相异步电动机点动控制电路

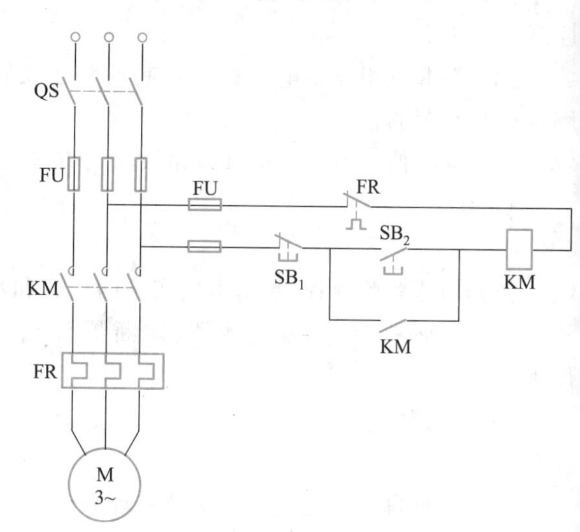

图 3.2　电动机的直接起动控制电路

3－4 视频：电动机的正反转控制

按下按钮 SB_1 后，接触器线圈断电释放，串在主电路的 KM 主触点和在控制电路的自锁触点均回复常开状态，使电动机保持断电停转。

2）电动机的正反转与互锁控制。

将连于电动机定子绕组的三根电源线中的任意两根互换位置，可以改变电动机的转动方向。图 3.3 所示为三相异步电动机正反转电路。主电路使用了两个交流接触器 KM_F 和 KM_R，通过不同的电源接线方式，实现电动机的正反转。

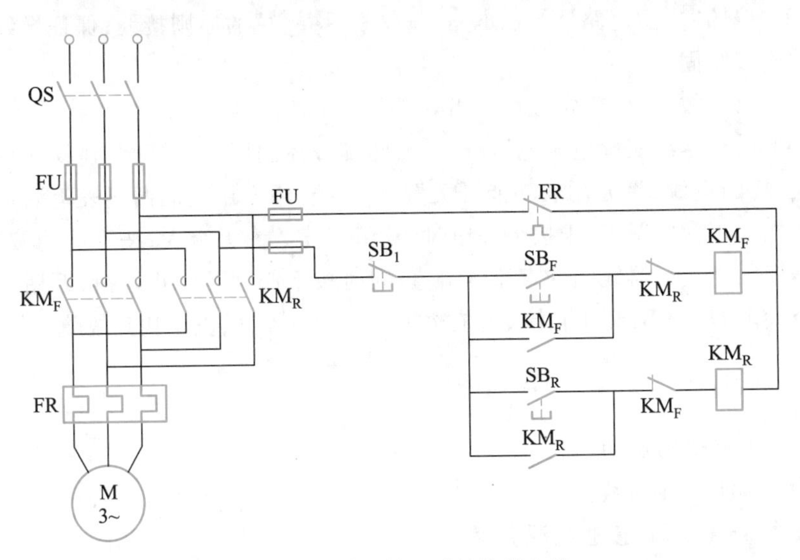

图 3.3 电动机的正反转控制电路

控制电路采用了互锁控制，将两个接触器的两对动断辅助触点 KM_F 和 KM_R 分别串接在不同回路，当 KM_F 接触器通电时，利用其串在 KM_R 接触器线圈回路中的动断触点 KM_F 的断开封锁了 KM_R 接触器线圈的通电，此时即便误操作按 KM_R 接触器的起动按钮 SB_R，接触器 KM_R 也不能动作，反之亦然，这两对交流接触器的动断触点形成了电气连锁，使两个线圈不能同时通电。应注意的是：该电路在进行电动机的转向变化前，必须先按下停止按钮 SB_1，电动机停止后方可按反转按钮 SB_R，使电动机反转。而在图 3.4 所示的控制电路中，将复合按钮 SB_F 和 SB_R 的动合触点及动断触点分别串入不同控制回路中形成机械连锁，即可使得电动机直接由正转（反转）经瞬停而反转（正转），不需要按动停止按钮。

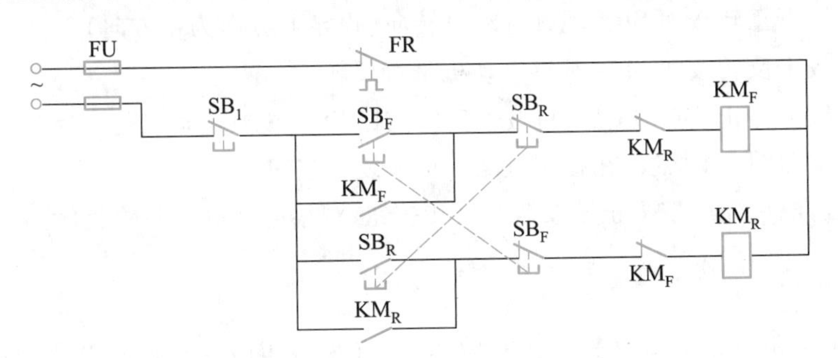

图 3.4 具有机械互锁的电动机正反转控制电路

4. 实验设备

现代传动控制技术实验屏	1 台
数字万用表	1 块

5. 注意事项

（1）本次实验使用线电压 220 V 的三相交流电源，一定要注意人身及设备的用电安全。连接、改接和拆除线路必须在断电的情况下进行。

（2）按照“先主电路后控制电路，先串联后并联”的原则接线，保证导线与实验板的连接紧固。

（3）出现故障时，首先检查三相电源是否正常供电。

（4）由于本次实验电源电压较高，因此排查控制回路故障时，建议使用断电检查法：切断电源，将万用表功能开关置于Ω挡，用万用表的两只表笔测量控制回路两端。正常情况下，未按下按钮时，万用表读数为无穷大；按下起动按钮时，万用表读数为接触器线圈的直流电阻值；同时按下起动及停止按钮，万用表读数为无穷大。若不符合以上情况，需依次检查导线及器件，直至找到故障。

6. 实验内容

（1）电动机的点动控制

① 按照图3.1接线。

② 检查无误后，接通电源。

③ 按下SB观察电动机的运行情况。

（2）电动机的直接起动控制

① 按照图3.2接线。

② 检查无误后，接通电源。

③ 分别按下SB_2和SB_1观察电动机的运行情况。

④ 切断电源后，将接于电动机定子绕组的三根电源线中的任意两根对调，通电后重新起动电动机，观察电动机转向的变化。

（3）电动机的正反转控制

① 按照图3.3接线。

② 检查无误后，接通电源。

③ 按下正转按钮SB_F，观察电动机转向（设定此方向为正方向）。

④ 按下反转按钮SB_R，观察电动机是否反转。

⑤ 按下停止按钮SB_1后，再按下反转按钮SB_R，观察电动机是否反转。

⑥ 按照图3.4接线，在控制电路中接入复式按钮。

⑦ 通电后先后按下正转按钮及反转按钮，观察电动机转向的变化。

7. 实验思考

（1）在电动机的直接起动控制实验中，经检查主电路和控制电路均连接正确，接通电源后按下起动按钮却无法起动，可能是什么原因造成的？

（2）在电动机的正反转控制实验中，如果错将接触器KM_F（或KM_R）的一个动断辅助触点与其线圈串接在同一控制回路中，按下起动按钮后，会出现什么现象？

（3）为什么在正反转控制电路中不允许两只接触器同时工作？可采取什么措施实现？

（4）测量交流信号时，所有仪器仪表必须“共地”，为什么？

（5）实验过程中同学们经常遇到如下故障，当按下起动按钮后接触器发出很大的“咔嗒咔嗒”的噪声，电动机不能正常运行，是什么原因造成的？

3. 实验报告

(1) 分析思考题,将答案写在实验报告上。
(2) 总结电动机正反转控制回路的工作过程。
(3) 记录实验过程中遇到的问题及解决办法。

3.2 电动机的继电接触器控制综合实验

1. 实验目的

(1) 掌握行程开关、时间继电器等几种常用控制电器的使用方法。
(2) 理解行程、顺序和时间控制电路的工作原理。
(3) 提高学生动手及实践能力。

2. 实验预习

(1) 复习本书3.1节内容,回顾电动机继电接触器基本控制的接线方法。
(2) 理解行程、顺序和时间控制电路的工作原理。
(3) 掌握行程开关、时间继电器等几种常用控制电器的使用方法。

3. 实验原理

(1) 行程控制

行程控制就是利用行程开关进行某些与生产机械运动位置有关的控制。行程开关的工作原理是利用生产机械的某些运动部件碰撞行程开关的推杆带动操作机构动作,从而使行程开关内部微动开关的触点闭合或断开,起到发出控制指令的作用。行程开关可用于控制生产机械运动的方向、行程的远近和位置保护等,用于位置保护的行程开关称为限位开关。

(2) 顺序控制

顺序控制是对机械运动部件运行或停止的先后次序进行的控制。在继电接触器控制系统中有多种顺序起停控制线路,如顺序起动,同时停止控制线路;顺序起动,顺序停止控制线路;还有顺序起动、逆序停止控制线路等。

(3) 时间控制

时间控制是利用时间继电器进行的延时控制。时间继电器种类很多,按延时方式可分为通电延时型和断电延时型。

① 通电延时型时间继电器。当线圈通电时,触点保持通电前状态,直至经过所设定的延时时间段后才闭合(常开延时动合触点)或断开(常闭延时动断触点)。当线圈断电后,所有触点立即恢复为线圈未通电前状态。

② 断电延时型时间继电器。当线圈通电时,触点立即闭合(动合触点)或断开(动断触点)。当线圈断电后,已经闭合的触点(常开延时动合触点)或已经断开的触点(常闭延时动断触点)继续保持状态,经过所设定的时间段后才恢复为未通电前状态。

4. 实验设备

现代传动控制技术实验屏　　1台

数字万用表　　1块

5. 注意事项

（1）本次实验使用线电压220 V的三相交流电源，一定要注意人身及设备的用电安全。连接、改接和拆除线路必须在断电的情况下进行。

（2）按照“先主电路后控制电路，先串联后并联”的原则接线，保证导线与实验板的连接紧固。

（3）出现故障时，首先检查三相电源是否正常供电。

（4）由于本次实验电源电压较高，因此排查控制回路故障时，建议使用断电检查法：切断电源，将万用表功能开关置于Ω挡，用万用表的两只表笔测量控制回路两端。正常情况下，未按所有按钮时，万用表读数为无穷大；按下起动按钮时，万用表读数为接触器线圈的直流电阻值；同时按下起动及停止按钮，万用表读数为无穷大。若不符合以上情况，需依次检查导线及器件，直至找到故障。

6. 实验内容

（1）电动机的行程控制

① 按照图3.5接线，其中ST_a、ST_b分别为a点和b点的行程开关。

② 检查无误后，接通电源。

③ 按下按钮SB_F，观察工作平台的运动方向。

④ 工作平台撞击ST_a后，观察其运动情况。

⑤ 按下SB_R，观察工作平台的运动方向是否发生了改变。

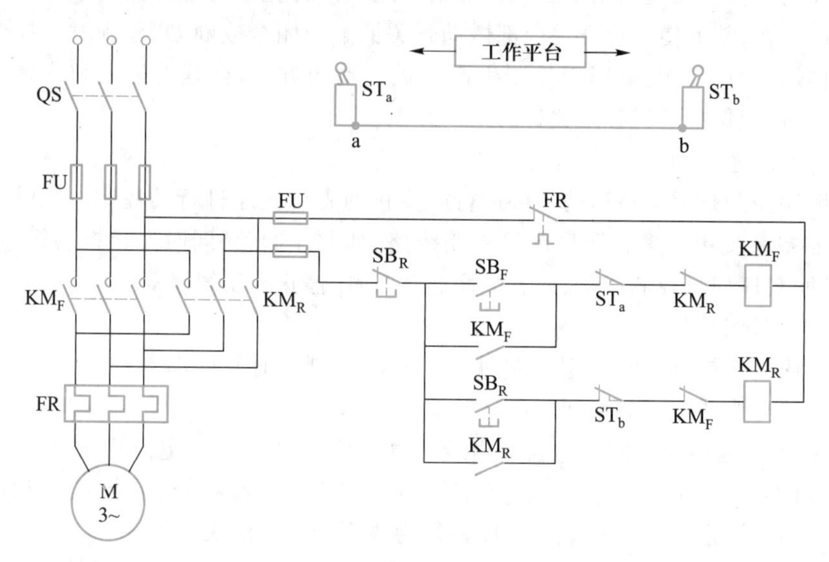

图3.5　电动机的行程控制电路

（2）电动机的顺序控制

图3.6所示为一个顺序起动、同时停止的顺序控制电路。运行时，只有电动机起动后，电灯才能亮，但二者可同步停止。

① 按图3.6接线。

② 检查无误后，接通电源。

③ 按下按钮 SB_2，观察灯的状态有何变化。

④ 按下按钮 SB_1，观察电动机状态有何变化。

⑤ 再次按下按钮 SB_2，观察灯的状态有何变化。

⑥ 按下按钮 SB_0，观察电动机及灯的状态有何变化。

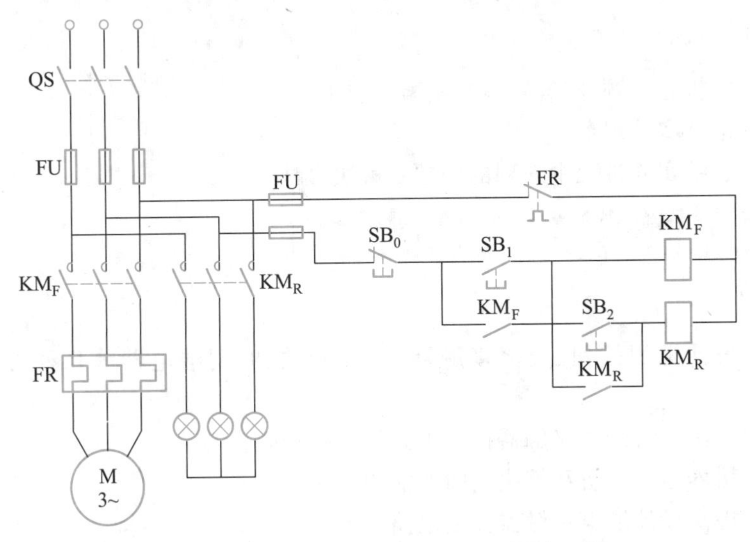

图 3.6　顺序起动、同时停止的顺序控制电路

(3) 电动机的时间控制

图 3.7 为利用时间继电器实现的延时起动控制电路。

① 按图 3.7 接线。

② 设定时间继电器的延时时间。

③ 检查无误后，接通电源。

④ 按下按钮 SB_1，观察一段时间内电动机及灯的状态有何变化。

⑤ 记录实验现象。

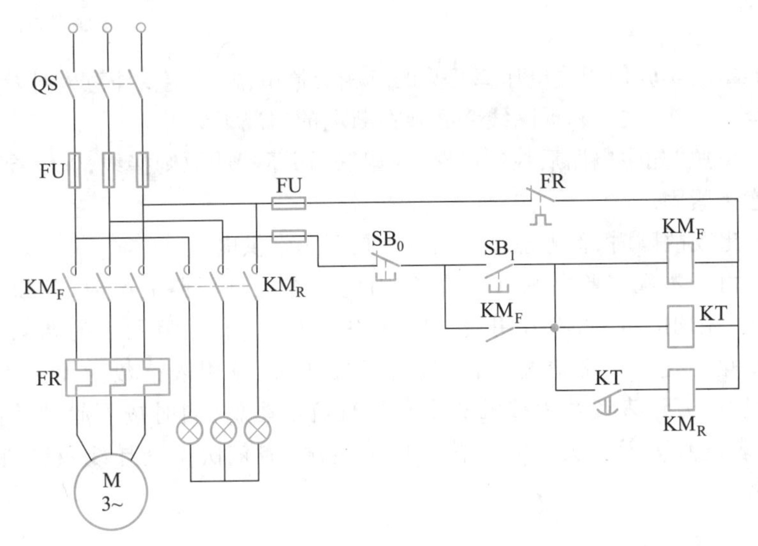

图 3.7　延时起动控制电路

7. 实验思考

(1) 图 3.6 所示的顺序控制电路中，为何电动机未起动前，指示灯不能先亮？

(2) 通电延时和断电延时有何区别？

8. 实验报告

(1) 分析思考题，将答案写在实验报告上。

(2) 记录实验现象。

(3) 总结实验过程中遇到的问题及解决办法。

3.3 电动机的继电接触器控制设计实验

1. 实验目的

(1) 灵活运用按钮、交流接触器、行程开关、时间继电器等几种常用控制电器。

(2) 加深理解继电接触器控制电路的工作原理。

(3) 培养独立分析和解决故障的能力。

(4) 提高设计继电接触器控制电路的能力。

2. 实验预习

(1) 复习本书 3.1、3.2 节内容，回顾继电接触器控制理论知识。

(2) 按照本次实验内容预先设计并绘制电路。

3. 实验设备

现代传动控制技术实验屏	1 台
数字万用表	1 块

4. 注意事项

(1) 本次实验使用线电压 220 V 的三相交流电源，一定要注意人身及设备的用电安全。连接、改接和拆除线路必须在断电的情况下进行。

(2) 按照“先主电路后控制电路，先串联后并联”的原则接线，保证导线与实验板的连接紧固。

(3) 出现故障时，首先检查三相电源是否正常供电。

(4) 由于本次实验电源电压较高，因此排查控制回路故障时，建议使用断电检查法，先切断电源，将万用表功能开关置于 Ω 挡，用万用表的两只表笔测量控制回路两端。正常情况下，未按所有按钮时，万用表读数为无穷大；按下起动按钮时，万用表读数为接触器线圈的直流电阻值；同时按下起动及停止按钮，万用表读数为无穷大。若不符合以上情况，需依次检查导线及器件，直至找到故障。

5. 实验内容

(1) 自行设计电路图，实现电动机既能连续运行又能点动运行。

(2) 参照图3.5,自行设计电路图,实现工作平台在a、b两点间自动往复运动。

(3) 自行设计电路,实现电动机和指示灯的同时起动、顺序停止。

(4) 自行设计电路,实现如下要求:按起动按钮,电动机直接起动,几秒钟后,电动机自动停止,并在电动机运行过程中可随时令其停止。

6. 实验思考

总结控制电路的设计规律。

7. 实验报告

(1) 用规范的电气符号绘制设计电路。

(2) 记录实验现象。

(3) 总结实验过程中遇到的问题及解决办法。

3.4 PLC编程软件FPWIN GR的使用

1. 实验目的

(1) 了解FPWIN GR软件的基本功能。

(2) 学习使用FPWIN GR编程软件用梯形图的方式进行编程、调试程序以及在PLC上运行程序的基本方法。

2. 实验原理

在工业现场控制领域,可编程控制器(PLC)一直占据着重要的地位。随着控制技术的不断发展,触摸屏与可编程控制器在工业控制中的应用越来越广泛。本实验中使用的触摸屏又称可编程终端,是与PLC配套使用的设备,它是取代传统控制面板上的开关,以及显示灯的智能操作键盘和显示器。除了能够代替外部开关(如X接点)和输出继电器(如Y接点)的状态显示,还可用于设置参数、显示数据等,并以动画等形式描绘自动化控制过程。PLC与GT配套使用,一方面扩展了PLC的功能,使其能够组成具有图形化、交互式工作界面的独立系统;另一方面也可以大大减少操作台上开关、按钮、仪表等的使用数量,使操作更加简便,工作环境更加舒适。当前在一些控制要求较高、参数变化多、硬件接线有变化的场所,触摸屏与PLC结合的控制形式已占主导地位。

(1) 实验装置的连接及其概述

本实验中,利用GT32触摸屏来代替所有的操作开关(如X接点)和输出继电器(如Y接点)的状态显示,计算机、PLC和触摸屏的连接示意如图3.8所示。

这里特别要说明的是由于本次实验使用触摸屏作为外部开关量输入(如X接点)、输出继电器状态(如Y接点)操作和显示的界面,所以在编程时外部开关量输入控制就不能再使用X继电器接点来编程了,而必须使用R继电器接点来编程。这是因为触摸屏程序只能用接受R继电器接点,这在使用中要特别加以注意。本次实验使用的触摸屏界面和使用的R继电器标号如图3.9所示。

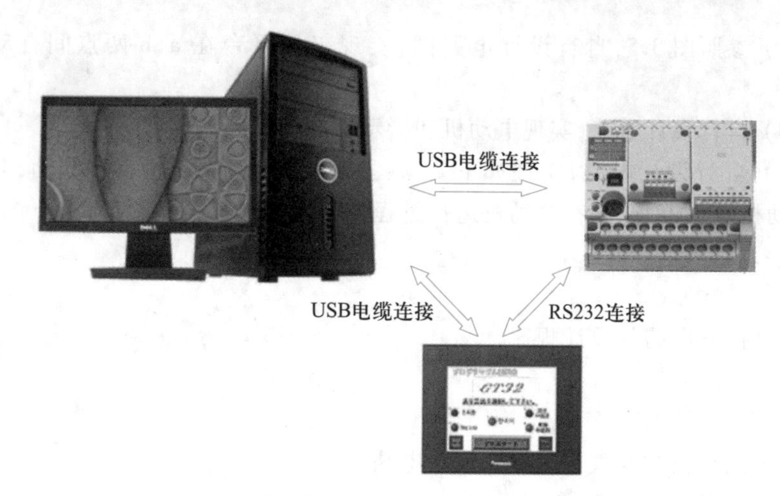

图 3.8 计算机、PLC 和触摸屏的连接示意图

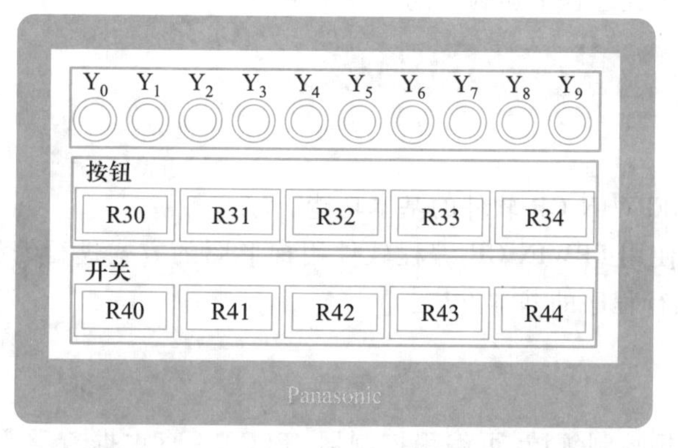

图 3.9 触摸屏界面和 R 继电器标号示意图

（2）FPWIN GR 软件启动方法

FPWIN GR 是松下电工为其 FP 系列可编程控制器与个人计算机联机时运行在 Windows 环境下的 PLC 编程工具软件。用鼠标双击计算机桌面上的 FPWIN GR 图标即可启动 FPWIN GR 软件。

FPWIN GR 软件启动后，首先出现图 3.10 所示对话框，约 1 秒后自动显示，如图 3.11 所示。

图 3.10 开机界面图

在图 3.11 中选择“创建新文件”然后用鼠标单击 OK 按钮，出现图 3.12 对话框，选择 PLC 的机型。

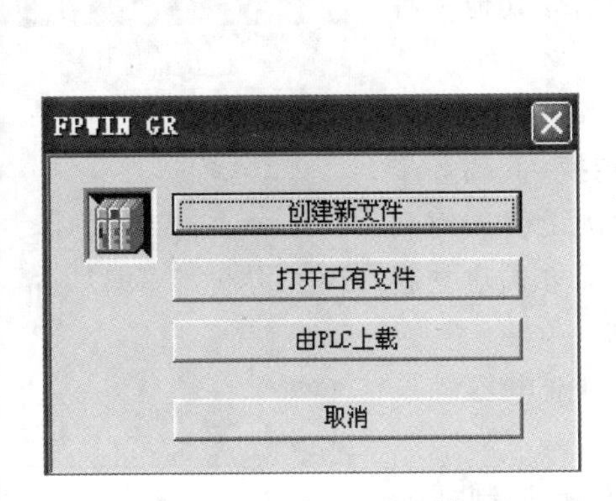

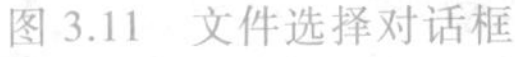

图 3.11　文件选择对话框

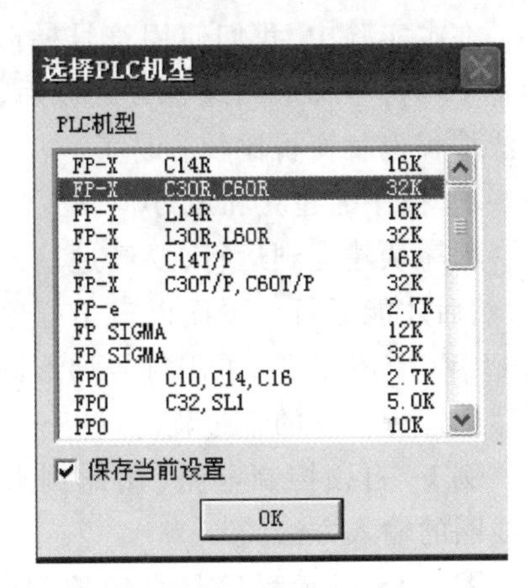

图 3.12　选择机型界面

在图 3.12 中选择“FP-X C30R,C60R”然后用鼠标单击 OK 按钮,出现画面即是 FPWIN GR 软件的编程界面,如图 3.13 所示。

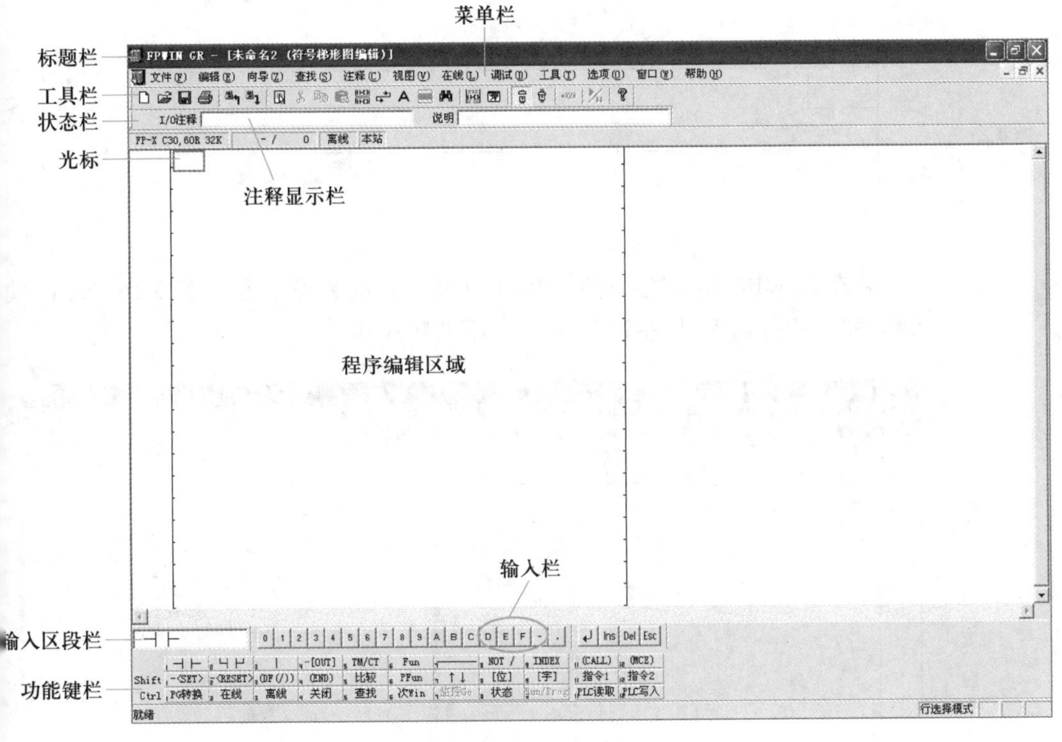

图 3.13　编程界面

(3) FPWIN GR 软件的使用方法

1) 选择编程模式。

FPWIN GR 具有三种程序编辑模式:符号梯形图模式、布尔梯形图模式和布尔非梯形图模式。在编程中可以任选其中的一种模式进行编程。

启动 FPWIN GR 后,在默认设置下,程序自动进入符号梯形图方式。如要改变到其他两种模式下编程,可在菜单栏选中[视图]选项,然后按图 3.14 所示的下拉菜单选择编程模式。

在本实验中,我们使用符号梯形图方式编程。在理解了用符号梯形图编程方式以后,再掌握其他两种方法编程也就变得比较容易了。

2）程序的建立和运行。

程序从建立到运行,要经过输入、转换、下载等步骤,然后才能运行。下面以三个程序为例说明如何利用 FPWIN GR 软件,采用符号梯形图编程方式建立新程序到运行程序的全过程。

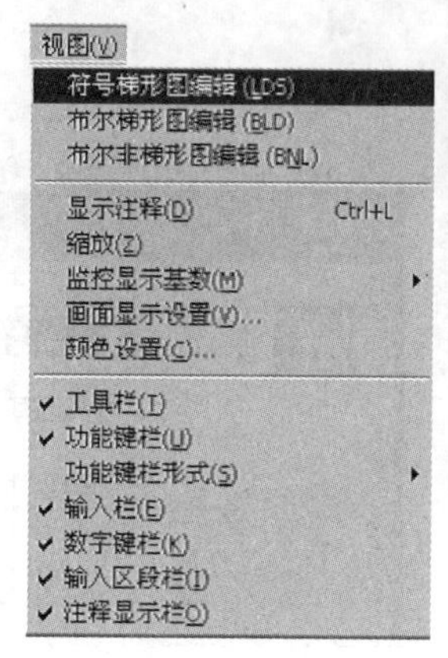

图 3.14　选择编程模式

例 1：自锁控制电路(用此例来说明继电器触点及线圈的输入方法)。

图 3.15 所示程序是自锁控制电路,其控制功能是:闭合触点 R41,输出继电器 Y0 通电,它所带的触点 Y0(同继电器 Y0 表示相同)闭合,这时即使将 R41 断开,继电器 Y0 仍保持通电状态。闭合 R40,继电器 Y0 断电,触点 Y0 释放。再想启动继电器 Y0,只有重新闭合 R41。下面讲解此程序的 FPWIN GR 符号梯形图方式的输入方法。

R41　R40　Y0
0
Y0
4　ED

图 3.15　自锁控制电路

启动 FPWIN GR 程序,打开 FPWIN GR 软件的编程界面,如图 3.16 所示。输入程序时,按行输入,从左到右、从上至下的顺序输入。

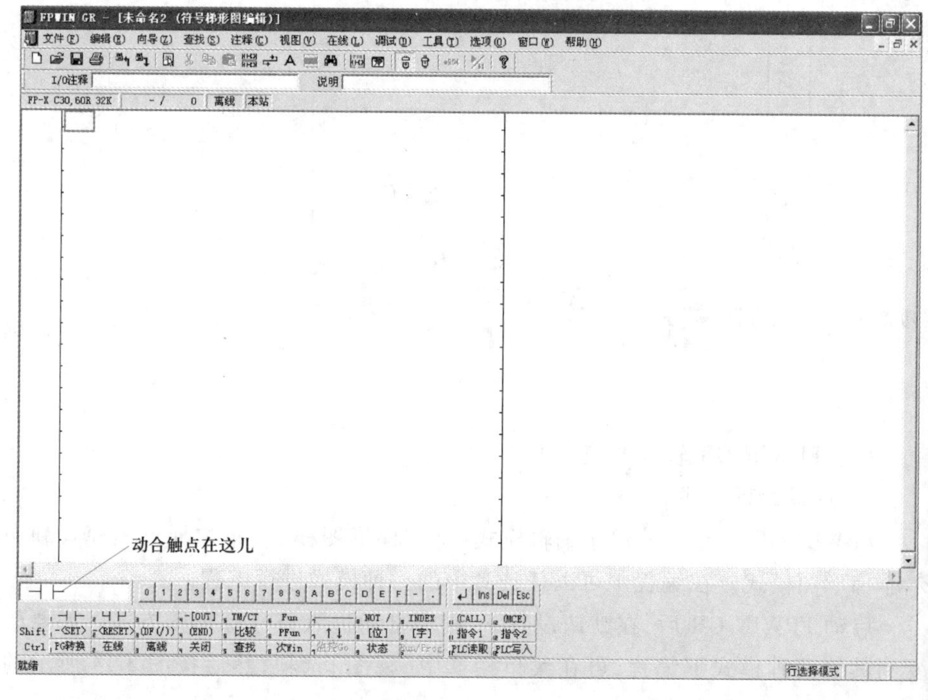

图 3.16　例 1 编程界面 1

① 输入程序。首先输入动合触点 R41。在 FPWIN GR 中用鼠标单击动合触点 ⊣⊢，在随后出现的图 3.17 所示画面中，用鼠标依次单击：R、4 和 1，然后按回车键 ↵，这样就输入了动合触点 R41 ⊣⊢，如图 3.18 所示。

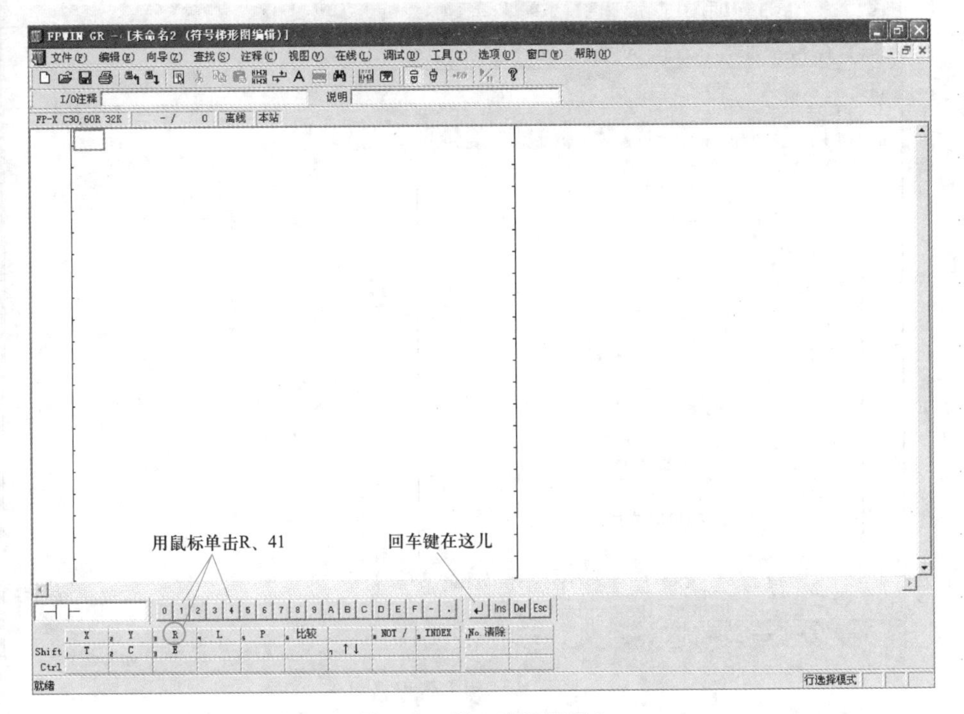

图 3.17　例 1 编程界面 2

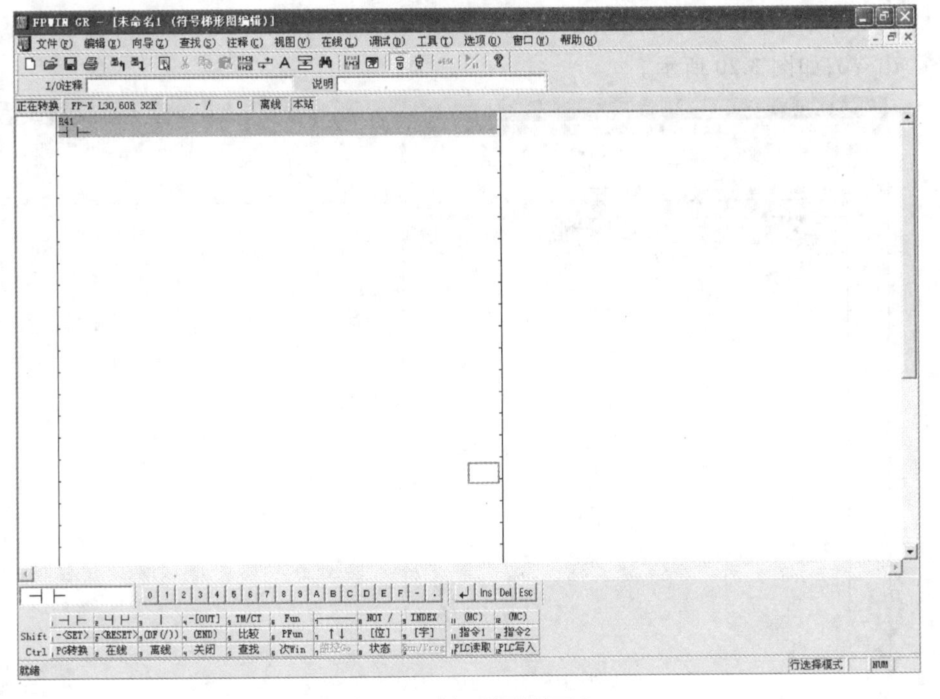

图 3.18　例 1 编程界面 3

接下来输入动断触点 R40。在图 3.18 中,用鼠标单击动合触点的符号 ⊣⊢,在随后出现的画面中用鼠标依次单击 R、4 和 0、NOT /,然后单击 ↵。这样输入了动断触点 R40,如图 3.19 所示。

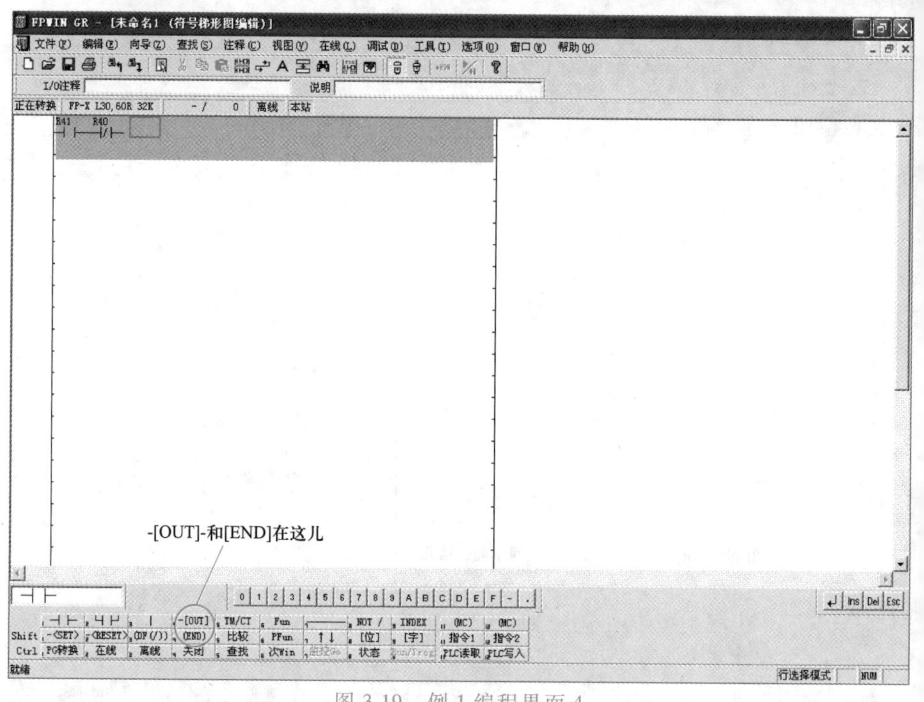

图 3.19 例 1 编程界面 4

下面输入输出继电器 Y0。在图 3.19 所示的画面中用鼠标单击 -[OUT] 后,在随后出现的画面中,用鼠标依次单击 Y、0,然后,单击 ↵,就输入了输出 Y0,如图 3.20 所示。

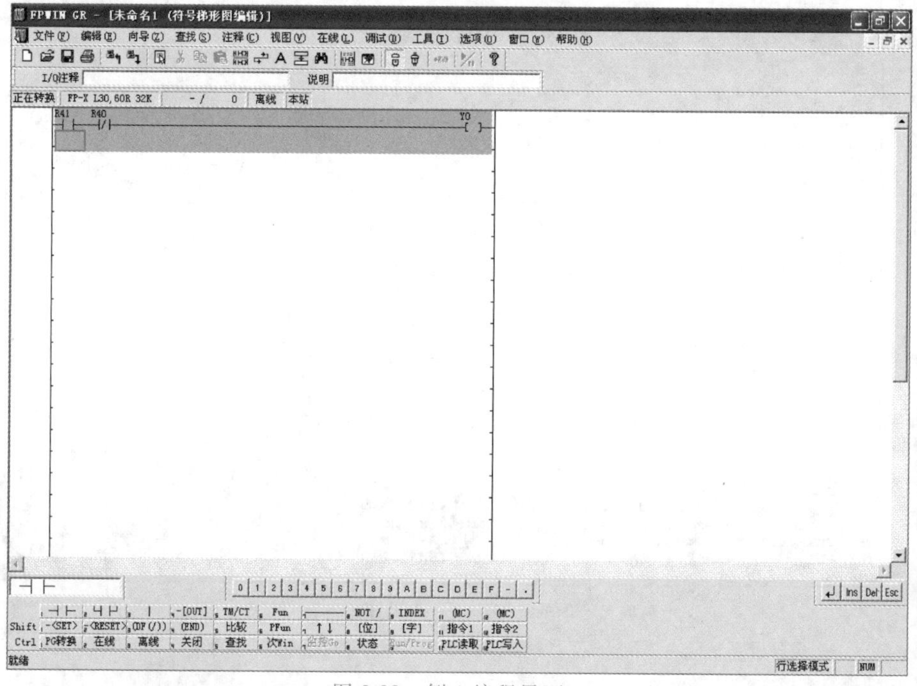

图 3.20 例 1 编程界面 5

输入输出继电器 Y0 的触点。在图 3.20 中，用鼠标单击动合触点 ⊣⊢，然后在随后出现的画面中，用鼠标依次单击 Y 、0，然后单击 ↵ 输入动合触点 Y0，如图 3.21 所示。

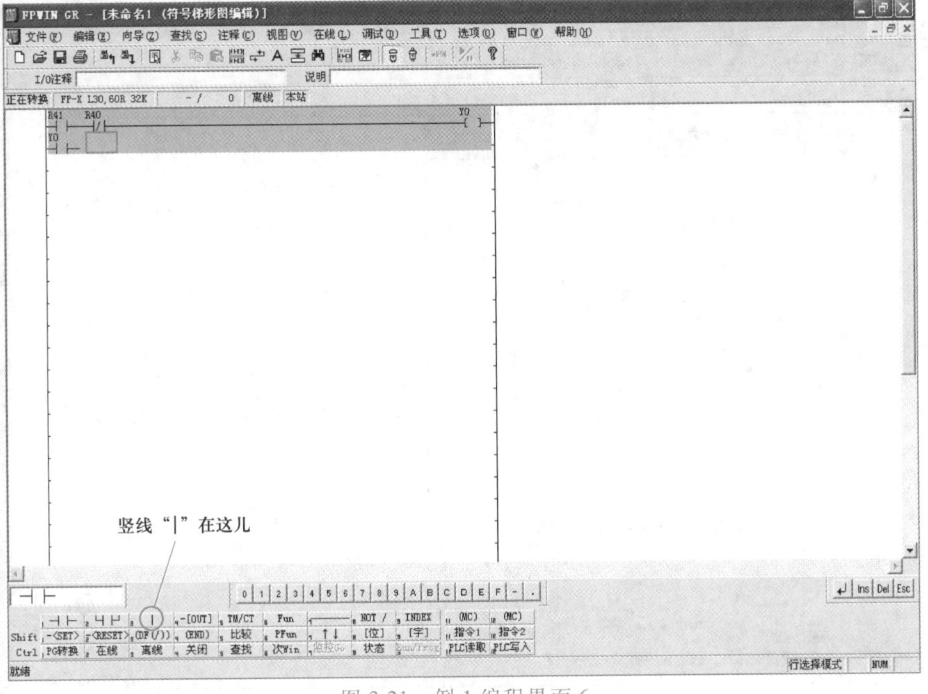

图 3.21　例 1 编程界面 6

输入竖线“|”。在图 3.21 中，用鼠标单击竖线“|”，如图 3.22 所示。若需要删除竖线“|”，可将光标移到竖线“|”的右侧，然后单击竖线即可删除。

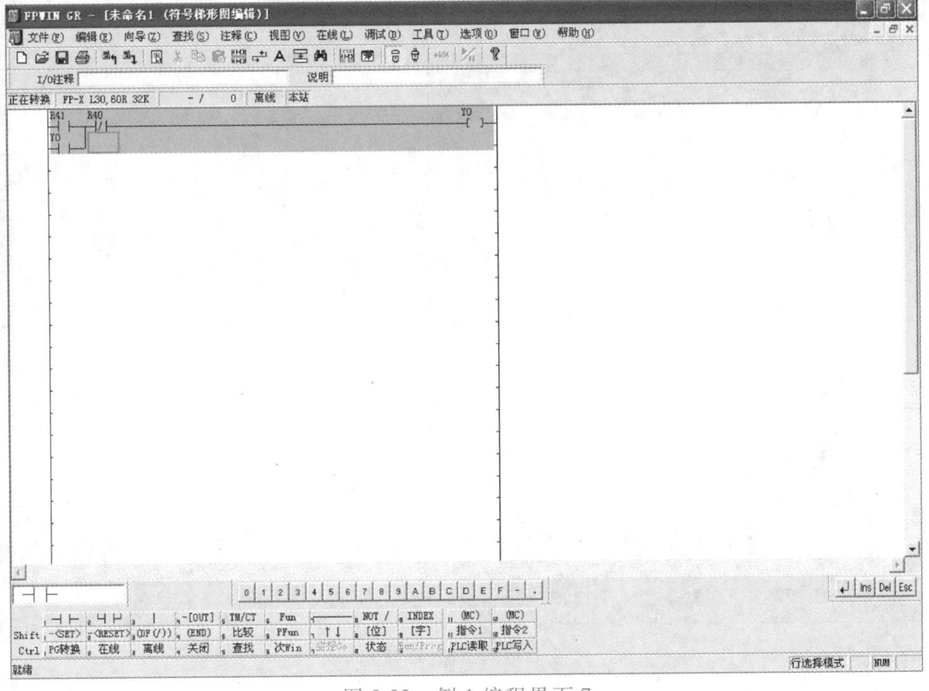

图 3.22　例 1 编程界面 7

输入结束命令“END”。将光标移到下一行,如图 3.23 所示,然后用鼠标单击结束命令“ (END) ”,然后单击 ↵ ,这样就输入了结束命令,同时完成了整个程序的输入,如图 3.24 所示。

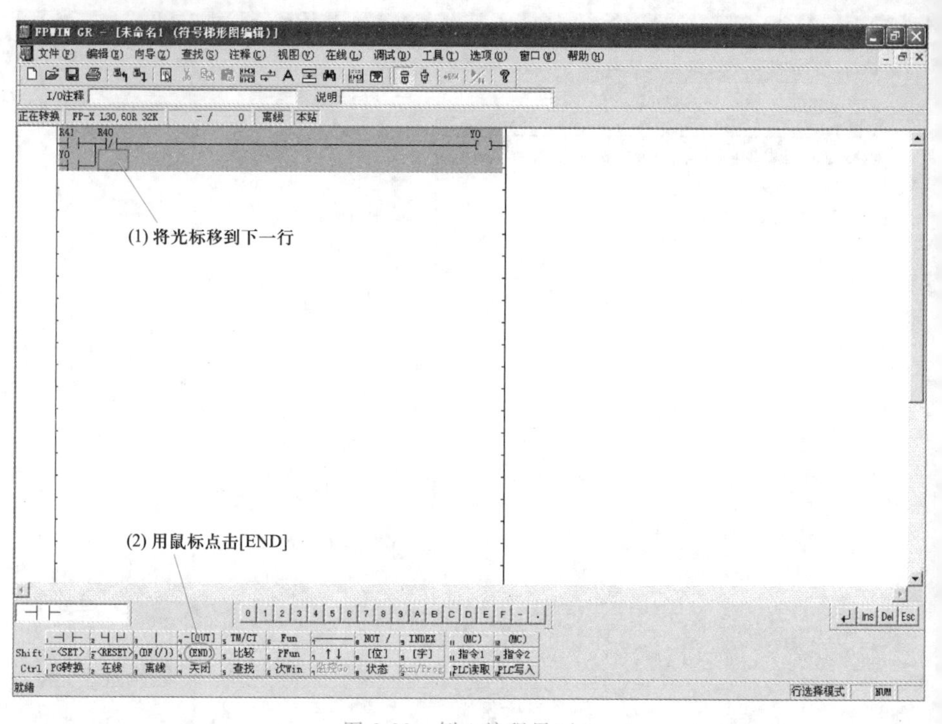

图 3.23　例 1 编程界面 8

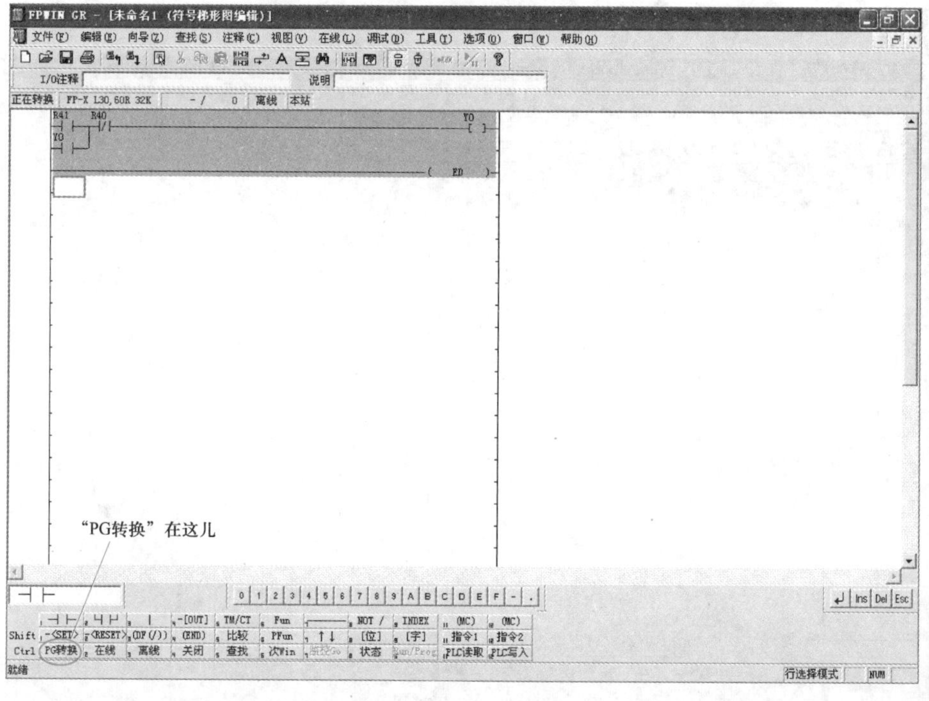

图 3.24　例 1 编程界面 9

② 转换程序。程序输入完成后，需要进行 PG 转换。当使用符合梯形图模式编程时，由于 PLC 不能直接接收梯形图程序，所以在程序传送到 PLC 之前，必须将梯形图程序转换成 PLC 所能接受的代码，这个过程称为转换。

在图 3.24 中，用鼠标单击“PG转换”，FPWIN GR 开始转换程序，转换完成后，屏幕上的灰色带消失，如图 3.25 所示。

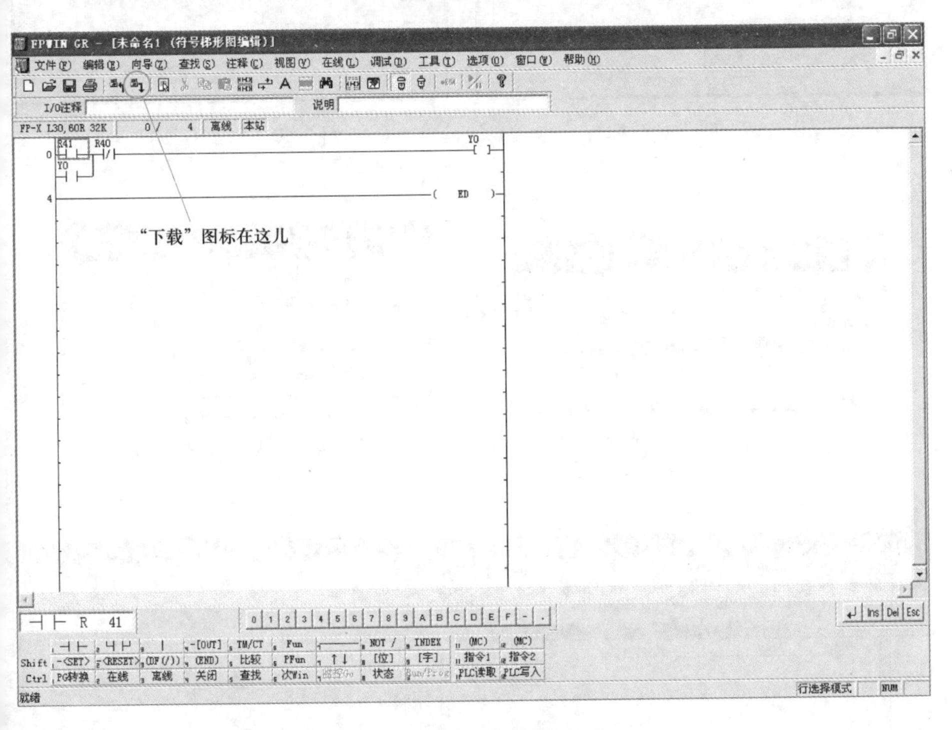

图 3.25　例 1 编程界面 10

要特别注意，编写一些行程序后应适时进行转换，这是因为 FPWIN GR 只能最多处理 33 行编程行的程序转换。如果程序较大，当全部程序编写完毕后，若超过了 33 行，此时 FPWIN GR 将无法转换；另外在转换的过程中，如果程序出现错误，FPWIN GR 在下状态栏变成红色，并显示你出错的原因，以便你能够及时改正。所以一般在编程时，编写出数行程序后要及时进行转换。成功转换后，所编辑程序的背景颜色又呈白色。这时在下状态栏将出现 N 步已转换的字样。

③ 下载程序。利用 FPWIN GR 可在 PLC 和计算机之间进行程序的传输。将程序传输到 PLC 被称为下载；将 PLC 中的程序传输到计算机被称为上载。

在进行程序传输之前，确认 PLC 与计算机已经连接好并进行了相关设置。在图 3.25 中，用鼠标单击“下载”图标，出现图 3.26 所示的画面，单击“是(Y)”，又出现图 3.27 所示的画面，单击“是(Y)”，FPWIN GR 开始自动向 PLC 传输程序，如图 3.28 所示，传输完成后，出现图 3.29 所示的画面，单击“是(Y)”，FPWIN GR 的界面变成了图 3.30 所示的界面，图中所示的是在线状态，即 FPWIN GR 与 PLC 处于通信状态。

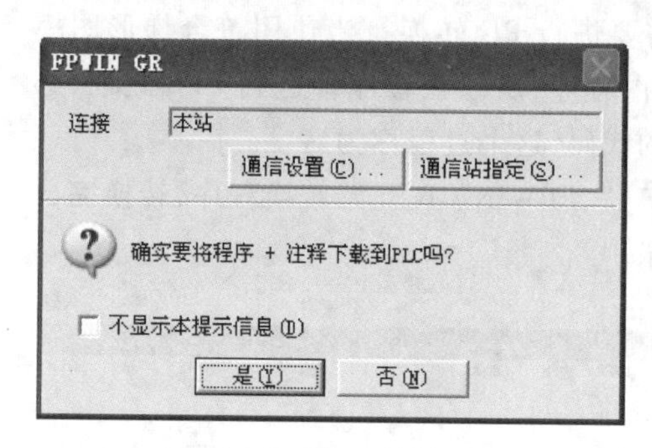

图 3.26　例 1 对话框 1

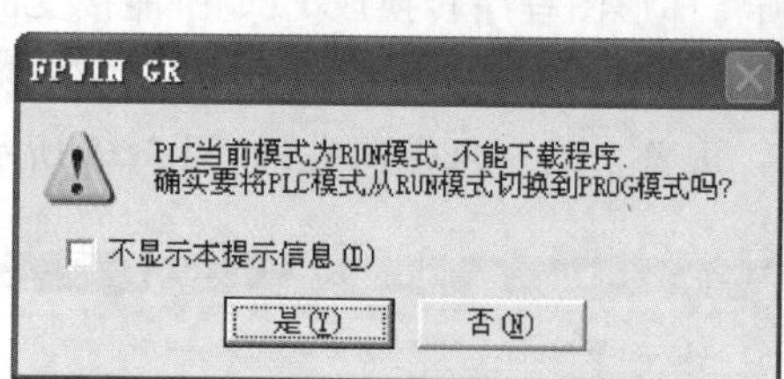

图 3.27　例 1 对话框 2

图 3.28　例 1 对话框 3

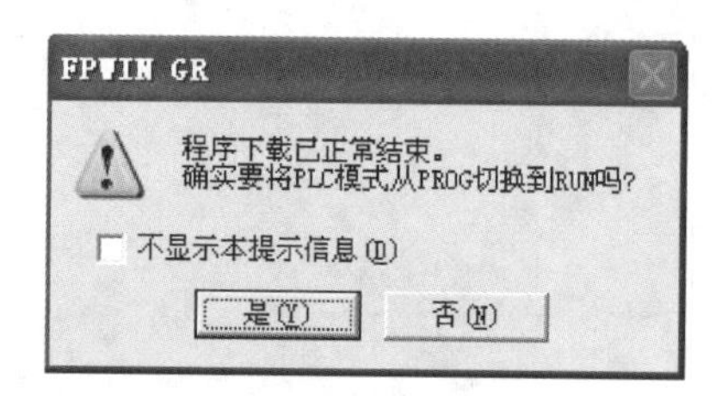

图 3.29　例 1 对话框 4

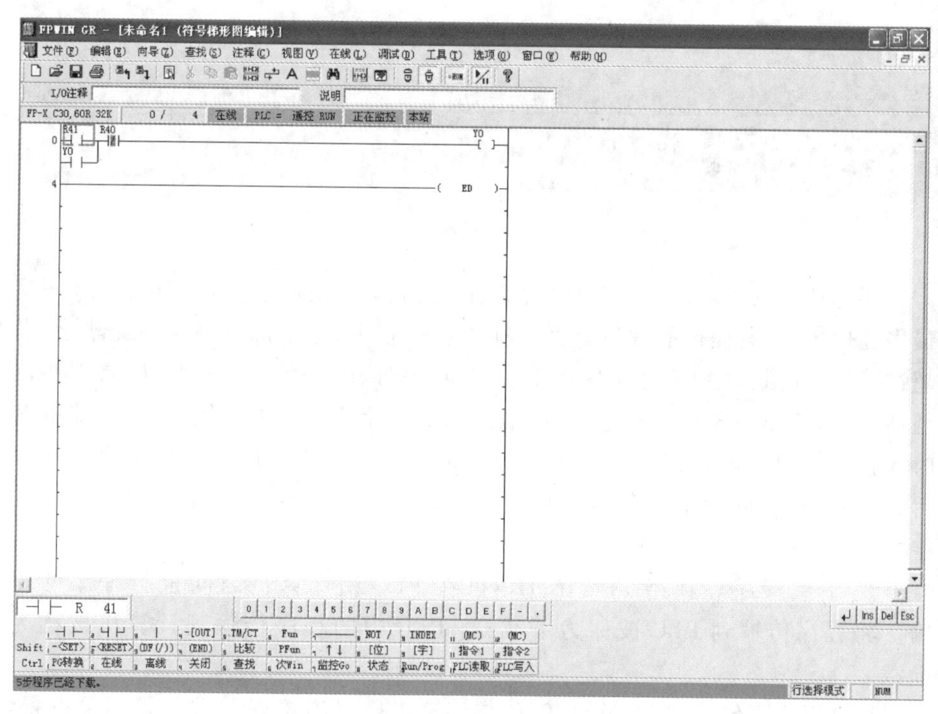

图 3.30　例 1 编程界面 11

④ 运行程序。将程序下载到 PLC 之后,就可以运行程序了。触碰触摸屏上 R41、R40 等触点,观察输出触点 Y0 状态变化的情况。

例 2:延时控制(用此例说明定时器的输入方法)。

图 3.31 所示程序是延时控制电路,其控制功能是:闭合触点 R40,输出继电器 Y0 延时通电,延时时间由定时器的定时常数决定。

下面以图 3.24 所示的程序为例说明 FPWIN GR 中定时器的输入方法。

```
 R40                                              [TMX   0,  K  30 ]
─┤ ├──────────────────────────────────────────────
 T0                                                         Y0
─┤ ├──────────────────────────────────────────────────────[   ]─
──────────────────────────────────────────────────( ED )─
```

图 3.31　延时控制

① 删除程序的方法。在开始输入程序之前，将例 1 的程序删除。删除程序要在离线状态。在图 3.30 中单击离线按钮 ，将 FPWIN GR 与 PLC 的通信切断，然后按住鼠标左键向下拖拽，用黄色区域覆盖程序，如图 3.32 所示，然后在键盘上按“Del”将程序删除。

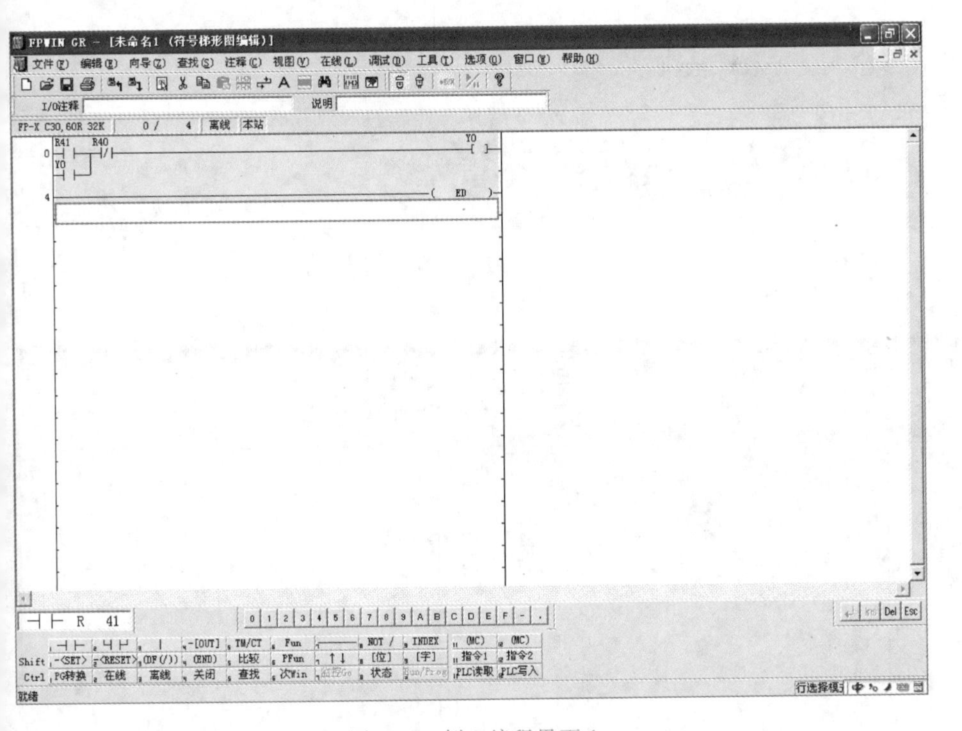

图 3.32　例 2 编程界面 1

② 输入程序。首先输入动合触点 R40。仿照上例，输入动合触点 R40，单击横线按钮，使光标运行到一个适当的位置，如图 3.33 所示。

接下来输入定时器 T0。在图 3.33 中，用鼠标单击 TM/CT 打开定时器/计数器的输入界面，如图 3.34 所示。在图 3.34 中用鼠标单击 -[TMX]，在随后出现的画面中用鼠标单击数字 0，这时 FPWIN GR 的变成图 3.35 所示的画面。在图 3.35 所示的界面中输入定时常数，用鼠标依次单击 K 、3、0，然后单击回车键 ↵，这样就输入了定时器，如图 3.36 所示。

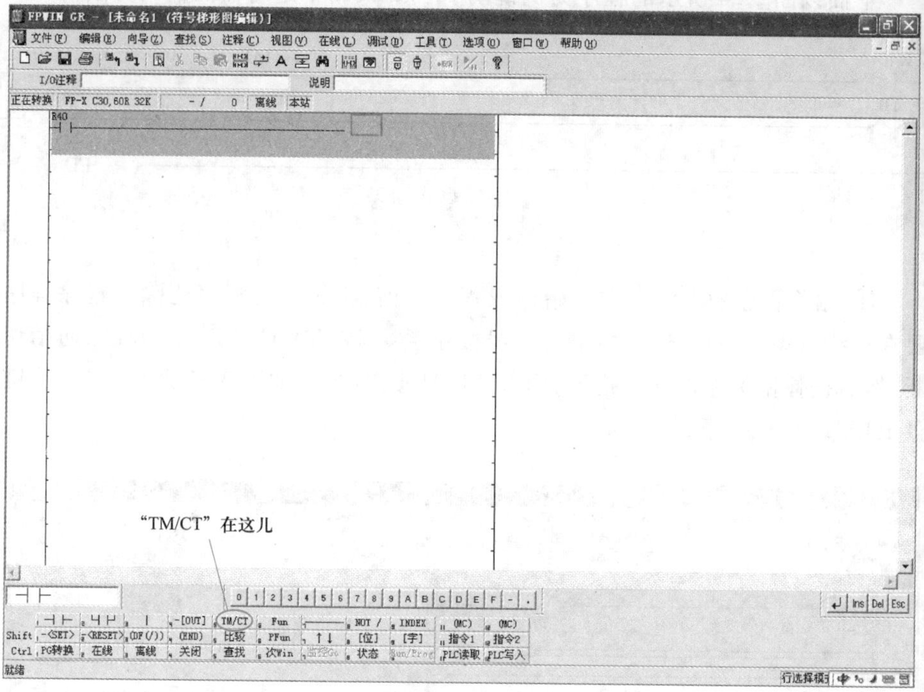

FPWIN GR - [未命名1 (符号梯形图编辑)]

文件(F) 编辑(E) 向导(Z) 查找(S) 注释(C) 视图(V) 在线(L) 调试(D) 工具(T) 选项(O) 窗口(W) 帮助(H)

I/O注释　说明

正在转换　FP-X C30, 60R 32K　- /　0　离线　本站

R40

“TM/CT”在这儿

0 1 2 3 4 5 6 7 8 9 A B C D E F - .

-[OUT]　TM/CT　Fun　NOT /　INDEX　(MC)　(MC)

Shift　-<SET>　-<RESET>　(DF (/))　(END)　比较　PFun　↑↓　[位]　[字]　指令1　指令2

Ctrl　PG转换　在线　离线　关闭　查找　次Win　状态　PLC读取　PLC写入

就绪　行选择模式　Ins Del Esc

图 3.33　例 2 编程界面 2

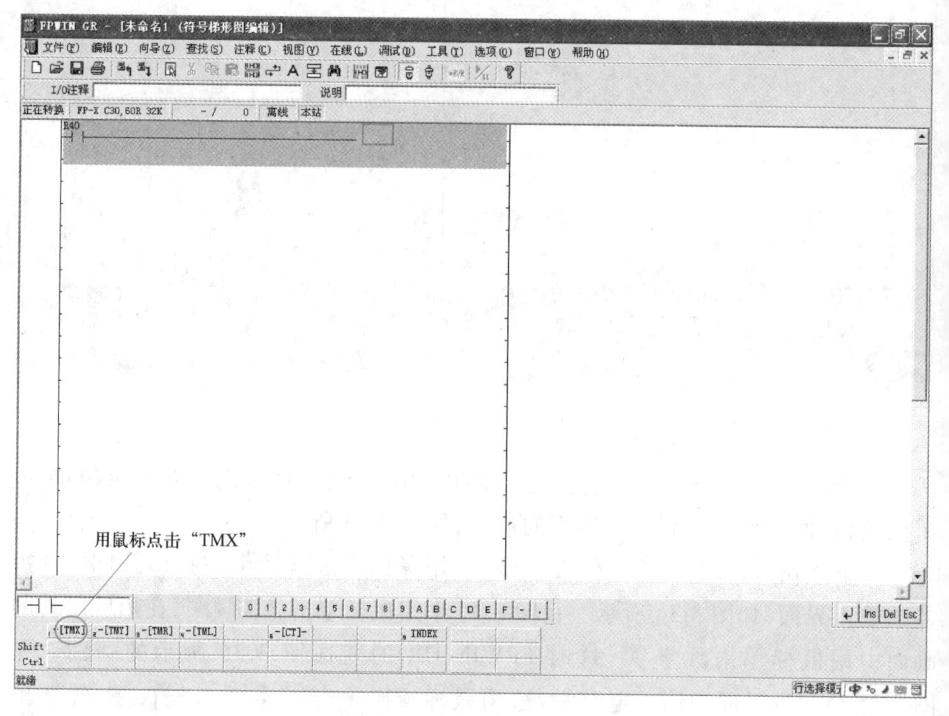

图 3.34　例 2 编程界面 3

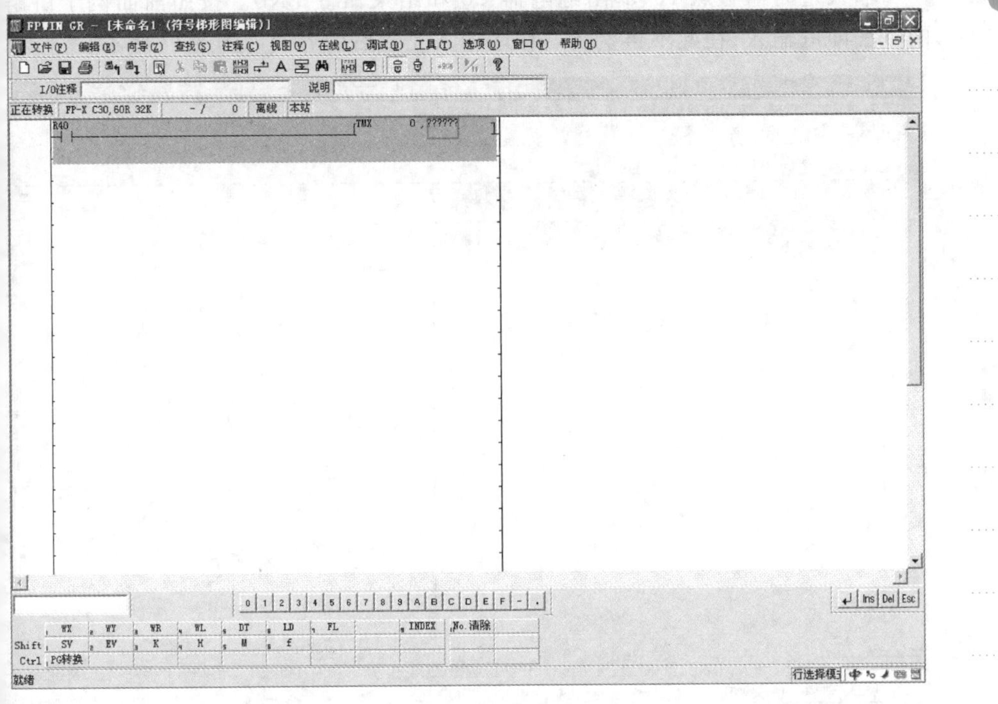

图 3.35　例 2 编程界面 4

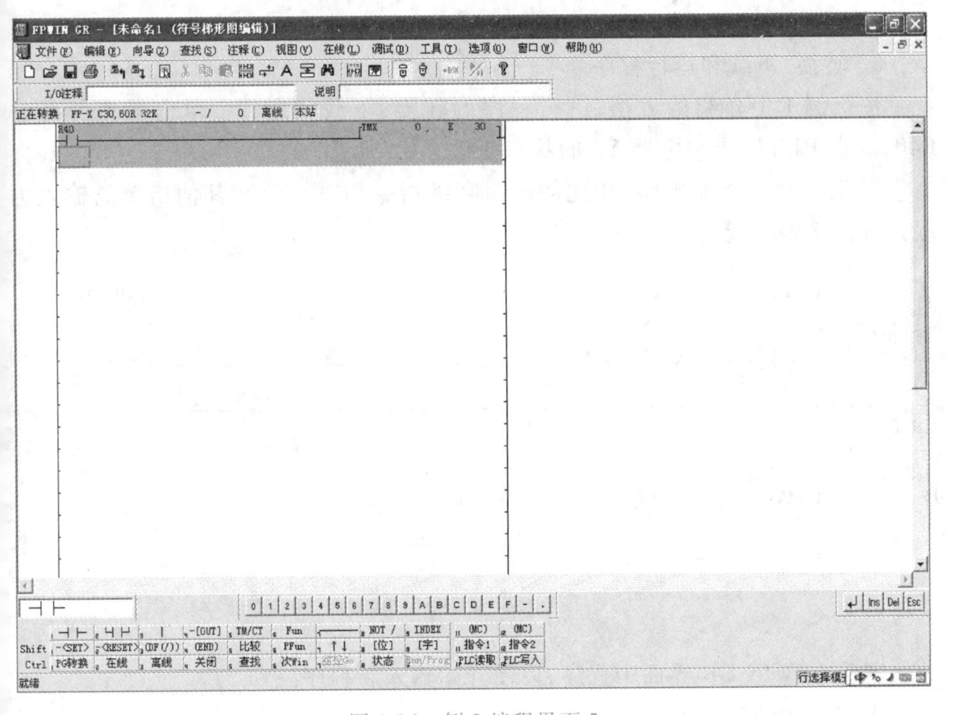

图 3.36　例 2 编程界面 5

输入定时器触点 T0、输出继电器 Y0 和结束命令 END。按照前面例子讲解的方法即可输入,在此不再赘述。程序输入完成后的界面如图 3.37 所示。

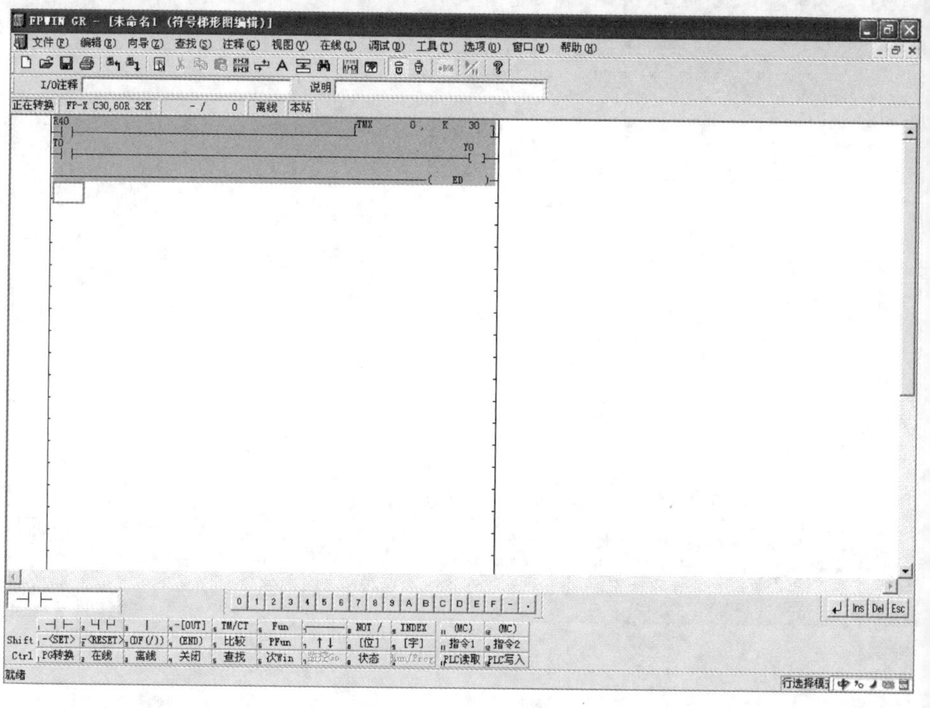

图 3.37　例 2 编程界面 6

③ 转换、下载和运行程序。

按照例 1 中介绍的方法,进行程序的转换、下载和运行。单击触摸屏开关 R40,观察 PLC 输出继电器 Y0 的状态变化。

例 3:流水灯控制电路(用此例说明高级指令(F 指令)和其他指令的输入方法),如图 3.38 所示。

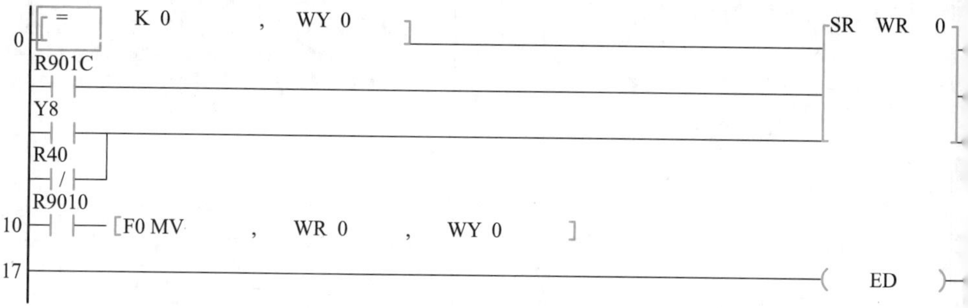

0 [= K 0 , WY 0] SR WR 0
R901C
Y8
R40
R9010
10 [F0 MV , WR 0 , WY 0]
17 (ED)

图 3.38　流水灯控制

删除 FPWIN GR 界面中程序,以便开始输入新程序。

① 输入程序。

首先输出比较指令。首先单击功能键栏中的"比较"键,在随后出现的界面中依次单击 = 、↵ 键,FPWIN GR 的界面变为图 3.39 所示的界面。在图 3.39 中,依次单击 K 、0 、↵ 、 WY 、0 、↵ 键,就输入了比较指令,如图 3.40 所示。

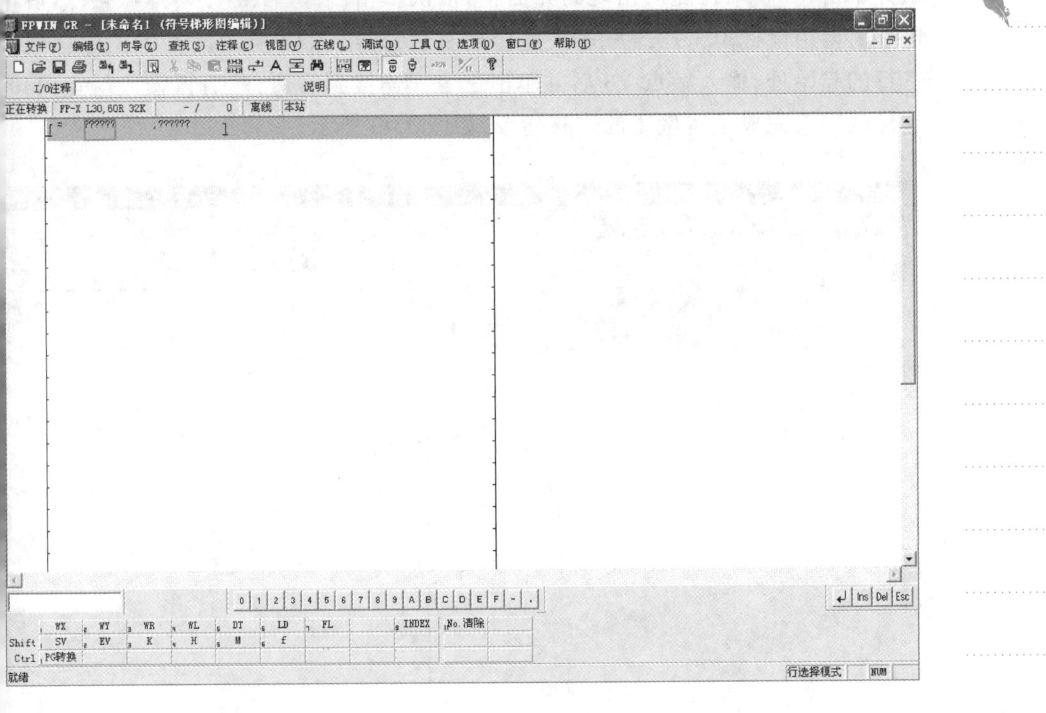

图 3.39 例 3 编程界面 1

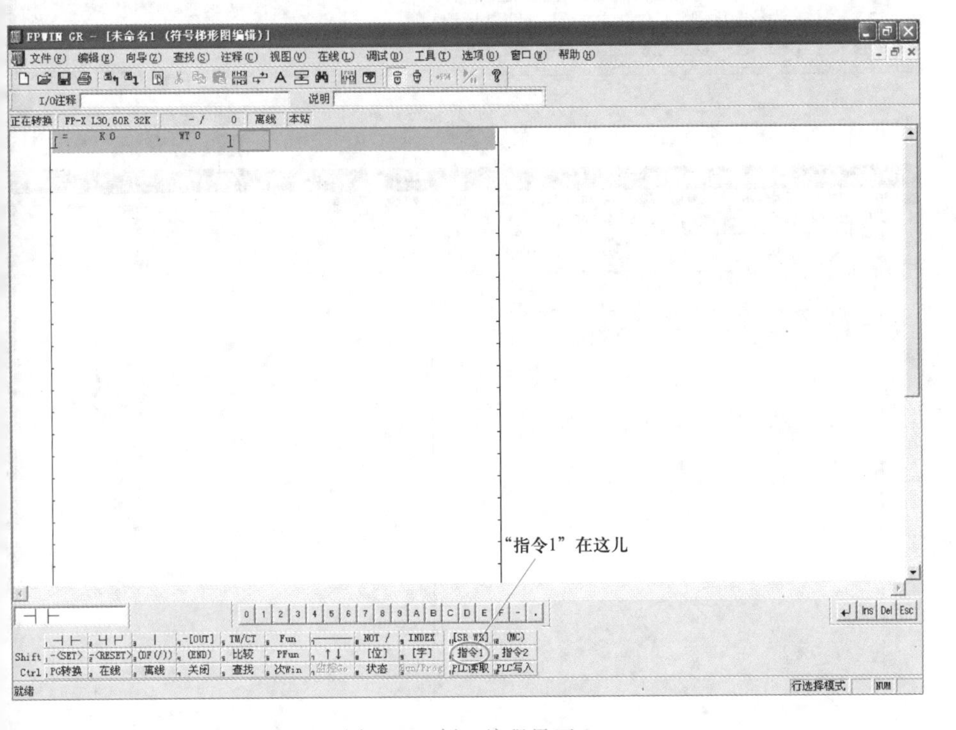

图 3.40 例 3 编程界面 2

输入左移指令。用鼠标单击图 3.40 中的"指令1",在打开的对话框中搜索并选中 SR WR,单击"OK",这时在输入区段栏中出现"SR WR"字样,然后单击 0、↵ 键,界面变为图 3.41 所示的界面。然后移动光标至左边准备输入第二行。用

鼠标单击 ⊣⊢ ,在随后出现的界面中,依次单击 R 、9、0、1、C,然后单击 ↵,再用鼠标单击 —— 多次连接到右边,如图 3.42 所示。再将光标移到第三行的起始处,输入触点 Y8 后并单击 —— 连接到右边,然后再输入触点 R40 这样就输入完成了本例中的左移指令,如图 3.43 所示。

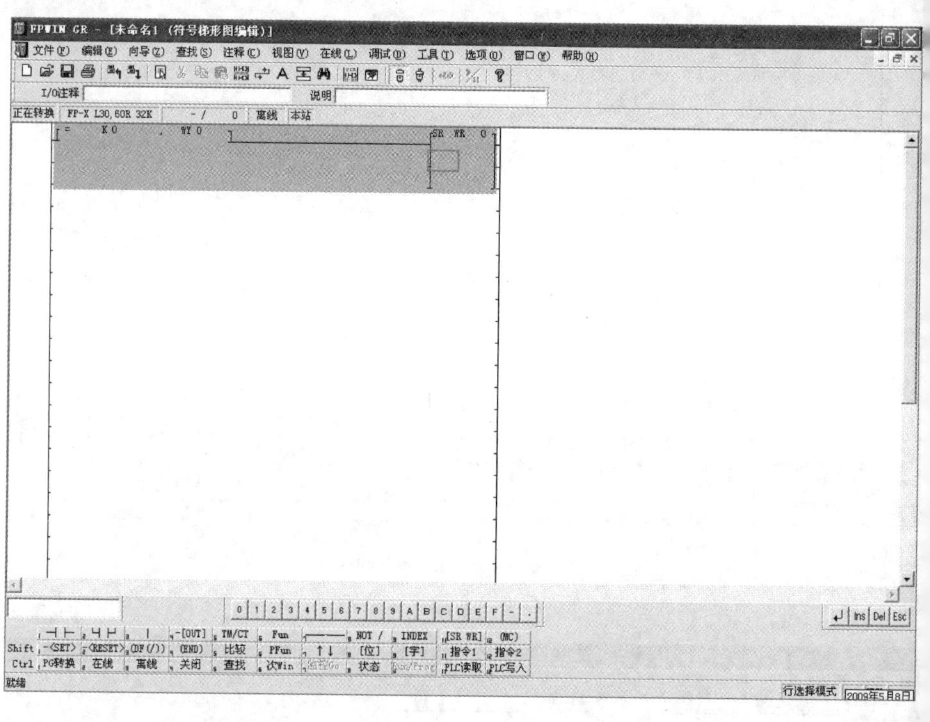

图 3.41 例 3 编程界面 3

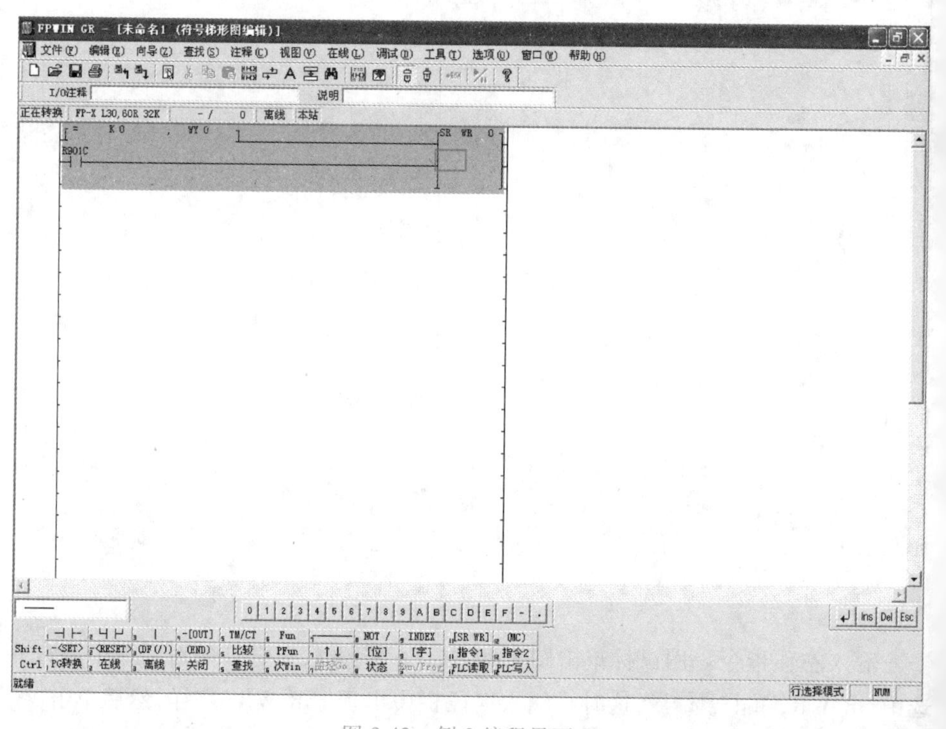

图 3.42 例 3 编程界面 4

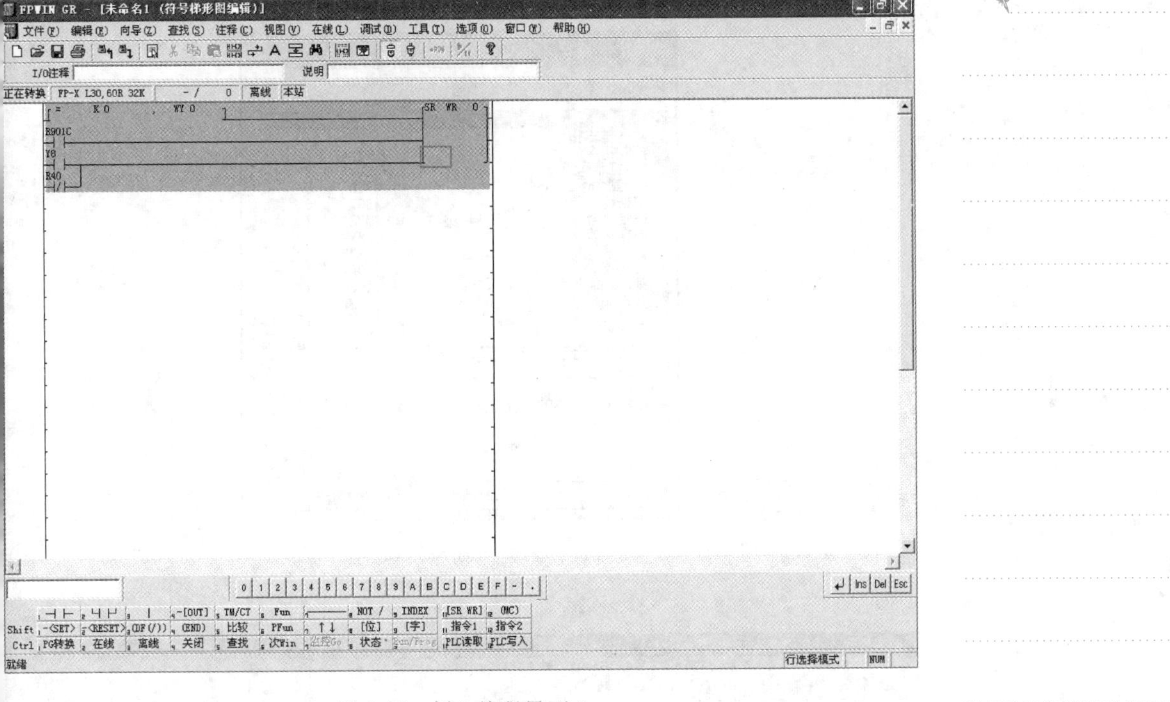

图 3.43 例 3 编程界面 5

输入 F 指令。将光标下移一行,输入 R9010 后,出现图 3.44 所示的界面。

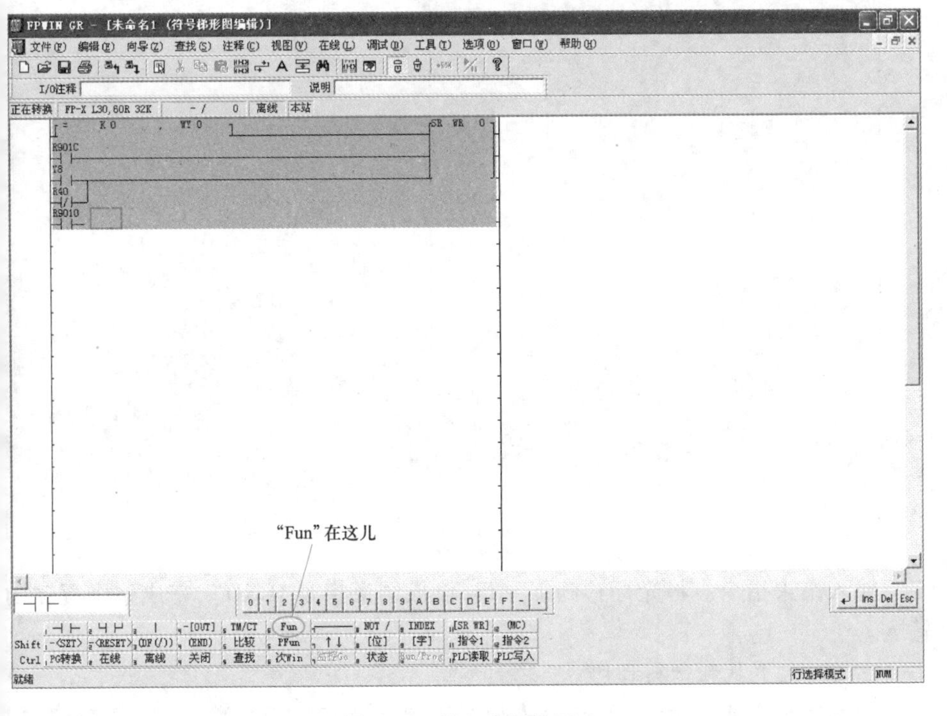

图 3.44 例 3 编程界面 6

用鼠标单击 Fun ,出现高级指令对话框(见图 3.45),输入高级指令的序号"0",然后单击"OK",在随后出现的画面中依次单击 WR 、0、↵、

WY、0、↵,这样就输入了高级指令 F0,如图 3.46 所示。

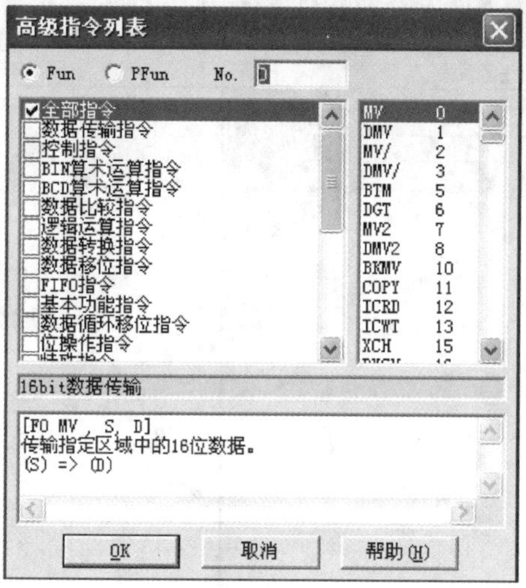

图 3.45　高级指令对话框

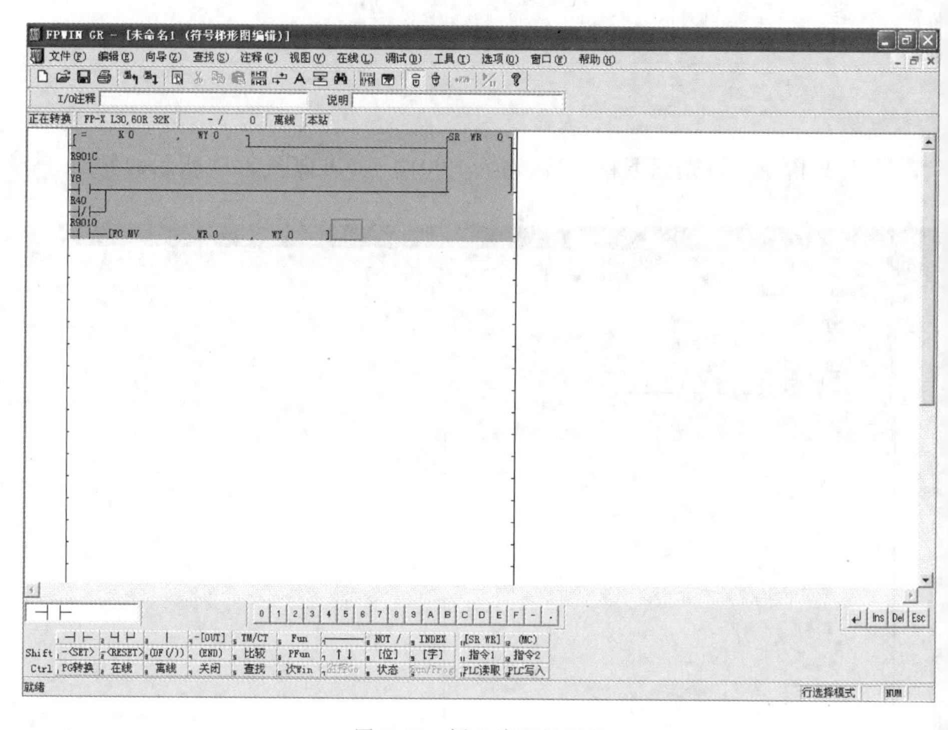

图 3.46　例 3 编程界面 7

输入结束指令。将光标移到下一行,输入结束指令“END”,完成整个程序的输入。

② 转换、下载和运行程序。

程序输入完成后,按照前面的步骤转换程序,如图 3.47 所示,然后下载和运行程序。操作触摸屏触点“R40”,观察 PLC 的输出继电器 Y 的状态变化。

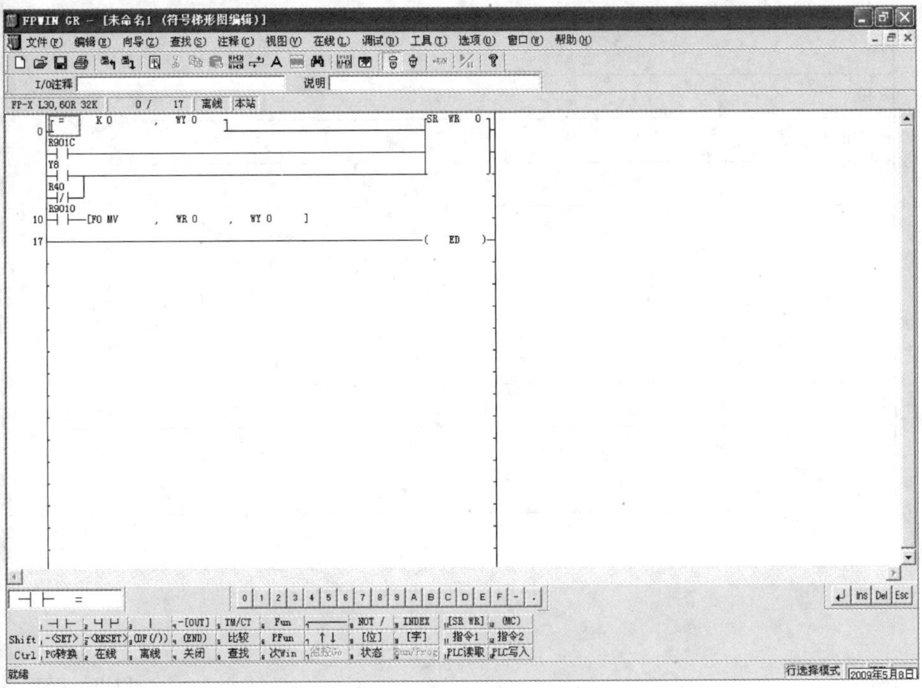

图 3.47　例 3 编程界面 8

3. 实验设备

计算机(其上安装有 FPWIN GR 软件)	1 台
FP-X 可编程控制器	1 台
GT32 触摸屏	1 台
相关连接的电缆及导线(已连接好)	若干

4. 实验内容

(1) 综合练习

练习输入、调试及运行以下程序,达到熟练使用梯形图编程、运行 PLC 程序的目的。

① 延迟断开控制电路,如图 3.48 所示。

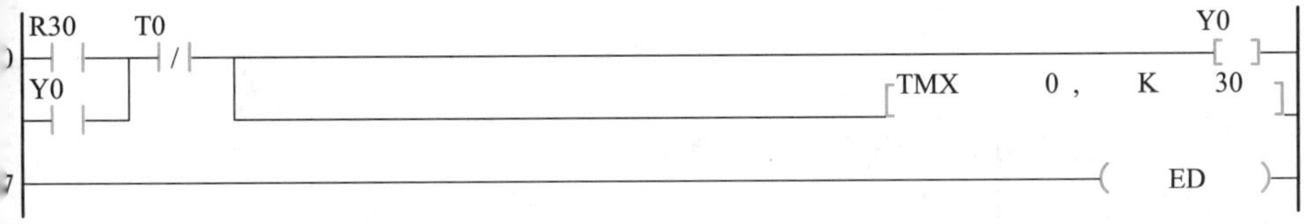

图 3.48　延迟断开控制

② 长时间控制电路,如图 3.49 所示。

③ 闪烁控制电路,如图 3.50 所示。

④ 双向控制的流水灯控制电路,如图 3.51 所示。

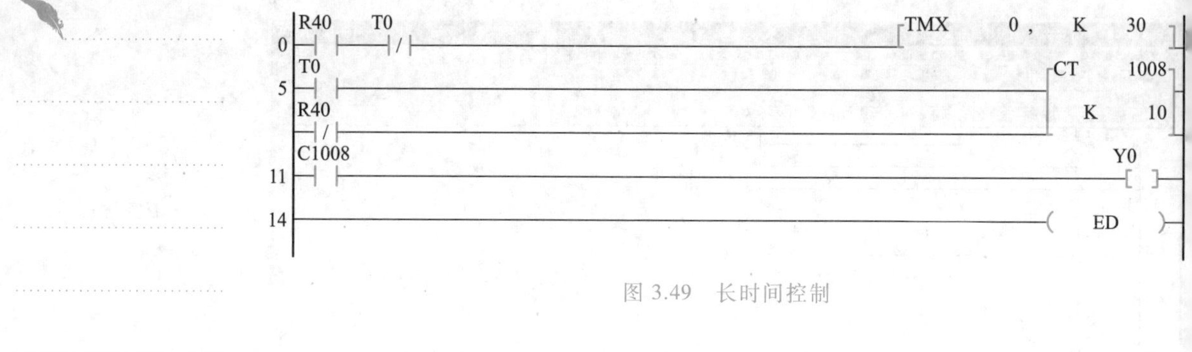

图 3.49 长时间控制

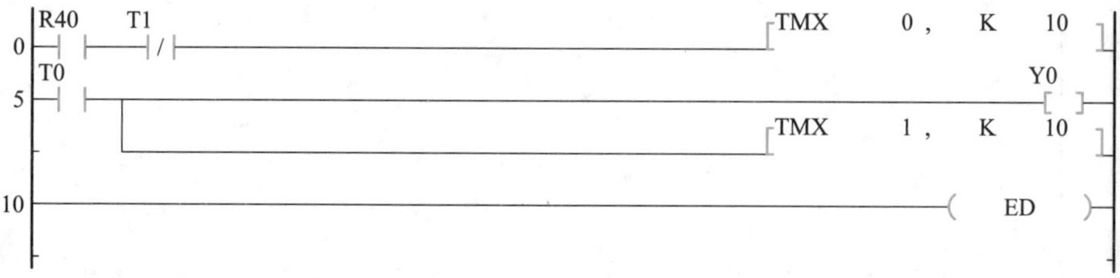

图 3.50 闪烁控制

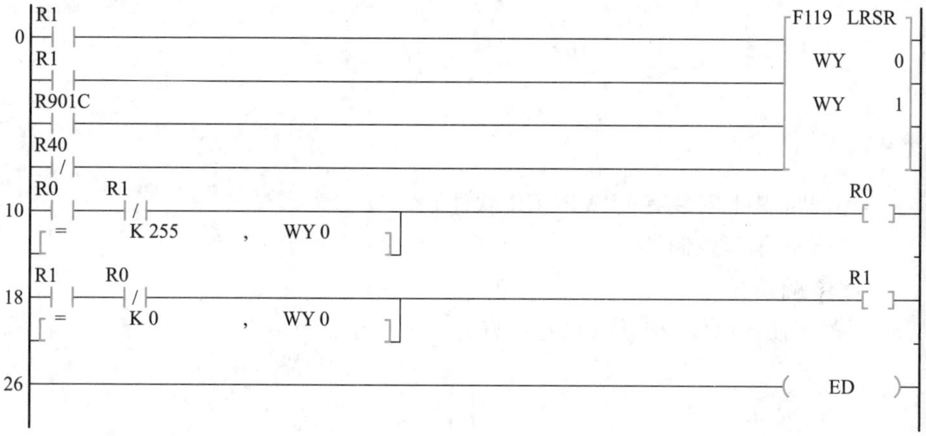

图 3.51 双向控制的流水灯控制

（2）测验题目

教师当堂出题测试学生实验情况，给出 1~2 个题目对学生进行测验，作为本次实验的结束。

5. 实验报告

（1）学会使用 FPWIN GR 软件绘制 T 形图。

（2）记录实验现象。

（3）总结实验过程中遇到的问题及解决办法。

3.5 可编程控制器的工程实际应用

1. 实验目的

（1）进一步掌握 FPWIN GR 软件及可编程控制器编程的基本方法。

(2) 学习使用 FP-X C30R 型可编程控制器实际控制方法,实现可编程控制器与电气控制电器的控制连接,进而形成完整的可编程控制器控制系统,并带动主电路电器工作,如图 3.52 所示。

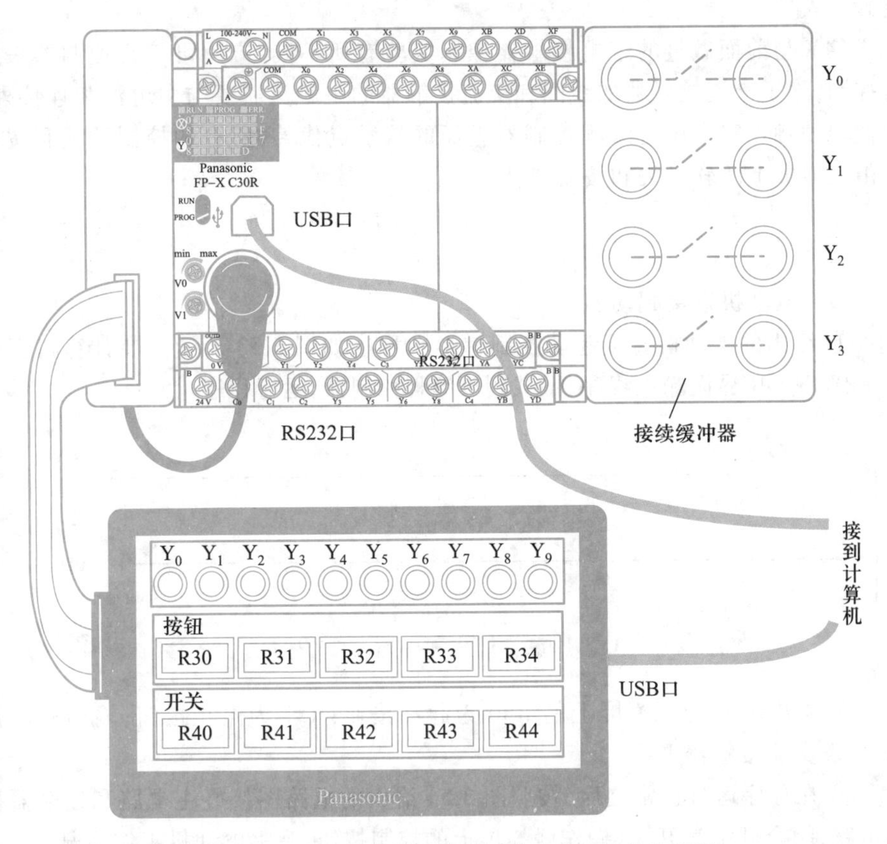

图 3.52 可编程控制器、触摸屏、接续缓冲器的连接图

2. 实验设备

计算机(安装有 FPWIN GR 软件)	1 台
FP-X 可编程控制器及配套接续器	1 台
GT32 触摸屏	1 块
现代传动控制技术实验屏	1 块
相关连接的电缆及导线	若干

3. 注意事项

(1) 本次实验使用线电压 220 V 的三相交流电源,一定要注意人身及设备的用电安全。连接、改接和拆除线路必须在断电的情况下进行。

(2) 先将可编程控制器的控制程序编好,调试运行正确无误后,再连接主电路的接线。

(3) 为了避免操作错误而烧坏可编程控制器的输出继电器触点,我们通过接续缓冲器将输出继电器触点 Y_0 ~ Y_3引至接续缓冲器的 Y_0 ~ Y_3位置。接续缓冲器的 Y_0 ~ Y_3与可编程控制器的输出继电器触点 Y_0 ~ Y_3同步动作。但一定要注意,接续缓冲器的 $Y_0 \sim Y_3$ 也只是一些动合触点,必须通过交流接触器的线圈与主电源串接而达到控制交流接触器的目的,不允许短接在主电源上,如果直接将接续缓冲器的触点短接在主电源上,当触点动作时,短路电流会将触点烧毁。

(4) 与前面做过的继电接触器控制实验有所不同,应用可编程控制器来进行控制,除了交流接触器的线圈和交流接触器的主触头需要与主电源相连接外其他辅助触点完全用可编程控制器里面的软触点代替,所有的控制开关和按钮均由触摸屏上的软开关和按钮代替。

4. 实验内容

(1) 电动机直接起动实验

① 给出的电动机直接起动控制梯形图程序如图 3.53 所示。在计算机上打开 FPWIN GR 界面输入程序,下载到可编程控制器,运行程序。

3-5 视频:PLC 控制电动机的直接起动

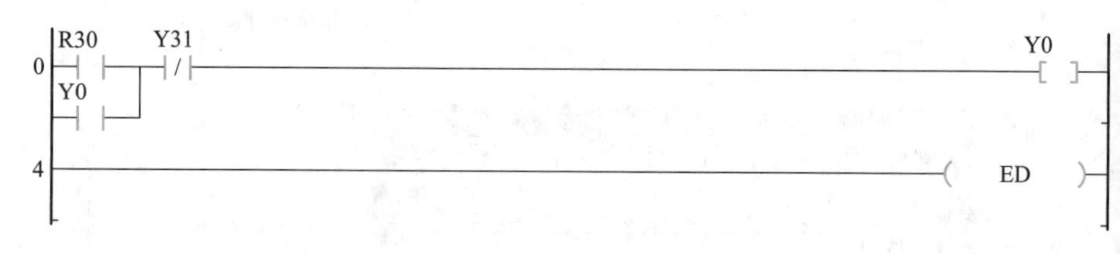

图 3.53 电动机直接起动控制梯形图程序

在本例中,规定触摸屏上的 R30 为起动按钮;R31 为停止按钮;输出继电器 Y0 代表交流接触器 KM。

注意:在进行电路连接时,一定打开空气开关。

② 在程序运行正常之后,按照图 3.54 给出的电路图接好主电路和接触器控制电路,闭合开空气开关,操作触摸屏上的控制按钮,观察电动机工作情况。

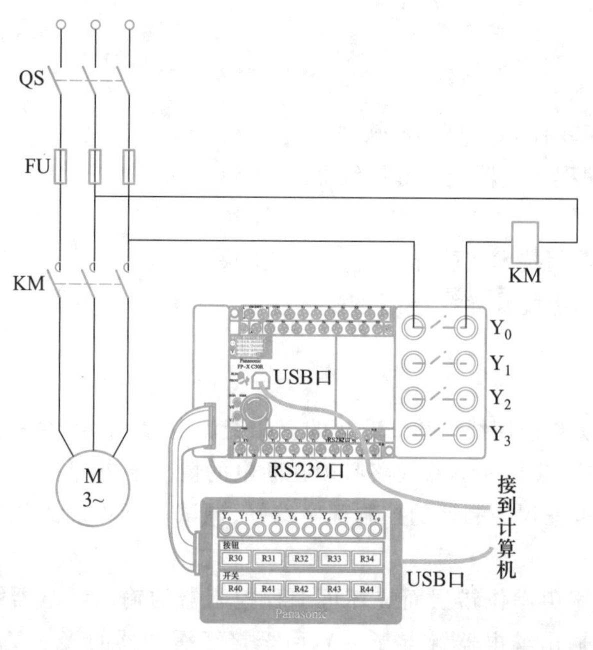

图 3.54 应用 PLC 电动机直接起动控制接线图

（2）电动机直接起动单按钮控制实验

① 主电路接线不变。

② 给出的电动机直接起动单按钮控制梯形图程序如图3.55所示。清除上一个程序，在FPWIN GR界面输入程序，下载到可编程控制器，运行程序。操作触摸屏上的控制按钮，观察电动机工作情况，体会程序运行。

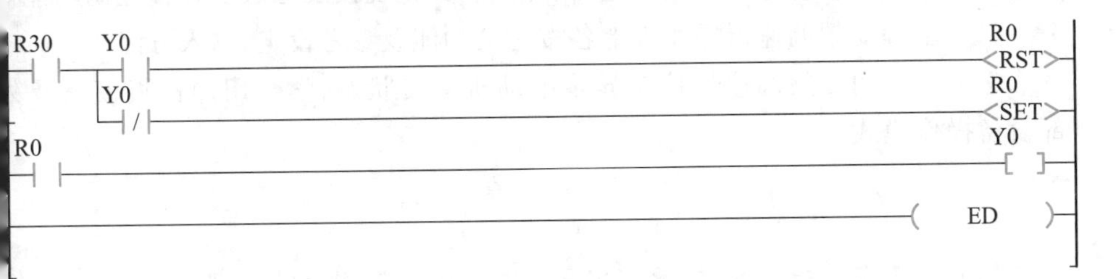

图3.55 电动机直接起动单按钮控制梯形图程序

3－6 视频：PLC控制电动机的正反转

（3）综合设计实验

根据图3.56给出的电动机继电接触器正反转控制电路。

① 编写可编程控制器控制程序，并调试使之工作正常。

② 连接主电路，用可编程控制器进行控制，观察电路的工作情况。

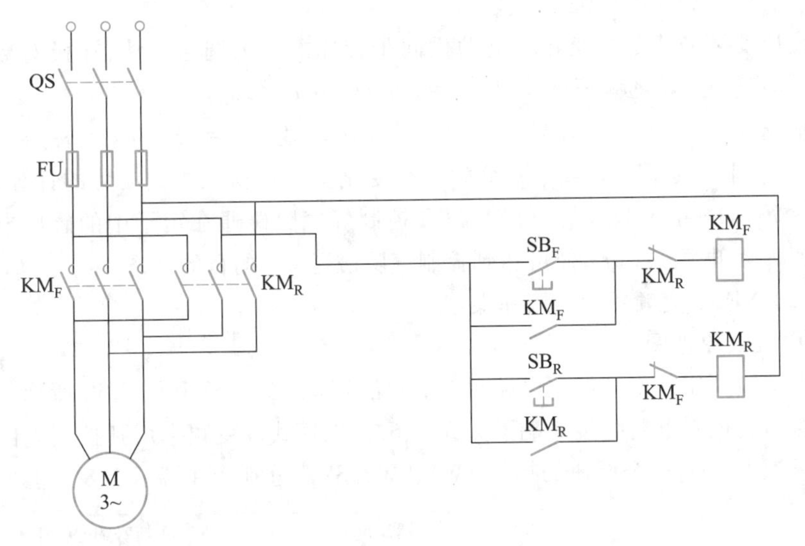

图3.56 电动机继电接触器正反转控制电路

（4）创新型实验

1）对于图3.56的电动机继电接触器正反转控制电路，当按下起动按钮时，电动机正转，过了30 s后，电动机自动反转，按停止按钮电动机停转（此实验只有一个起动按钮）。

① 设计出符合控制要求的梯形图程序，并调试使之工作正常。

② 连接主电路，用可编程控制器进行控制，观察电路工作情况。

2）要求按下起动按钮后，电动机转动，30 s后，控制屏上灯亮，30 s后，灯自动熄灭，30 s后，电动机自动停转。在工作进程任何时间内，按下停止按钮，电路停止工作。

① 设计出符合控制要求的梯形图程序，并调试使之工作正常。

② 连接主电路,用可编程控制器进行控制,观察电路工作情况。

3.6 电动机的变频器控制综合实验

1. 实验目的

(1) 了解异步电动机变频调速器,并熟悉其正确接线方法及各种控制功能。

(2) 掌握变频调速器操作板上各按键的功能及参考设定、输入方法。

(3) 学习用变频调速器控制异步电动机运转状态,学会用操作板模式及外部设备操作模式。

2. 实验预习

(1) 阅读实验指导书,熟悉三相异步电动机变频调速的原理、实验内容和实验步骤。

(2) 阅读实验附表,了解变频器的参数功能、控制端子的接线使用方法。

(3) 熟悉变频器的使用和操作。

3. 实验原理

(1) 变频调速的原理

变压变频调速是改变异步电动机同步转速的一种调速方法,在极对数 p 一定时,同步转速 n_1 随频率变化,即 $n_1=60f_1/p=60\omega_1/2\pi p$。

根据 $n=(1-s)n_1$,可知异步电动机的实际转速为 $n=(1-s)n_1=n_1-sn_1=n_1-\Delta n$。其中,稳态速降 $\Delta n=sn_1$ 随负载大小变化。再根据三相电动势的计算,可得到 $U_s\approx E_e=4.44f_1N_1k_{Ns}\Phi_m$。可知,只要控制好气隙磁通在定子中的感应电动势有效值 E_e 和电源频率 f_1,便可达到控制气隙磁通 Φ_m 的目的。

(2) VFOC 变频器的使用和操作

① 接线原理图。

注意:在主回路输出端子 U、V、W 处,不能接电源电压,否则,变频器将会损坏!

本实验所用的变频器主电路、控制电路分别如图 3.57 和图 3.58 所示。图中的外控用到控制电路的接线端子为 3、5、6,外控模式改变频率用到控制电路的接线端子为 1、2、3,三个调速的挡位 SW1、SW2、SW3 分别接在端子 7、8、9 上。

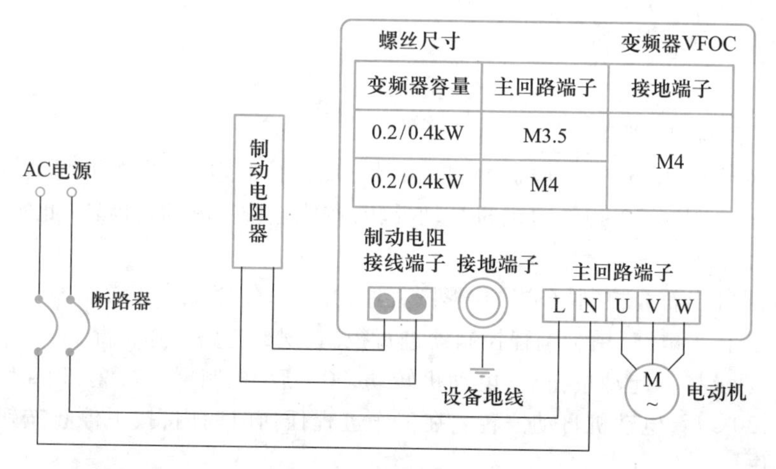

图 3.57 主回路电路图

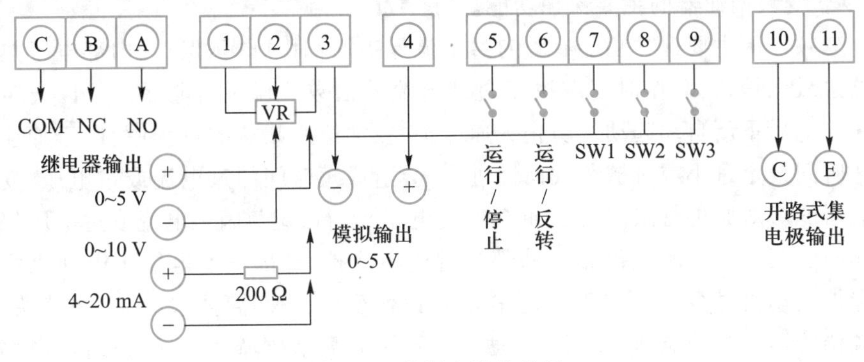

图 3.58　控制电路接线图

② 操作板说明。

VFOC 的实物图及其操作板分别如图 3.59 中的(a)和(b)所示。各部分的功能见表 3.1。各部分的参数操作见本章末附表 1 和附表 2。

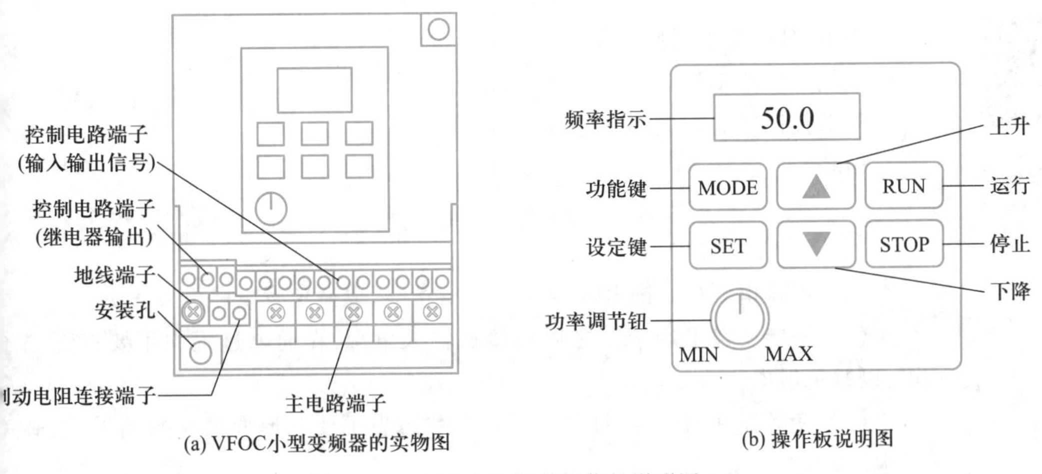

图 3.59　VFOC 实物及其操作板说明图

表 3.1　操作板功能

显示部位	显示输出频率、电流、线速度、异常内容、设定功能时的数据及其参数
RUN(运行)键	使变频器运行的键
MODE(模式)键	切换“输出频率”“设定频率”“旋转方向设定”“功能设定”等各种模式以及将数据显示切换为模式显示所用的键
STOP(停止)键	使变频器运行停止的键
▲(上升)键	改变数据或输出频率以及利用操作板使其正转运行时,用于设定正转方向
▼(下降)键	改变数据或输出频率以及利用操作板使其反转运行时,用于设定反转方向
频率设定钮	用操作板设定运行频率而使用的旋钮

③ 变频调速器的主要保护功能。

变频器的主要保护功能有瞬时过电流保护、瞬时过电压保护、内部电子热继电器过载保护,其动作时间取决于过载电流的倍数。瞬时断电保护可以设定其瞬时断电后重新自动起动。防止失速保护,在加速及减速的过程中,由于加速或减速时间设定过小或机械负载惯性过大,会造成短时间的过电流或过电压,变频调速器能够对此进行限流(约 140%额定电流)运行,避免因过电流或过电压保护动作而引起电动机断电停转。外部热继电器保护,外部热继电器于电动机配合以保护电动机过载,当热继电器动作时可以使变频调速器停止输出。报警功能,变频调速器保护功能动作时,除了通过显示单元显示故障信息外,还通过内部继电器触点动作输出开关信号,供外部电路控制及报警使用。

④ 操作板复位操作说明。用参数 P66 进行复位操作,置 P66=1。

⑤ 操作板的其他参数及其功能详见本章末附表 1。

4. 实验设备

3-7 视频:变频器的复位操作

松下 VFO 超小型变频器	1 台
三相异步电动机	1 台
外部控制实验开关	1 台
PLC	1 台

5. 注意事项

(1) 确认电源处于断开状况下再进行接线,以避免发生触电及火灾。

(2) 一定要盖上端子罩之后再接通输入电源,在通电过程中不要打开端子罩,以避免触电。

(3) 变频器在通电时,即使处于停止状态也不要触摸变频器的端子,以避免触电。

(4) 变频器断电后仍然带电,当进行检查时要把输入电源断开,等待 5 min 后再进行,以避免触电。

(5) 不要用手触摸电动机。

6. 实验内容

3-8 视频:变频器面板式电位器操作方式

(1) 变频调速器的面板控制方式

变频调速器的面板控制方式有两种设定方式:电位器设定方式和数字设定方式,用参数 P09 设定。若 P09=0,则为电位器设定方式;若 P09=1,则为数字设定方式。

1) 操作面板上电位器设定频率,此时设定 P09=0,具体步骤如下:

第一步:找 P09,并使之为 0。

使操作面板显示 000 后,按面板上面的如下一些键,进行设定:

MODE ⟶ Fr ⟶ dr ⟶ P01 ⟶ {↕} ⟶ P09 ⟶ SET

Fr——频率设定模式;dr——旋转方向设定模式;O——停止。

F——正转;r——反转;L——操作板控制方式;E——外控方式。

第二步：运行，用 RUN 键。

第三步：旋转面板上的频率设定钮如图 3.59 中的最下面的旋钮，观察操作面板上的显示。

3-9 视频：变频器数字式电位器操作方式

2）操作面板上数字设定频率，此时设定 P09 = 1，具体步骤如下：

第一步：找 P09，并使之为 1。

第二步：使操作面板显示 000 后，按面板上面的如下一些键，进行操作：

MODE ⟶ Fr ⟶ SET ⟶ {↑↓ 20 Hz ⟶ SET ⟶ RUN ⟶ {↑↓ 变频 ⟶ STOP
(P08 = 0)

Fr——频率设定模式；dr——旋转方向设定模式；O——停止。

F——正转；r——反转；L——操作板控制方式；E——外控方式。

第三步：旋转面板上的频率设定钮，观察面板上的显示。此时可观察到频率设定钮不起作用了。

（2）变频调速器运行方向的设定

变频调速器运行方向的设定由参数 P08 来设定。有两种设定方式：旋转方向设定方式和正反转设定方式。

1）先设定方向，然后再运行，运行中不再改变方向，此设定方式参数为 P08 = 0。具体步骤如下：

第一步：找 P08，并使之为 0。

第二步：使操作面板显示 000 后，按面板上面的如下一些键，进行操作：

MODE ⟶ Fr ⟶ MODE ⟶ dr ⟶ SET ⟶ (L——F / L——r) ⟶ ↑↓ (r / F) ⟶ SET ⟶ (RUN / STOP)

Fr——频率设定模式；dr——旋转方向设定模式；O——停止。

F——正转；r——反转；L——操作板控制方式；E——外控方式。

2）在运行过程中改变运行方向，如在正转运行过程中可改变为反转或者在反转运行过程中改变为正转方式，此设定方式参数为 P08 = 1。具体步骤为：

第一步：找 P08，并使之为 1。

第二步：使操作面板显示 000 后，按面板上面的如下一些键，进行操作：

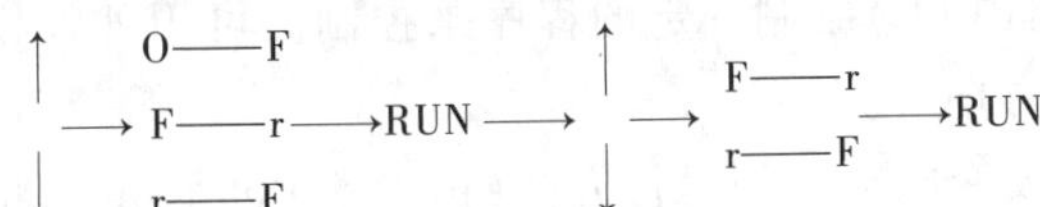

［练习 1］

- 用电位器设定频率，使电动机运行在 25 Hz 正转方向上。
- 用电位器设定频率，使电动机运行在 25 Hz 反转方向上。
- 在运行中改变旋转方向实现电动机的正反转运行。
- 用数字设定频率方式，完成 1）、2）项内容。

（3）改变最大频率、加减速时间

在电位器设定频率的方式 P09 = 0。

1）V/F 方式设定频率（由参数 P03 设定）。

参数 P03 有 3 个值：50、60、FF 分别对应 50 Hz 模式、60 Hz 模式和自由模式。50 Hz 模式：最大输出频率 = 50 Hz，基底频率 = 50 Hz。60 Hz 模式：最大输出频率=60 Hz,基底频率=60 Hz。自由模式:最大输出频率(由参数 P15 设定),基底频率(由参数 P16 设定),其原理图如图 3.60 所示。

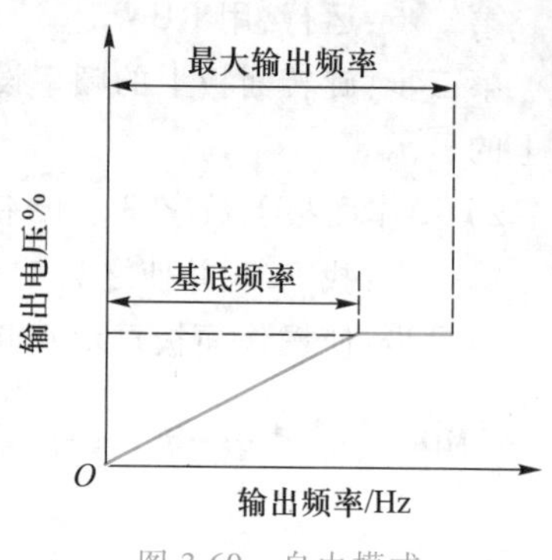

图 3.60　自由模式

[练习 2]

- 第一步:设定好 V/F 模式(如将 P03=60)。
- 第二步:将频率按钮旋转到最大。
- 第三步:运行 RUN,观察面板显示。

2) 加、减速时间的设置(由参数 P01 和 P02 设定)

参数 P01 设定第一加速时间:可设定从 0.5 Hz 到最大输出频率的加速时间,其单位为 s(秒);设置范围最大为 999 s。参数 P02 设定第一减速时间,可设定从最大输出频率到 0.5 Hz 的减速时间。单位:s(秒);范围:0~999 s。其原理图如图 3.61 所示。

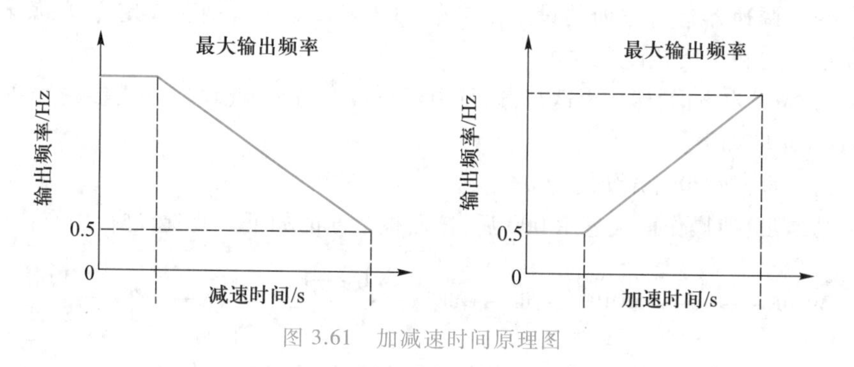

图 3.61　加减速时间原理图

[练习 3]

将加减速时间设为 20 s,观察电动机的运行,然后恢复原加减速时间。

(4) 外控模式

本实验的外接线路是通过控制开关的通断信息,通过变频器输入电路传递到内部的控制电路中。外接的输入开关可以是继电器、按钮、形成开关等,也可以用可编程控制器(PLC)编制一定的程序来控制。可用外控模型来改变电动机的运行频率、运行方向。

1) 外控模型改变电动机的运行方向(由参数 P08 设定),将用到控制端子 5、6、3,接线如图 3.58 所示。

3-10 视频:变频器外控模式操作方式

[练习 4]

- 将 P08=2、P09=0,然后运行,总结接到端子 5、6 上的两个开关的作用。
- 将 P08=3、P09=0,然后运行,总结接到端子 5、6 上的两个开关的作用。

2) 外控模式改变频率(由参数 P09 设定),将用到控制端子 1、2、3,接线如图 3.58 所示。

[练习 5]

- 将 P09=2、P08=0,然后运行,旋转接在端子 1、3 之间的电位器,观察面板显示。
- 断开电源 5 min 后,将可调的 5 V 电压接在端子 2、3 之间,接通电源,置

P09＝3、P08＝0，然后运行，调节接在端子 2、3 之间的电压，观察面板显示。

● 断开电源 5 min 后，将可调的 10 V 电压接在端子 2、3 之间，接通电源，置 P09＝4、P08＝0，然后运行，调节接在端子 2、3 之间的电压，观察面板显示。

（5）多挡速度的设定功能

分别由 SW1、SW2、SW3 的功能选择来调速，将用到控制端子 7、8、9，接线如图 3.58 所示。SW1、SW2、SW3 的功能分别由参数 P19、P20、P21 来设定。

1）根据 SW1、SW2、SW3 的开关状态确定工作频率。根据机械负载的工作要求，可以给变频调速器预先设定几个工作频率，并有对应的外部触点控制信号来回切换，这样就可以做到对转速进行顺序控制。其接线图如图 3.58 所示，多挡调速示意图如图 3.62 所示。

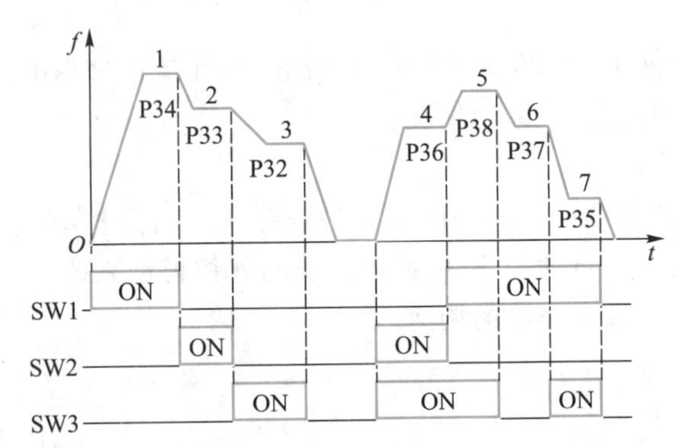

图 3.62　多速段的预设示意图

2）预设工作频率。可以给变频器预先设定几个工作频率，做到对电动机的转速进行不同转速的控制。一般可设有 8 个速度。SW1、SW2、SW3 的选择和其控制参数以及运行的频率如表 3.2 所示。其中，**0** 表示 SW 开关的断开，**1** 表示 SW 开关的闭合。

表 3.2　多速 SW 功能

SW1	SW2	SW3	运行频率	控制参数
0	**0**	**0**	第一速	P09
1	**0**	**0**	第二速	P32
0	**1**	**0**	第三速	P33
1	**1**	**0**	第四速	P34
0	**0**	**1**	第五速	P35
1	**0**	**1**	第六速	P36
0	**1**	**1**	第七速	P37
1	**1**	**1**	第八速	P38

[练习 6]

断开电源，5 min 后按图接线，接好线后，接通电源，将参数 P19、P20、P21 都置成 0，然后运行。在运行过程中改变开关 SW 的状态，观察面板显示。

（6）频率信号切换功能

1）面板控制模式和外控模式，这两种模式在一定条件下可相互切换实现频率信号的不同模式的设定。

[练习 7]

● 将 P09=0、P19=6，然后运行；将 SW1 合上和断开，看频率的控制模式是面板控制还是外接电位器控制模式。

● 将 P09=1、P19=6，然后运行；将 SW1 合上和断开，看频率的控制模式是面板控制还是外接电位器控制模式。

2）第 2 特性选择功能。

在 SW 开关闭合时，以第 2 套加速时间（参数 P39），第 2 减速时间（参数 P40），第 2 基底频率（参数 P41），第 2 力矩提升（参数 P42）所设定的数据进行运行。

[练习 8]

● 设定 P19=7、P39=20、P40=20，然后运行；在运行过程中，观察 SW1 断开与闭合时的电动机的加速、减速情况。

3-11 视频：PLC 与变频器控制电机的频率与转速

（7）创新性实验

通过可编程控制器（PLC）编制一定的程序来进行外控模式的控制，其接线方式如图 3.63 所示。可通过 PLC 编程实现的外控模型来改变电动机的运行频率、运行方向的设定及多速段的调速。

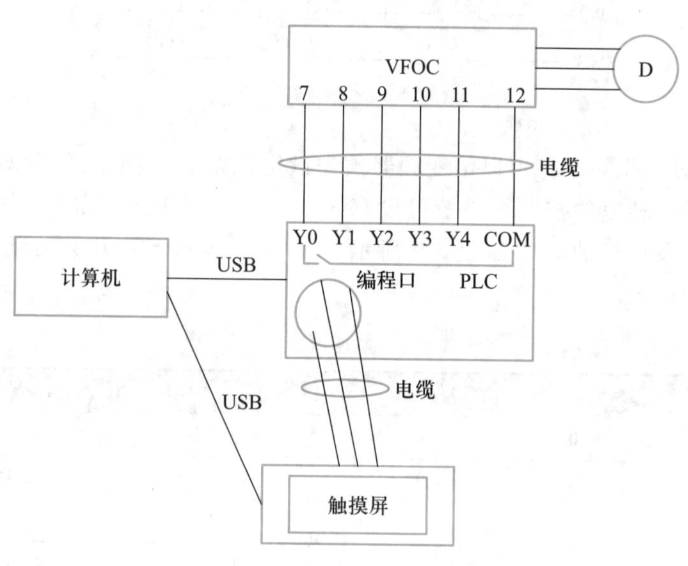

图 3.63 PLC 实现的外控模式电路接线图

[练习 9]

● 通过 PLC 编制一段程序实现电机的正转，要求在正转的过程中能够改变电机的转速。

● 通过 PLC 编制一段程序实现电机的反转，要求在反转的过程中能够改变电机的转速。

● 通过 PLC 编制一段程序实现正转 5 s 后实现反转 5 s，然后自动停止。要求在正反转的过程能实现速度的调节，分别可采用 3 种方式调速：面板式调速、外控旋钮式调速、多速段的调速。

附表 1　端子功能

端子 No.	端子功能	关联数据
1	频率设定用电位器连接端子(+5 V)	P09
2	频率设定模拟信号的输入端子	P09
3	(1)、(2)、(4)~(9)输入信号的共用端子	
4	多功能模拟信号输出端子(0~5 V)	P58,P59
5	运行/停止、正转运行信号的输入端子	P08
6	正转/反转、反转运行信号的输入端子	P08
7	多功能控制信号 SW1 的输入端子	P19,P20,P21
8	多功能控制信号 SW2 的输入端子 PWM 控制的频率切换用输入端子	P(19~21) P(22~24)
9	多功能控制信号 SW3 的输入端子 PWM 控制的 PWM 信号输入端子	P(19~21) P(22~24)
10	开路式集电极输出端子(C:集电极)	P25
11	开路式集电极输出端子(E:发射极)	P25
A	继电器接点输出端子(NO:出厂配置)	P26
B	继电器接点输出端子(NC:出厂配置)	P26
C	继电器接点输出端子(COM)	P26

附表 2　功能说明

No.	功能名称	设定范围	出厂数据
P01	第一加速时间/s	0.1～999	05.0
P02	第一减速时间/s	0.1～999	0.50
P03	V/F 方式	50 60 FF	50
P04	V/F 曲线	0.1	0
P05	力矩提升(%)	0～40	05
P06	选择电子热敏功能	0 1 2 3	2
P07	设定热敏继电器电流/A	0.1～100	
P08	选择运行指令	0～5	0
P09	频率设定信号	0～5	0
P10	反转锁定	0.1	0
P11	停止模式	0.1	0
P12	停止频率/Hz	0.5～60	00.5
P13	DC 制动时间/s	0.1～120	000
P14	DC 制动电平	0～100	00
P15	最大输出频率	50～250	50.0
P16	基底频率/Hz	45～250	50.0
P17	防止过电流失速功能	0.1	1
P18	防止过电压失速功能	0.1	1
P19	选择 SW1 功能	0～7	0
P20	选择 SW2 功能	0～7	0
P21	选择 SW3 功能	0～8	0
P22	选择 PWM 频率信号	0.1	0
P23	PWM 信号平均次数	1～100	01
P24	PWM 信号周期	1～999	01.0
P25	选择输出 TR 功能	0～7	0
P26	选择输出 YR 功能	0～6	5
P27	检测频率(输出 TR)	0.5～250	00.5
P28	检测频率(输出 YR)	0.5～250	00.5
P29	点动频率/Hz	0.5～250	10.0
P30	点动加速时间/s	0.1～999	05.0
P31	点动减速时间/s	0.1～999	05.0
P32	第二频率/Hz	0.5～250	20.0
P33	第三频率/Hz	0.5～250	30.0
P34	第四频率/Hz	0.5～250	40.0
P35	第五频率/Hz	0.5～250	15.0
P36	第六频率/Hz	0.5～250	25.0

续表

No.	功能名称	设定范围	出厂数据
P37	第七频率/Hz	0.5～250	35.0
P38	第八频率/Hz	0.5～250	45.0
P39	第二加速时间/s	0.1～999	05.0
P40	第二减速时间/s	0.1～999	05.0
P41	第二基底频率/Hz	45～250	50.0
P42	第二力矩提升(%)	0～40	05
P43	第一跳跃频率/Hz	0.5～250	000
P44	第二跳跃频率/Hz	0.5～250	000
P45	第三跳跃频率/Hz	0.5～250	000
P46	跳跃频率宽度/Hz	0～10	0
P47	电流限流功能/s	0.1～9.9	00
P48	启动方式	0 1 2 3	1
P49	选择瞬间停止再次启动	0 1 2	0
P50	待机时间/s	0.1～100	00.1
P51	选择再试行	0 1 2 3	0
P52	再试行次数	1～10	1
P53	下限频率	0.5～250	00.5
P54	上限频率	0.5～250	250
P55	选择偏置/增益功能	0.1	0
P56	偏置频率/Hz	−99～250	00.0
P57	增益频率/Hz	0.5～200	50
P58	选择模拟 PWM 输出功能	0.1	0
P59	模拟 PWM 输出修正(%)	75～125	100
P60	选择监控	0.1	0
P61	线速率倍频	0.1～100	03.0
P62	最大输出电压/V	0.1～500	000
P63	OCS 电平(%)	1～200	140
P64	载波频率/Hz	0.8～15	0.8
P65	密码	0.1～999	000
P66	设定数据清除(初始化)	0.1	0
P67	异常显示 1	最新	
P68	异常显示 2	1 次之前	
P69	异常显示 3	2 次之前	
P70	异常显示 4	3 次之前	

第4章 电子技术基础实验

本章包括模拟电路基础实验和数字电路基础实验。数字电路与模拟电路不同之处在于模拟电路的电信号在时间上或数值上是连续变化的模拟信号;而数字电路的电信号在时间上和数值上都是不连续变化的脉冲信号,只有低电平和高电平两种状态。按照逻辑功能的不同特点,数字电路可分为组合逻辑电路和时序逻辑电路两大类。本章实验在巩固和加深理解基本理论知识基础上,重点培养学生如何观察和分析实验现象,掌握基本实验方法,培养基本实验技能,为以后进行更复杂的实验打下基础。

4.1 电子仪器仪表的使用

1. 实验目的

(1) 掌握数字万用表、直流稳压电源、数字示波器和函数信号发生器的正确调整方法。

(2) 了解常用仪器仪表的主要技术指标。

(3) 学会使用数字示波器测量信号的峰-峰值、有效值、频率、相位差等相关参数。

2. 实验预习

(1) 复习示波器、函数信号发生器、数字万用表、直流稳压电源等常用电子仪器仪表的原理和使用方法。

(2) 预习示波器、函数信号发生器、直流稳压电源的仪器使用视频课件,重点学习示波器触发源的选择,触发电平的调整方法。

3. 实验原理

在模拟电路基础型实验中,测试和定量分析电路的静态和动态工作状态时,通常使用的仪器有数字示波器、函数信号发生器、直流稳压电源、数字万用表等。模拟电路基础型实验平台组成框图如图4.1所示。

数字示波器是一种时域测量仪器,可用来观察测量电路中各测试点信号的波形及其时域参数(频率、幅度、相位差等)。示波器既能用于动态观察测量,也能用于静态观察测量。

函数信号发生器是一种信号源,能够提供各种频率、波形的模拟信号和逻辑电平。函数信号发生器能够根据指令产生各种标准波形,如正弦波、方波、三角波等。

直流稳压电源是能为负载提供稳定直流电源的电子设备,在模拟、数字电子电路实验中,通常使用的是线性直流稳压电源。

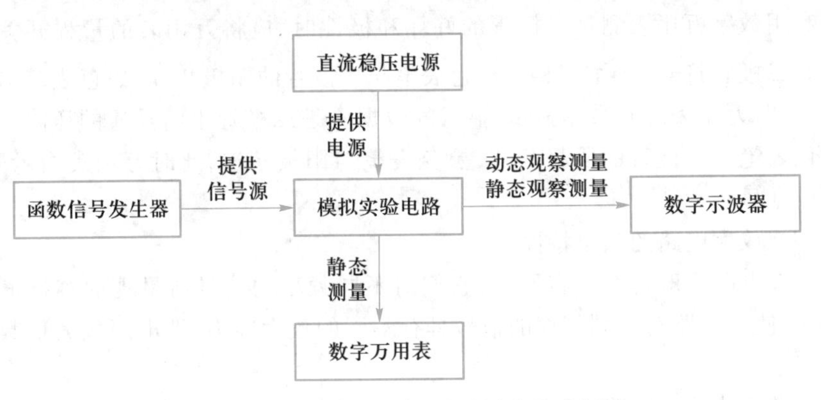

图 4.1　模拟电路基础型实验平台组成框图

数字万用表一般用于测量电路的静态工作点和直流参数值,也可用来测量二极管、晶体管、电感、电容等。

(1) 电阻器的测量

大多数电阻都有色环标识,若想判断电阻阻值与色环标称值是否相符,偏差是否满足误差范围,需要使用万用表进行测量。利用万用表测量电阻时需要注意以下几点。

① 绝对不允许带电测量电阻。

② 测量电路中的电阻时,必须将电阻从电路中断开或断开一端,以防止其他元器件对测量结果产生影响。

③ 应当使用万用表电阻挡,红色表笔应连接"V/Ω"插孔,黑色表笔连接"COM"插孔,并选择合适的量程。

④ 测量时手不能同时触碰被测电阻的引线,以防止人体电阻影响测量结果的准确性。

⑤ 测量较低阻值的电阻时,应保证表笔与插孔接触良好,以免产生接触电阻。

(2) 电容器的测量

通常需要借助专门的测试仪器测量电容器的有关参数(如容量和损耗等),也可以利用数字万用表进行简单的参数测量。利用数字万用表测量电容时需要注意以下几点:

① 绝对不允许带电测量电容。

② 测量电路中的电容时,必须将电容从电路中断开或断开一端,以防止其他元器件对测量结果产生影响。

③ 测量时应将电容放电,对于容量和耐压低的电容可直接将引脚短路放电。

④ 将数字万用表置于"电容"挡,万用表显示被测电容的电容量。

⑤ 检查电解电容器时,要将红色表笔(与万用表内部正电极相连)接电容器正极,黑色表笔接电容器负极。

(3) 二极管测量

二极管的最大特点是单向导电性,即正向偏置时二极管导通,二极管中流过较大的正向电流。此时,二极管的等效直流电阻很小,而反向偏置时二极管截止,二极管中仅仅流过反向漏电流。这时,二极管等效直流电阻很大。

利用数字万用表测量二极管的好坏和极性时，应将万用表的量程开关置于标记有二极管符号"—▷|—"挡。红色表笔与二极管的阳极相连，黑色表笔与阴极相连，此时万用表应有数据显示，显示的数据应是二极管正向导通的压降。然后将红色表笔与二极管的阴极相连，黑色表笔与阳极相连，此时万用表指示开路，没有数据显示。

（4）放大电路的频率特性

放大电路一般含有电容元件，它们对不同频率的信号所呈现的容抗值是不相同的，使得电路对不同频率的信号具有不同的放大能力，即电压放大倍数是频率的函数。

在带通滤波器电路中，中频段的放大倍数为$|A_m|$。当输入信号的频率降低到一定频率时，放大倍数将随之降低，当放大倍数降至$|A_m|/\sqrt{2}$时，其对应的频率称为下限转折频率f_L；当输入信号的频率升高到一定频率时，晶体管的放大倍数将随之降低而引起放大电路放大倍数的降低，当放大倍数降至$|A_m|/\sqrt{2}$时，其对应的频率称为上限转折频率f_H。放大电路的放大倍数$|A|$随着频率f的改变而变化的曲线称为放大电路的幅频特性曲线，如图 4.2 所示。

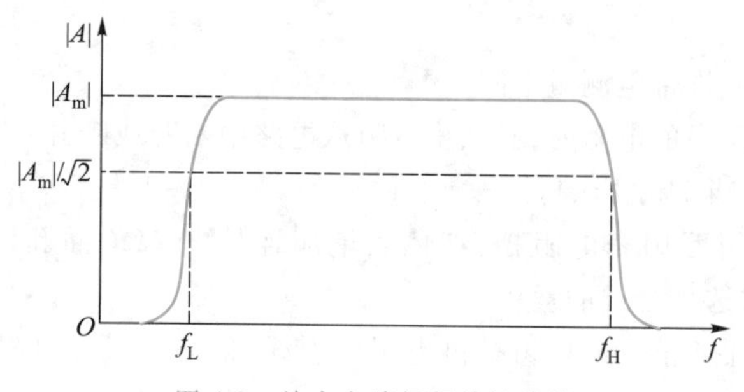

图 4.2　放大电路幅频特性曲线

4. 实验设备

直流稳压电源	1 台
数字万用表	1 块
示波器	1 台
函数信号发生器	1 台
电子技术实验平台	1 块

5. 注意事项

（1）直流稳压电源和函数信号发生器的输出端不能短路。

（2）严禁将直流稳压电源输出端与函数信号发生器输出端直接短接在一起。

（3）进行电路测量时，所有仪器仪表应"共地"。

（4）直流稳压电源及信号发生器的输出，以测量仪表的实测值为准。

6. 实验内容

（1）数字万用表使用练习

1）电阻的测量。

选取 100 Ω、2 kΩ、51 kΩ 三个电阻，利用数字万用表测量其阻值，并与该电阻色环标识所指示的电阻值进行比对。

2）电容的测量。

选取两个瓷片电容，电容值分别为 0.1 μF 和 1 μF，仔细查看瓷片电容上标记的容量大小，利用数字万用表测量电容器的容量，并与标称值进行比较。

选取两个电解电容，电容值分别为 10 μF 和 100 μF，仔细查看电解电容上标记的容量大小、规格和极性。利用数字万用表测量电容器的容量，并与标称值进行比较。

3）二极管的测量。

使万用表处于二极管测量状态，按表格要求进行测量，并将测试结果填入表 4.1 中。

表 4.1　二极管测量数据

万用表笔的接触位置	实测结果
万用表红色表笔接触二极管 1N4148 阳极，黑色表笔接触阴极	
万用表红色表笔接触二极管 1N4148 阴极，黑色表笔接触阳极	

4）导线通断的测量。

将万用表置于蜂鸣器挡位，万用表的两表笔分别接触导线的两个接线端，进行导线通断的测量。导线的使用频率较高，易折断。做实验前，应先进行导线通断的测量，避免导线折断造成的实验故障。

（2）直流稳压电源使用练习

1）单电源的调节。

利用数字万用表和直流稳压电源，调节输出+12 V 单路直流电压。

2）±12 V 双电源的调节。

设置直流稳压电源的输出状态为“串联输出”，调节“Voltage”电压旋钮，旋至 12 V。利用万用表测试直流稳压电源输出端的电压。

3）固定 5 V 直流电压输出。

利用数字万用表测试直流稳压电源固定 5 V 电压端，观察测试结果。

注意：(1)、(2) 两种电源接法通常使用在模拟电子技术实验中；固定 5 V 直流电压输出在数字电子技术实验采用的 5 V 供电中会用到。

（3）示波器与函数信号发生器的使用练习

1）观察示波器的校准信号。

① 将示波器 CH1 通道的测试端（红色夹子）与示波器的“Probe Comp”端相连，参考端（黑色夹子）与示波器参考地相连。

② 按下“Auto Scale”按键，观察示波器屏幕。如果示波器默认的触发源为 CH1 通道，通常波形会自动显示，否则按照下面步骤进行调节。

③ 关闭 CH2 通道。按下“Trigger”触发设置按键，将触发源选择为“1”。触发类型通常有“边沿触发”和“脉宽触发”两种，此处选择边沿触发。

④ 调节“触发电平”旋钮，将触发电平调节到合适位置。观察触发电平高于波形最大值和低于波形最小值时，显示波形如何变化。

⑤ 调节示波器水平时基设置和 CH1 通道垂直幅度和位置设置，将波形大小合适地显示在示波器的屏幕上。此处应结合步骤④一起调节。

⑥ 改变 CH1 通道的耦合类型，观察“直流耦合”和“交流耦合”条件下波形的变化。

⑦ 利用示波器的快速测量按键和光标法，分别测量波形的峰-峰值、周期和频率，并记录波形。

2）正弦波的测量。

Agilent DSO-X 2002A 数字示波器内置有波形发生器，并通过“Gen Out”端口输出。启用波形发生器之前应当注意：波形发生器的两个输出端不允许短路；波形发生器的输出端不允许接在端子“Demo 1”或“Demo 2”上；波形发生器的输出端不允许连接在外部其他电源上；颜色不同的夹子不能接在一起。

通过按下示波器面板上的“Wave Gen”键，可以访问“波形发生器菜单”并在“Gen Out”端口上启用或禁用波形发生器的输出。

按照表 4.2 所示，调节波形发生器，使之输出峰-峰值为 3 V 的正弦波，要求波形的偏移为 0 V。利用示波器测量其峰-峰值、交流有效值、周期和频率（所用通道的“带宽限制”功能关闭）。用万用表测量电压的交流有效值（需将万用表调到电压挡，然后按下“shift”键切换到交流电压挡），将示波器和万用表所测得的结果进行比较。

注意：本实验中用于测量正弦波有效值的万用表具有“True RMS”标识，其他型号的万用表测量高频电压的能力会与本万用表不同，某些高端的万用表可测量更高频率的电压，而某些低端的万用表在设计时并未考虑 50 Hz 以外的交流电压。

表 4.2　正弦波的测量数据

波形发生器显示的频率值	用示波器测量				万用表测量的有效值
	峰-峰值	有效值	周期	频率	
1 kHz					
10 kHz					
50 kHz					

降低函数信号发生器的输出峰-峰值至 50 mV，利用示波器观察波形是否清晰？将使用通道的“带宽限制”功能开启，观察波形如何变化？

3）观察偏移大小对波形的影响。

调节函数信号发生器，使其输出频率为 1 kHz，峰-峰值为 2 V 的正弦波，用示波器（直流 DC 耦合）观察波形。分别更改偏移量（OFFSET）的大小为+2 V、0 V 和-2 V 时，记录相应的波形结果。

4）方波的测量。

按照表 4.3 所示，调节波形发生器使之输出频率为 10 kHz 的方波，峰-峰值分别为 4 V、1 V 和 100 mV，占空比为 50%。用示波器对频率和周期进行测量，要求峰-峰值测量使用光标测量法和自动测量法。

表 4.3　方波的测量数据

波形发生器显示的峰-峰值	用示波器测量		
	周期（自动测量 Meas）	峰-峰值 V_{PP}（自动测量 Meas）	峰-峰值 V_{PP}（光标法 Cursors）
4 V			
1 V			
100 mV			

分析：比较利用自动测量法和光标测量法测得的峰-峰值是否相同？如果结果不相同，分析产生该现象的原因。

将信号发生器显示的峰-峰值调至 2 V，频率为 1 kHz。改变占空比大小（分别为 20%，70%），记录波形，并测量高电平时间（要求所用通道为“直流耦合”）。

5）三角波的测量。

按照表 4.4 所示，调节波形发生器，使之输出频率为 5 kHz，峰-峰值为 3 V 的三角波，调节对称性（symmetry）比例分别为 0%、50%和 100%，利用示波器观察并记录波形。

表 4.4　三角波的测量数据

对称比例（symmetry）	示波器波形
symmetry = 0%	
symmetry = 50%	
symmetry = 100%	

6）脉冲波的测量。

调节波形发生器，使之输出脉冲波，频率为 1 kHz，峰-峰值为 2 V，偏移量为 0 V，更改脉冲波的宽度，观察波形如何变化？按下示波器缩放键（带有放大镜图案的圆形按键），调节缩放状态。利用示波器测试上升时间和下降时间。

（4）电子仪器仪表综合应用

图 4.3 所示为 RC 带通滤波电路，在电子技术实验平台上搭接该电路。

① 测量不同频率下两正弦波的相位差。

输入电压是峰-峰值为 4 V，频率为 10 kHz 的正弦交流电压，分别测量输入电压和输出电压的幅度以及它们之间的相位差，并绘制输入和输出的电压波形。更改输入正弦交流电压的频率为 20 kHz，重复上面的实验步骤。

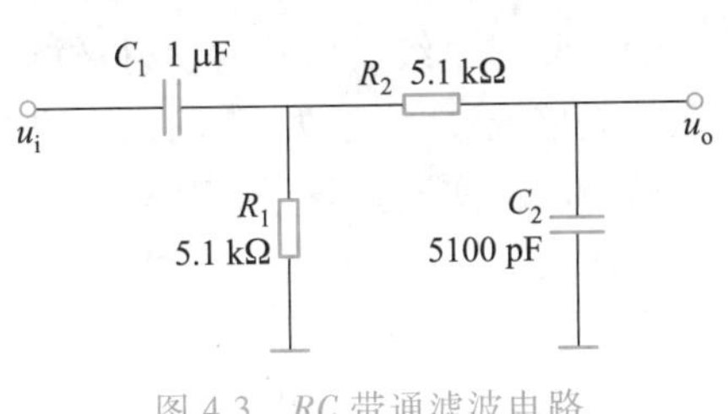

图 4.3　RC 带通滤波电路

② 测量脉冲波形的上升沿、下降沿。

将输入信号 u_i 更改为峰-峰值为 2 V，频率为 10 kHz 的方波脉冲，记录示波器测得的 u_i 与 u_o 的波形及其上升时间 t_r 和下降时间 t_f。

③ 幅频特性测试。

将输入信号 u_i 更改为峰-峰值为 2 V,频率为 1 kHz 的正弦交流电压信号,利用示波器观察输入输出电压波形。改变函数信号发生器的频率,测量输出电压的峰-峰值,找出下限转折频率 f_L 和上限转折频率 f_H,绘制幅频特性曲线。

7. 实验思考

(1) 用示波器观察信号波形时,若要达到下面的要求,应分别调整哪些旋钮?

① 改变能观察到的波形的个数。

② 改变波形的高度。

③ 改变波形的宽度。

(2) 示波器的测试通道在什么情况下用交流耦合,什么情况下用直流耦合?

(3) 函数信号发生器的波形选择按钮调至正弦波时,输出必定是正弦波吗?要想让函数信号发生器输出一个纯正弦信号,"OFFSET"应设置为多少?

(4) 电解电容器与普通电容器在使用上有哪些区别?

8. 实验报告

(1) 根据实验内容,完成仪器仪表的使用练习。

(2) 整理实验电路的测试数据,绘制幅频特性曲线,并与理论结果进行比较分析。

4.2 单级晶体管放大电路的测试

1. 实验目的

(1) 掌握放大电路静态工作点的调整与测量方法。

(2) 掌握放大电路主要性能指标的测量方法。

(3) 了解静态工作点对放大电路动态特性的影响。

(4) 掌握放大电路集电极电阻及发射极负反馈电阻对电压放大倍数的影响。

(5) 观察放大电路静态工作点的设置与波形失真的关系。

2. 实验预习

(1) 复习单级晶体管共发射极放大电路的基本理论知识,包括静态工作点、电压放大倍数、非线性失真、输入电阻和输出电阻等内容。

(2) 阅读实验指导书,理解实验原理,了解实验步骤。

4-1 视频:单级晶体管放大电路的静态工作点

3. 实验原理

在晶体管放大电路中,工作点稳定的阻容耦合共发射极放大电路应用最为广泛,如图 4.4 所示。

(1) 静态工作点的选取与调整

晶体管是一个非线性元件,为了使放大器获得尽可能高的放大倍数,同时又不因进入非线性区而产生波形失真,就必须设置一个合适的静态工作点,若工作点设置得过高,则放大器工作点进入饱和区而产生饱和失真;反之若工作点设置得过低,则放大器工作点进入截止区而产生截止失真。

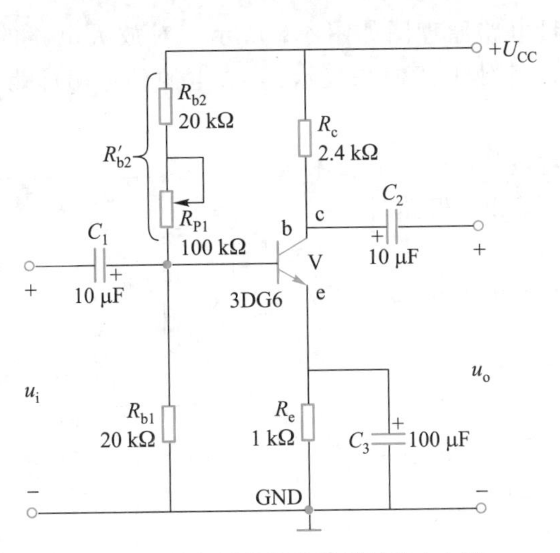

图 4.4 单级晶体管共发射极放大电路

另外,晶体管是一个对温度十分敏感的元件,放大电路工作时,由于温度的变化,晶体管的参数将发生变化,导致集电极电流的改变,将已经设置好的静态工作点漂移至饱和或截止区而产生饱和或截止失真。因此,静态工作点不仅要正确设置,而且要稳定,不受温度变化的影响。

图 4.4 所示的单级晶体管共发射极放大电路,利用基极偏置电阻 R_{b1}、R'_{b2} 和射极电阻 R_e 之间的配合,使放大电路获得合适而稳定的静态工作点,从而保证晶体管电路的正常工作。输入交流小信号电压 u_i 经过耦合电容 C_1 至晶体管 V 基极 b,基极电压为直流与交流电压的叠加。输入交流信号作用在晶体管 be 结等效电阻 r_{be} 上,产生交变基极电流,经过晶体管 β 倍电流放大,集电极产生的与输入小信号 u_i 相关的交变电流作用于集电极等效负载电阻 $R_c /\!/ R_L$,产生与小信号 u_i 幅度大得多且相位为 180°的输出交变电压 u_o。

静态工作点与电路元件参数 U_{CC}、R_{c2}、R_{b1}、R_{b2}、R_{P1}、R_e 及晶体管的 β 值有关。在实际工作中,一般是通过改变偏置电阻 R'_{b2}(调节 R_{P1})来调节静态工作点的。R_{P1} 调大,I_{CQ} 减小(工作点降低),R_{P1} 调小,I_{CQ} 增加(工作点升高)。

为了方便,通常采用间接测量方法测量 I_{CQ},即先测出晶体管发射极的对地电压 U_E,再利用 $I_{CQ} \approx I_{EQ} = U_E / R_e$ 计算 I_{CQ}。

(2) 放大电路的电压放大倍数

4-2 视频:电压放大倍数的测量

单级晶体管共发射极放大电路的动态负载电阻为 $R_c /\!/ R_L$(忽略晶体管的输出电阻 r_{ce}),放大电路的电压放大倍数

$$A_u = -\beta \frac{R_c /\!/ R_L}{r_{be}}$$

上式中的负号表示输出电压 u_o 与输入电压 u_i 的相位相反。当放大电路输出端开路时,电压放大倍数比接负载 R_L 时高。此外,负载 R_L 愈小,则电压放大倍数愈低。

(3) 输出电阻

4-3 视频:输出电阻的测量

放大电路对负载(或后级放大电路)来说,是一个信号源,其内阻即为放大电路的输出电阻 r_o,它是一个动态电阻。

输出电阻测量电路原理图如图 4.5 所示。对放大电路的输出来讲，可用 u'_o 和内阻 r_o 串联的等效电压源来表示，等效电源的内阻即为放大电路的输出电阻 r_o。

保持放大电路最佳静态工作点和输入电压 u_i 不变。输出端开路时

$$u_o = u'_o$$

输出端接负载电阻 R_L 时

$$u_{ol} = \frac{R_L}{r_o + R_L} u'_o$$

由以上二式可得出

$$r_o = \left(\frac{u_o}{u_{ol}} - 1\right) R_L$$

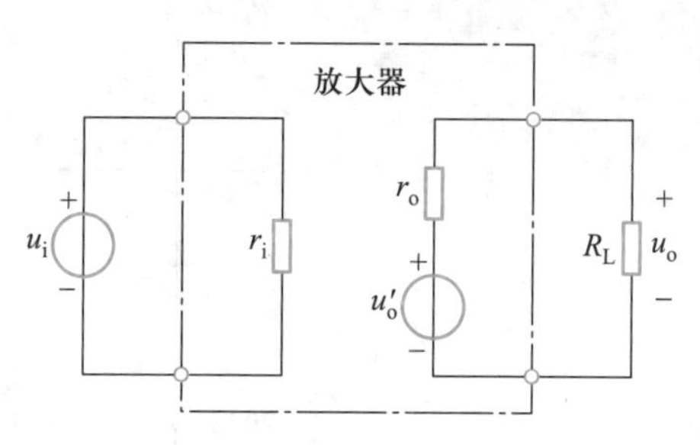

图 4.5　输出电阻测量电路原理图

实验中通过测出放大电路输出端开路时的输出电压 u_o 和接负载电阻 R_L 时的输出电压 u_{ol}，即可求出放大电路的输出电阻 r_o。

(4) 输入电阻

4－4 视频：输入电阻的测量

放大电路对信号源来说，是一个负载，可用一个电阻来等效代替。这个电阻是信号源的负载电阻，也就是放大电路的输入电阻 r_i，该电阻对交流信号而言是一个动态电阻。

输入电阻 r_i 的测量采用间接测量方法，电路如图 4.6 所示。测量方法为：在函数信号发生器的输出 u_s 与放大电路输入 u_i 之间串入一电阻 R，调节函数信号发生器的输出电压 u_s，始终保证 u_i 不变的情况下，监测函数信号发生器输出电压 u_s 的变化，此时输入回路的电流为

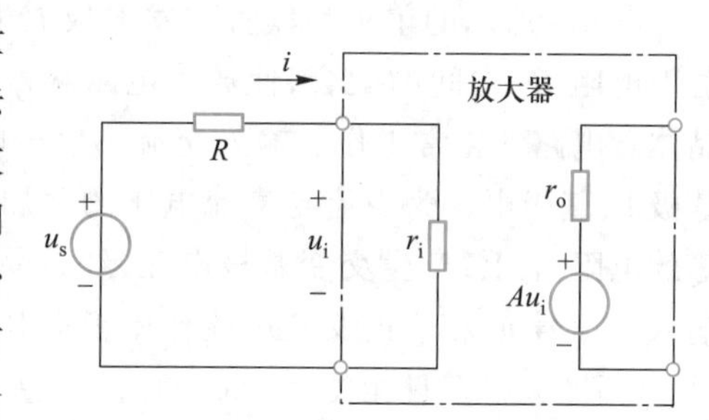

图 4.6　输入电阻测量原理图

$$i = \frac{(u_s - u_i)}{R}$$

故可间接求得 $r_i = \dfrac{u_i}{i} = \dfrac{u_i R}{(u_s - u_i)}$ 的数值。

4. 实验设备

直流稳压电源	1 台
数字万用表	1 块
示波器	1 台
函数信号发生器	1 台
电子技术实验平台	1 块

5. 注意事项

(1) 12 V 电源电压应在直流稳压电源上先调好，断开电源开关后再接入电路。

(2) 实验中要将直流稳压电源、函数信号发生器、示波器等电子仪器和实验电路共地，以免引起干扰。

(3) 电路性能指标的测试要在输出电压波形不失真和没有明显干扰的情况下进行。

(4) 实验过程中，每当换接电路时，必须首先断开电源，严禁带电操作。

6. 实验内容

(1) 调整放大电路的静态工作点

1) 判断晶体管类型。

保持晶体管未接线，将万用表调至"➔|-"挡，检查晶体管的发射结和集电结电压，发现损坏向老师说明。在下面空白处描述检测结果，结合测量结果说明晶体管是 NPN 型还是 PNP 型。

发射结电压:________集电结电压:________晶体管为:________型

2) 调整放大电路的静态工作点。

按图 4.4 连接单级晶体管共发射极放大电路。

将直流稳压电源输出调至+12 V 后，断开电源开关，将其接至电源模块的+12 V 与 GND 两个接口上(注意:电源的极性和大小)。然后将电源模块的+12 V 和 GND 与实验电路的$+U_{CC}$和 GND 相连。将函数发生器的输出调为 1 kHz 的正弦交流电压，峰-峰值调至 30 mV 后接入到实验电路 u_i 端，利用示波器观察输出电压 u_o 的波形。开通直流稳压电源，调节放大电路基极电位器 R_{P1}，同时观察输出电压 u_o 的波形，在输出电压不失真的前提下，使其输出波形幅值最大，即可确定为电路的最佳静态工作点。

断开函数信号发生器的电源开关，用万用表的直流电压挡和示波器分别测量此时晶体管各电极 c、b 和 e 与 GND 之间的电压 U_C、U_B 和 U_E，记入表 4.5 中。

表 4.5 静态工作点的测试实验数据

测量项目	测量值			计算值	
	U_C/V	U_B/V	U_E/V	$U_{CE}=U_C-U_E$/V	I_C/mA
万用表测量值					

(2) 测量电压放大倍数

电压放大倍数的大小取决于输出电压 u_o 与输入电压 u_i 的比值。保持单级晶体管共发射极放大电路的最佳静态工作点不变，利用示波器同时观察输入 u_i 和输出 u_o 的波形。若输出波形没有失真，则可以进行放大倍数的测量，并画出此时输入与输出波形之间的相位关系。根据表 4.6 所示，利用示波器或数字万用表分别测量各种情况下输出电压 u_o 的有效值 U_o。已知输入信号 U_i 的有效值为 10 mV，计算电压放大倍数 $A_u=U_o/U_i$。表中 R_L 指的是输出负载电阻，并联在输出 u_o 端。由于输入波形峰-峰值很小，需要将示波器通道的"带宽限制"开启，才能够观察到输入波形。

表 4.6　电压放大倍数的测量实验数据

u_i 的有效值	R_L 值	R_C 值	u_o 的有效值/mV	计算放大倍数
10 mV	$R_L=\infty$	$R_C=2.4\ \text{k}\Omega$		
		$R_C=1.2\ \text{k}\Omega$		
	$R_L=10\ \text{k}\Omega$	$R_C=2.4\ \text{k}\Omega$		
		$R_C=1.2\ \text{k}\Omega$		
	$R_L=2.4\ \text{k}\Omega$	$R_C=2.4\ \text{k}\Omega$		
		$R_C=1.2\ \text{k}\Omega$		

根据实验结果,分析改变负载电阻 R_L 时,对放大倍数有何影响;改变电阻 R_C 时,对放大倍数有何影响。

(3) 测量输出电阻

在保证静态工作点和输入电压 u_i 为 10 mV 的情况下,按照表 4.7 测量放大电路的空载输出电压 u_o 和带负载输出电压 u_{oL}。计算放大电路的输出电阻 r_o。根据实验结果,分析改变 R_C 时,对 r_o 有何影响。

表 4.7　输出电阻的测量数据记录

R_C	负载 $R_L=10\ \text{k}\Omega$ 时 U_{orms}	开路 $R_L=\infty$ 时 U_{orms}	r_o(计算值)
$R_C=2.4\ \text{k}\Omega$			
$R_C=1.2\ \text{k}\Omega$			

(4) 测量输入电阻

参考输入电阻测量原理图,保持放大电路静态工作点不变。将函数信号发生器的输出接在 u_s 端,u_s 端与放大电路输入 u_i 之间串入 10 kΩ 的电阻 R。增大函数信号发生器输出 u_s 的峰-峰值,并利用示波器同时观察 u_i 和 u_o 的波形,使放大电路的输入电压 u_i 的有效值仍为 10 mV。利用数字万用表测量此时 u_s 的有效值,或者根据函数信号发生器屏幕的显示值理论计算得到,将测试结果填入表 4.8 中。实验过程中,确保输出波形不失真。

表 4.8　输入电阻的测量数据记录

u_i 的有效值	负载	u_s 的有效值	r_i
10 mV	$R_L=2.4\ \text{k}\Omega$		
	$R_L=\infty$		

(5) 测量幅频特性

保持放大电路最佳静态工作点不变,断开负载电阻 R_L,以 $f=1$ kHz 为基本频率,分别向上和向下调节频率,测量出放大电路上限频率 f_H 和下限频率 f_L,并绘制幅频特性曲线。

注意:测量过程中始终用示波器监测输入输出电压,保持输入电压信号的有效值为 10 mV。

(6) 静态工作点对输出波形非线性的影响

保持放大电路最佳静态工作点不变,保持输入信号 u_i 的频率为 1kHz,逐渐增大输入信号 u_i 的有效值,使得输出电压 u_o 足够大且没有失真。保持此时输入

信号 u_i 的有效值不变,通过调节滑动变阻器 R_{P1},分别增大和减小 R'_{b2} 的大小,使波形出现失真。绘制失真情况下的输出波形,并分析失真类型。

4. 实验思考

(1) 如果测量时发现放大倍数 A_u 远小于设计值,可能是什么原因造成的?

(2) 总结失真类型的判断方法,当本实验中的放大电路的输出出现削顶失真时,电路为截止失真,还是饱和失真?这一结论适用于由 PNP 管构成的共射极放大电路吗?请说明理由。

(3) 测量放大电路输入电阻时,若串联电阻的阻值比其输入电阻的值大很多(或很小),对测量结果有何影响?

(4) 能否用数字万用表测量放大电路的电压放大倍数和幅频特性?为什么?

5. 实验报告

(1) 画出实验电路图,整理实验数据,画出波形曲线。

(2) 分析静态工作点对放大电路输出电压波形的影响,以及分压式偏置电路稳定静态工作点的原理。

(3) 分析 R_C 和 R_L 对放大电路电压放大倍数的影响。

(4) 讨论负反馈对放大电路电压放大倍数、输入电阻、输出电阻及幅频特性的影响。

(5) 总结放大电路主要性能指标的测试方法。

(6) 回答思考题。

4.3 集成运算放大器的基本运算电路设计

1. 实验目的

(1) 掌握集成运算放大器的正确使用方法。

(2) 掌握集成运算放大器的工作原理和基本特性。

(3) 学习集成运算放大器基本运算电路的调试和测量方法。

2. 实验预习

(1) 复习集成运算放大器的基本理论知识。

(2) 根据设计要求绘制基本运算电路的电路原理图,列出运算表达式,标识元器件参数。

(3) 要求掌握±12 V 电源的连接方法。

3. 实验原理

集成运算放大器是具有高开环电压放大倍数的多级直接耦合放大器。集成运算放大器的应用从工作原理上可分为线性应用和非线性应用两个方面。在线性工作区内,其输出电压 u_o 与输入电压 u_i 之间的电压之差成正比。即

$$u_o = A_{uo}(u_+ - u_-) = A_{uo}u_i$$

由于集成运算放大器的放大倍数 A_{uo} 非常高,若使 u_o 为有限值,必须引入深度负

反馈，使电路的输入输出成比例，因此构成了集成运算放大器的线性基本运算电路。

理想运放在线性应用时具有以下重要特征：

- 理想运放的同相和反相输入端电流近似为零。
- 理想运放在作线性放大时，两输入端电压近似相等。

通用集成运算放大器 μA741 的引脚排列及引脚功能如图 4.7 所示。引脚 2 为运放反相输入端，引脚 3 为同相输入端，引脚 6 为输出端，引脚 7 为正电源端，引脚 4 为负电源端。引脚 1 和引脚 5 为输出调零端，8 引脚为空脚。

集成运算放大器 LM324 的引脚排列如图 4.8 所示，该芯片内部含有 4 个集成运放，分别用序号 1、2、3、4 表示。其中 U_+为正电源、U_-为负电源，IN_-为反向输入端，IN_+为同相输入端，OUT 为输出端。

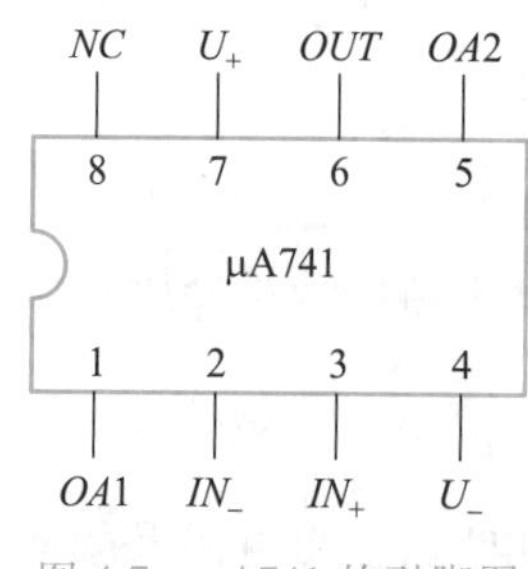

图 4.7　μA741 的引脚图

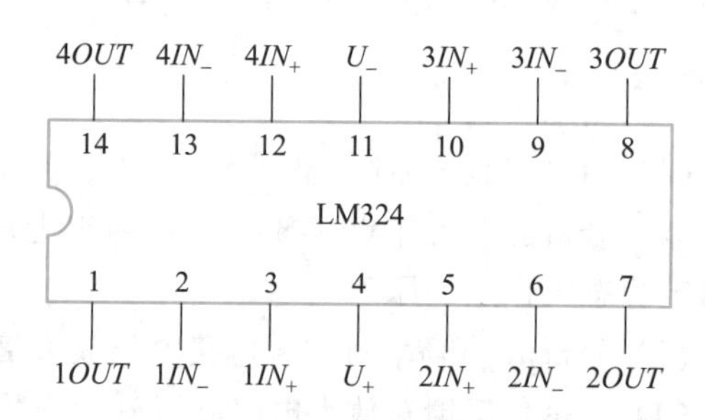

图 4.8　LM324 引脚图

4－5 视频：反相比例运算电路

（1）反相比例运算电路

输入信号 u_i 由反相端输入，电路如图 4.9 所示，在理想条件下，闭环电压放大倍数为 $A_{uf}=-R_F/R_1$。增益要求确定后，R_F 与 R_1 的比值即确定，当 $R_F=R_1$ 时，放大器的输出电压等于输入电压的负值，具有反相跟随的作用，称之为反相器。

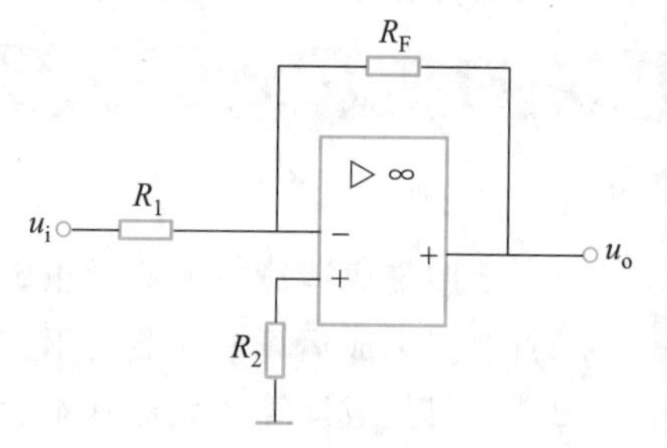

图 4.9　反相比例运算电路

★设计举例

设计反相比例运算电路，要求输出与输入满足解析式 $u_o=-10u_i$，且电阻 $R_F=100\ \text{k}\Omega$。要求写出设计过程，绘制电路原理图，并进行实验验证。

根据题目要求以及反相比例运算电路的电压放大倍数公式，选取电路元器件参数为 $R_1=10\ \text{k}\Omega$，$R_2=10\ \text{k}\Omega$，$R_F=100\ \text{k}\Omega$。电路原理图的绘制可参考图 4.9。

① 根据设计好的电路原理图，连接实验电路，接通电源。

② 根据表 4.9 所示，通过直流信号源模块输入直流信号，利用万用表测量输出电压，记录实验数据并将测量值与计算值进行对比验证。

表 4.9　反相比例运算电路直流放大倍数的测量

直流信号源 U_I/V	−0.6	0.3	0.5	0.8
输出电压 U_O/V	6.12	−3.09	−5.07	−7.98
直流放大倍数	约为−10	约为−10	约为−10	约为−10

③ 断开直流输入信号，调节函数信号发生器，使之输出频率为 1 kHz，峰-峰值为 400 mV，偏移量为 0 V 的正弦交流信号，接到输入端 u_i。

④ 利用示波器观测输出电压 u_o 和输入电压 u_i 波形，测量峰-峰值和周期。

⑤ 示波器显示结果如图 4.10 所示，示波器 1 通道为输入 u_i 波形，示波器 2 通道为输出 u_o 波形，二者相位反相，输入信号的峰-峰值为 400 mv，输出信号的峰-峰值为 4.18 V，周期约为 1 ms，放大倍数约为-10 倍。

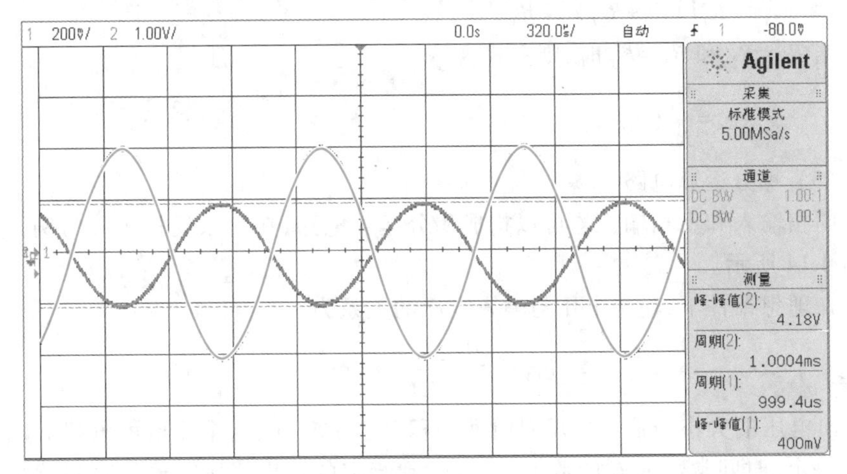

图 4.10　反相比例运算电路实验结果

（2）同相比例运算电路

输入信号 u_i 由同相端输入，电路如图 4.11 所示，在理想条件下，闭环电压放大倍数为 $A_{uf}=1+R_F/R_1$，当 R_F 为有限值时，放大器增益恒大于 1。当 $R_1\to\infty$（断开）或 $R_F=0$ 时，同相比例运算电路具有同相跟随的作用，称之为电压跟随器。电压跟随器具有输入阻抗高，输出阻抗低的特点，具有阻抗变换的作用，常用来作缓冲或隔离。

4-6 视频：同相比例运算电路

（3）加法运算电路

如果在集成运放的反相输入端增加多个输入电路，则构成了反相加法运算电路，如图 4.12 所示。

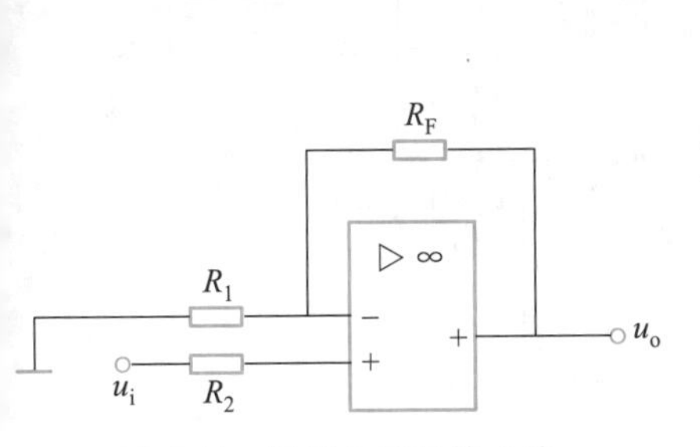

图 4.11　同相比例运算电路

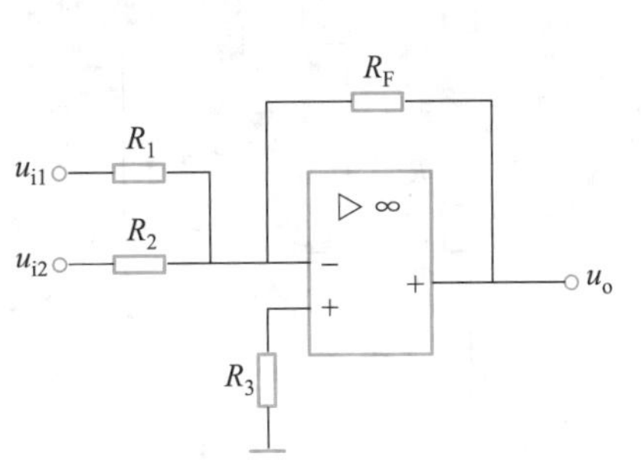

图 4.12　反相加法运算电路

反相加法运算电路的输出电压为

$$u_o=-\left(\frac{R_F}{R_1}u_{i1}+\frac{R_F}{R_2}u_{i2}\right)$$

当 $R_1=R_2=R_F$ 时，$u_o=-(u_{i1}+u_{i2})$。

4-7 视频：减法运算电路

(4) 减法运算电路

减法运算电路实际上是反相比例运算电路和同相比例运算电路的组合，电路如图 4.13 所示。在理想条件下，输出电压与各输入电压的关系为

$$u_o=\left(1+\frac{R_F}{R_1}\right)\left(\frac{R_3}{R_2+R_3}\right)u_{i2}-\frac{R_F}{R_1}u_{i1}$$

当 $R_1=R_2$ 和 $R_F=R_3$ 时，则上式为

$$u_o=\frac{R_F}{R_1}(u_{i2}-u_{i1})$$

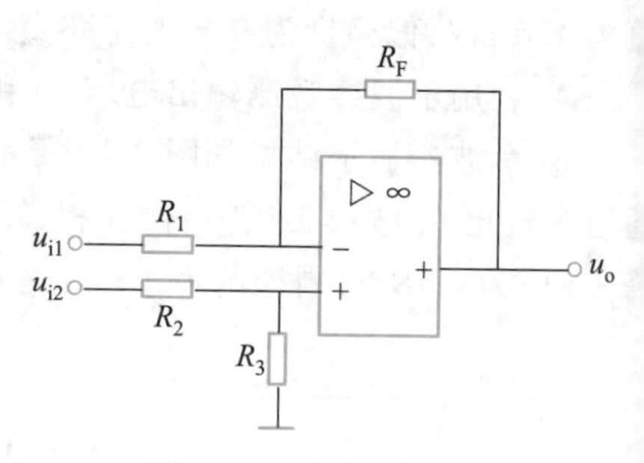

图 4.13 减法运算电路

(5) 积分运算电路

同相输入和反相输入均可以构成积分运算电路，在此以反相积分为例，电路如图 4.14 所示。

在理想条件下，输出电压与输入电压的关系为

$$u_o(t)=-\frac{1}{R_1C}\int u_i(t)\,dt$$

即输出电压的大小与输入电压对时间的积分值成正比，这个比值由电阻 R_1 和电容 C 决定，时间常数 R_1C 的数值越大，达到给定的输出值所需要的时间就越长。式中的负号表示输出与输入电压的反相关系。

实际应用中，通常在积分电容上并联一个较大阻值的电阻，目的是为了降低电路的低频电压增益、旁路直流量，从而消除积分电路的饱和现象。

(6) 微分运算电路

微分运算是积分运算的逆运算，只需将反相输入端的电阻和反馈电容调换位置，就成为微分运算电路，电路如图 4.15 所示。

在理想条件下，输出电压与输入电压的关系为

$$u_o(t)=-R_FC\frac{du_i(t)}{dt}$$

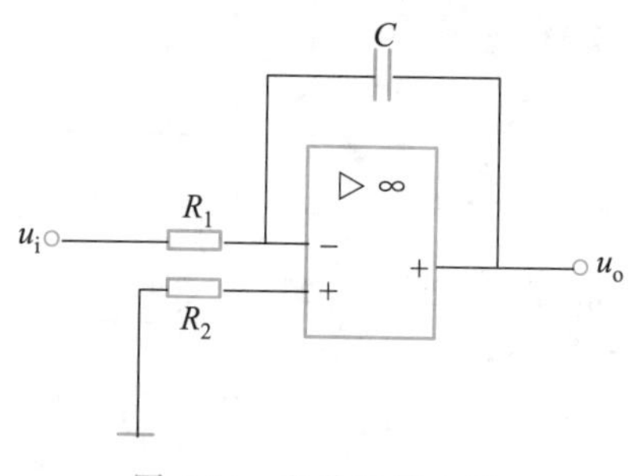

图 4.14 积分运算电路

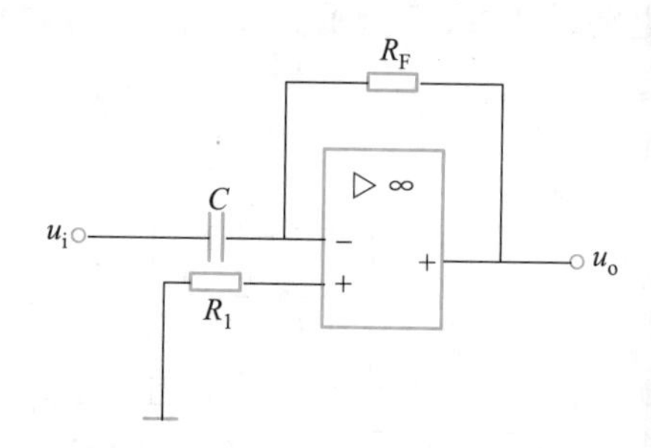

图 4.15 微分运算电路

4. 实验设备

直流稳压电源	1 台
数字万用表	1 块
示波器	1 台

函数信号发生器 1台
电子技术实验平台 1块

. 注意事项

（1）集成运算放大器芯片的电源为正负对称电源，注意不要接错。
（2）实验过程中，每当换接电路时，必须首先断开电源，严禁带电操作。

. 实验内容

（1）反相比例运算电路

设计反相比例运算电路，要求输出与输入满足解析式 $u_o=-2u_i$。要求写出设计过程，绘制电路原理图，进行实验验证。按照表4.10记录实验结果。

表4.10 反相比例运算电路交流放大倍数的测量

u_i 的峰-峰值/V	输入电压 u_i 和输出电压 u_o 的波形	交流放大倍数
0.5		
1		

（2）同相比例运算电路

设计同相比例运算电路，要求输出与输入满足解析式 $u_o=4u_i$，且电阻 $R_F=$ 00 kΩ。要求写出设计过程，绘制电路原理图。

① 根据设计好的电路原理图，连接实验电路，接通电源。

② 根据表4.11所示，通过直流信号源模块输入直流信号，利用万用表测量输出电压，记录实验数据，并将测量值与计算值进行对比验证。

表4.11 同相比例运算电路直流放大倍数的测量

直流信号源 U_I/V	-1	-0.5	0.5	1.5
输出电压 U_O/V				
直流放大倍数				

③ 断开直流输入信号，调节函数信号发生器，使之输出频率为1 kHz，峰-峰值为表4.12中给定的正弦波信号，接到输入端 u_i。

④ 利用示波器观测输出电压 u_o 和输入电压 u_i 波形，测量峰-峰值和频率。

⑤ 根据示波器显示结果，记录 u_i 和 u_o 波形，注意二者的相位关系。

注意：正弦波信号的偏移量应为0 V。

表4.12 同相比例运算电路交流放大倍数的测量

u_i 的峰-峰值/V	输入电压 u_i 和输出电压 u_o 的波形	交流放大倍数
2		
4		

（3）加法运算电路

设计加法运算电路，要求输出与输入满足解析式 $u_o=-2(u_{i1}+u_{i2})$，且电阻 $R_F=20$ kΩ。要求写出设计过程，绘制电路原理图。

① 按照设计的电路，连接好导线，接通电源。

② 自拟直流电压放大倍数测量表格，利用万用表的直流电压挡测量输出电压，记录实验数据，对比验证测量值与计算值。

③ 调节函数信号发生器，使之输出峰-峰值为 3 V，偏移量为 1.5 V，频率为 1 kHz 的正弦波加到输入端 u_{i1}，利用实验平台的可调直流信号源给出-1.5 V 的直流电压加到 u_{i2}，利用示波器观察输入 u_{i1} 和输出 u_o 的波形，绘制上述波形。

（4）减法运算电路

设计减法运算电路，要求输出与输入满足解析式 $u_o=5(u_{i2}-u_{i1})$，且电阻 $R_F=100\ \text{k}\Omega$。要求写出设计过程，绘制电路原理图。

① 按照设计的电路接线，接通电源。

② 自拟直流电压放大倍数测量表格，利用万用表的直流电压挡测量输出电压，记录实验数据，对比验证测量值与计算值。

③ 利用实验平台的可调直流信号源给出+1 V 的直流电压，加到输入信号 u_{i1} 端，调节函数信号发生器使之输出频率为 1 kHz，峰-峰值 $U_{P-P}=1$ V 的交流正弦波，加到输入信号的 u_{i2} 端，利用示波器观察输入 u_{i2} 端和输出波形，并记录波形。

（5）调节信号发生器，使之输出峰-峰值为 4 V、频率为 1 kHz 的正弦波，再将信号发生器接到图 4.16 所示的电位器处，减法运算电路的输入端 u_{i1} 和 u_{i2} 按图示连接。用示波器的两个通道同时监测 u_{i1} 和 u_{i2}，将 u_{i1} 峰-峰值调至表 4.13 要求的大小。再用示波器的两个通道同时监测 u_{i2} 和 u_o，绘制二者波形，要求体现相位关系，记录峰-峰值。

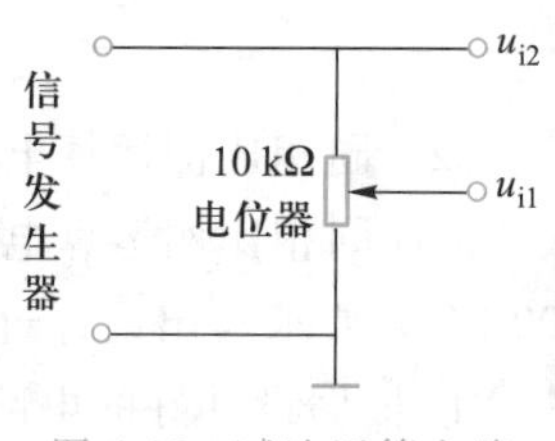

图 4.16　减法运算电路输入信号接法

表 4.13　减法运算电路交流放大倍数的测量

u_{i2} 的峰-峰值	4 V	4 V
u_{i1} 的峰-峰值	1 V	2 V
u_{i2} 和 u_o 的波形		
u_{OPP} 的测量值		
u_{OPP} 的理论计算值		

（6）积分电路

实际的积分电路如图 4.17 所示，按照电路原理图连接实验电路（先不接 100 kΩ 电阻），在 u_i 端加入频率为 1 kHz、峰-峰值为 2 V 的方波，用示波器观察输出波形，若示波器所用通道选择直流耦合方式，会发现输出 u_o 波形向上或向下漂移，然后在积分电容 C 上并联 100 kΩ 电阻，继续用示波器观察输入输出的波形。

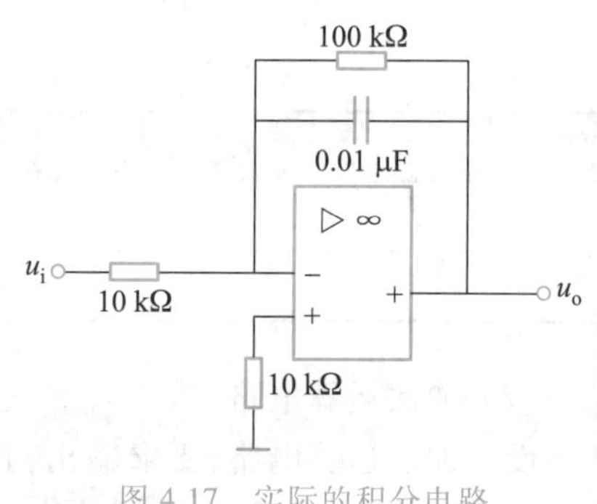

图 4.17　实际的积分电路

① 推导输出 u_o 的解析表达式。

② 利用示波器观测输入输出波形，并测量周期和峰-峰值，绘制输入输出波形。

③ 将电容更改为 0.1 μF，利用示波器观测输入输出波形，并测量周期和峰-峰值，绘制输入输出波形。

(7) 微分电路

实际的微分电路如图 4.18 所示，由于电容 C 的容抗随输入信号的频率升高而减小，因此输出电压随频率升高而增加，为限制电路的高频电压增益，在输入端与电容 C 之间加入一个小电阻。

① 根据电路原理图推导 u_o 的解析表达式。

② 按照电路原理图选择元器件，连接电路。

③ 调节函数信号发生器，使之输出频率为 1 kHz，峰-峰值为 600 mV 的三角波，作为电路的输入电压 u_i。

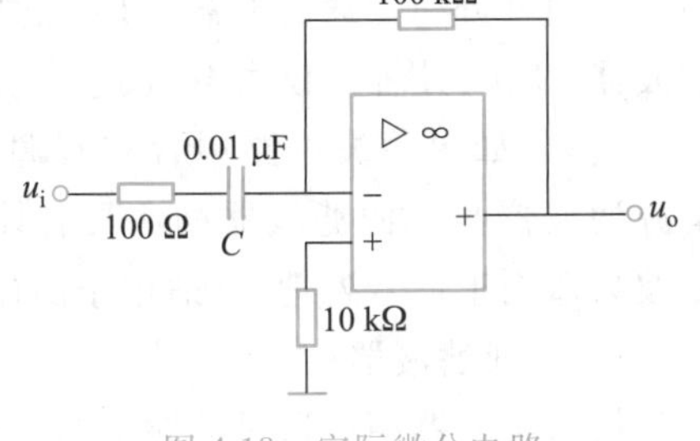

图 4.18　实际微分电路

④ 检查无误后接通电源。

⑤ 利用示波器观测输入输出电压波形，并测量周期和峰-峰值，绘制输入输出波形。

⑥ 将电容更改为 0.1 μF，观察输出波形的变化。

7. 实验思考

(1) 在反相比例运算电路实验中，如果发现运算放大器的输出与理论值相差很多，接近电源的负电源电压是什么原因造成的？

(2) 实际积分电路中输入方波信号，输出三角波信号的幅度大小受哪些因素制约？

(3) 实际积分电路中，为什么要在积分电容两端并联较大阻值的电阻？

8. 实验报告

(1) 根据每项实验内容的要求书写实验报告。

(2) 画出实验电路图，整理实验数据。

(3) 在同一坐标系中绘制输入与输出电压的波形，要求标注幅度、周期和相位关系。

4.4　集成运算放大器的信号处理应用电路

1. 实验目的

(1) 掌握集成运算放大器信号处理应用电路的特点。

(2) 掌握电压比较器电路的特点和电路的输出规律。

(3) 掌握集成运算放大器非线性应用电路转移特性曲线的绘制方法。

(4) 熟悉由集成运放和阻容元件组成的有源滤波器的原理。

(5) 学习 RC 有源滤波器的设计及电路调试方法。

2. 实验预习

(1) 复习有源滤波器、电压比较器的理论知识。

(2) 根据实验内容绘制电路原理图,列出运算表达式,标识元器件参数。

3. 实验原理

(1) 有源滤波器

滤波电路是一种选频电路,即对信号的频率具有选择型,能够使特定频率范围的信号通过,而使其他频率的信号大大衰减以阻止其通过。滤波电路按工作频率范围可分为低通滤波器(LPF)、高通滤波器(HPF)、带通滤波器(BPF)、带阻滤波器(BEF)几种。仅由电阻、电容、电感这些无源元件组成的滤波电路称为无源滤波器;如果滤波电路中含有有源器件(如集成运放等)则称为有源滤波器。有源滤波器与无源滤波器相比具有体积小、效率高、频率特性好等优点,但有源滤波只适用于信号处理,不适用于高压大电流的情况。

1) 低通滤波器。

低通滤波器用来通过低频信号,衰减或抑制高频信号。图 4.19 所示为一阶有源低通滤波器,由 RC 滤波环节与同相比例运算电路组成,传递函数为

$$G(s)=\left(1+\frac{R_F}{R_1}\right)\cdot\frac{1}{1+sRC}$$

滤波器的截止频率为 $f_0=\frac{1}{2\pi RC}$,为了改善滤波效果,使 $f>f_0$ 时信号衰减得更快,在一阶低通滤波器的基础上再增加一级 RC 电路就构成了二阶有源低通滤波器,如图 4.20 所示。二阶有源低通滤波器的传递函数为

$$G(s)=\left(1+\frac{R_F}{R_1}\right)\cdot\frac{1}{1+3sRC+(sRC)^2}$$

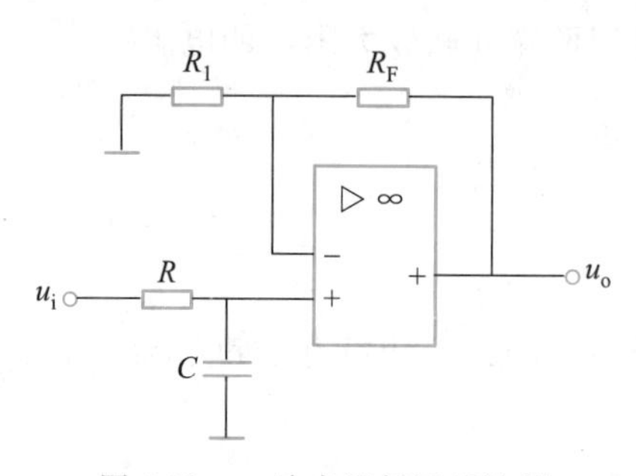

图 4.19 一阶有源低通滤波器

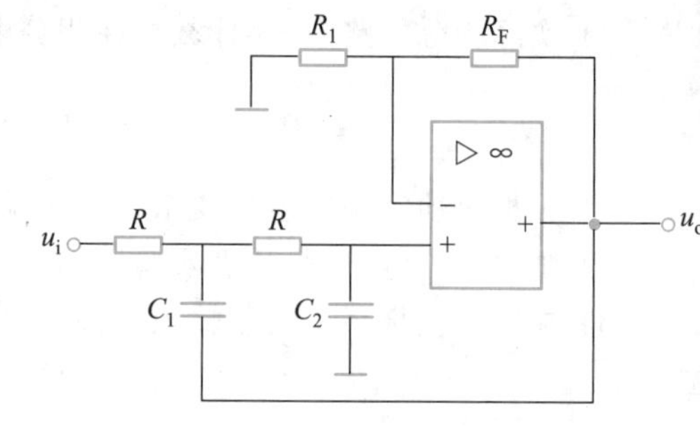

图 4.20 二阶有源低通滤波器

2) 高通滤波器。

高通滤波器允许输入信号中高于截止频率的信号成分通过,抑制低频信号。将 RC 低通滤波器中 R 和 C 的位置互换,就可以得到 RC 高通滤波器,两者在电路结构上存在对偶关系。一阶有源高通滤波器如图 4.21 所示,二阶有源高通滤波器如图 4.22 所示。

一阶有源高通滤波器的传递函数为

$$G(s)=\left(1+\frac{R_F}{R_1}\right)\cdot\frac{1}{1+1/sRC}$$

二阶有源高通滤波器的传递函数为

$$G(s)=A_{up}(s)\cdot\frac{(sRC)^2}{1+[3-A_{up}(s)]sRC+(sRC)^2}$$

式中：二阶高通滤波器的通带增益为 $A_{up}=1+\frac{R_F}{R_1}$，截止频率为 $f_c=\frac{1}{2\pi RC}$，等效品质因数为 $Q=\frac{1}{3-A_{up}}$。

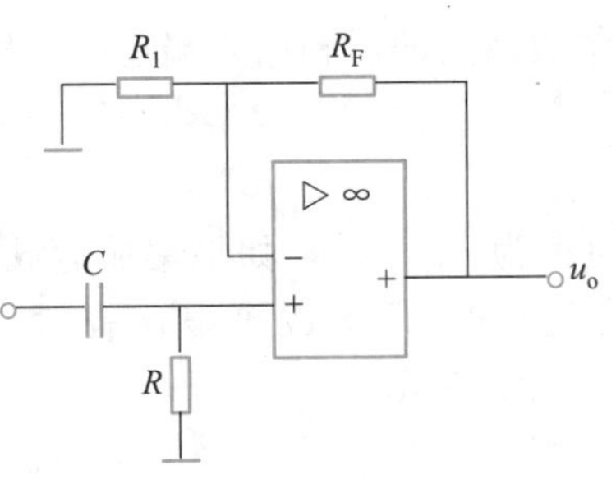
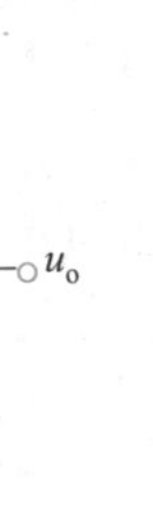

图 4.21　一阶有源高通滤波器

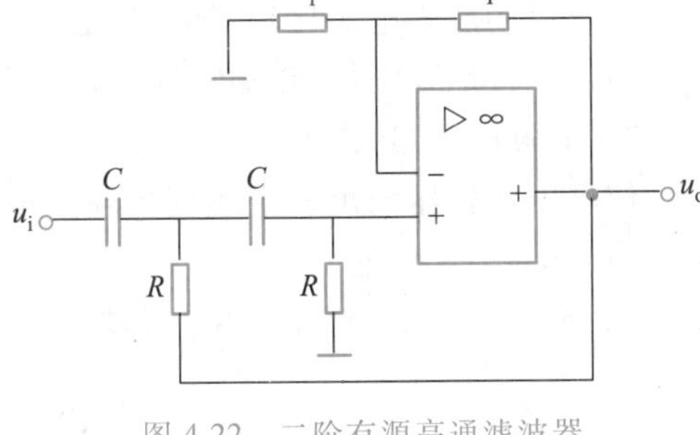

图 4.22　二阶有源高通滤波器

（2）电压比较器

当集成运算放大器工作在开环或引入正反馈时，输出电压将超出运算放大器输出电压的范围，其输出电压 u_o 与输入电压 $u_i=u_+-u_-$ 之间不再符合线性关系，即使输入加入微小信号电压，也足以使得输出达到饱和（小于并接近正或负电源电压）。

当 $u_+>u_-$ 时

$$u_o=+U_{O\max}$$

当 $u_+<u_-$ 时

$$u_o=-U_{O\max}$$

由上式可得出运算放大器非线性应用时的转移特性曲线如图 4.23 所示。

电压比较器是集成运算放大器非线性应用的基础，是对电压幅值进行比较的电路。它将一个模拟量电压信号和一个参考电压相比较，在两者幅度相等的附近，输出电压将产生跃变，相应输出高电压或低电平。

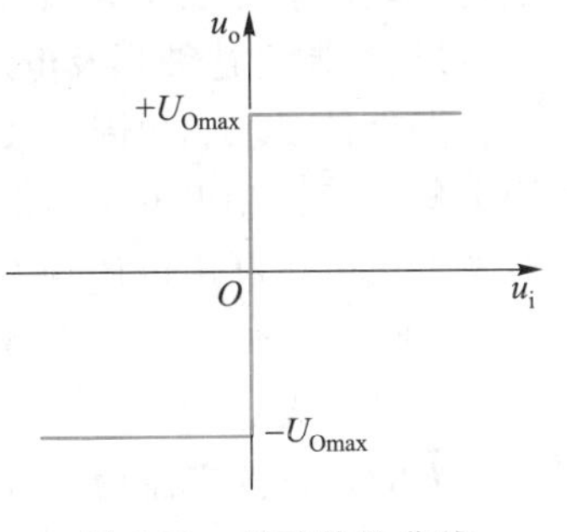

图 4.23　转移特性曲线

1）过零比较器。

过零比较器是一种最简单的电压比较器，如图 4.24 所示。集成运放的同相输入端接地，即参考电压为零，输入信号每次经过零点时输出都会产生跳变。图中的双向稳压管起限幅作用，即限定集成运放输出电压的幅值。

过零比较器的电压传输特性如图 4.25 所示，图中 U_Z 为稳压管的稳定电压值。

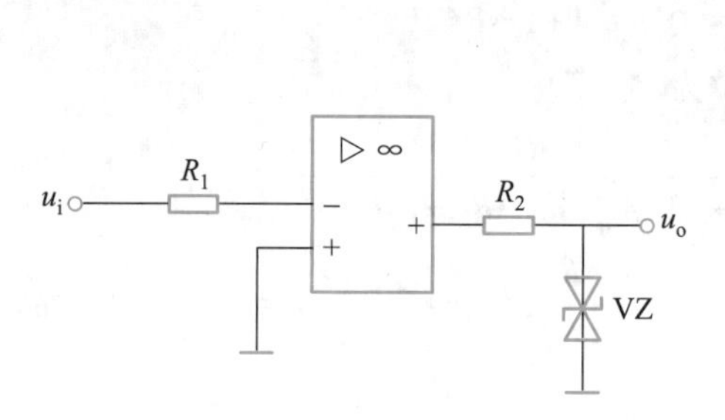

图 4.24 过零比较器

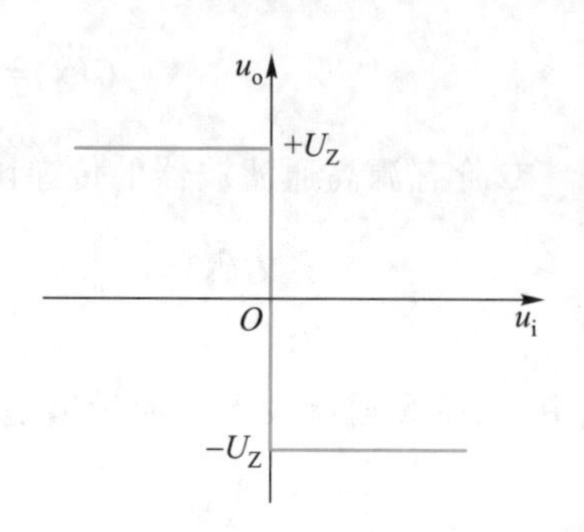

图 4.25 过零比较器电压传输特性

对于上述过零电压比较器电路，也可以从集成运放的同相输入端输入信号，反相输入端接地，其电压传输特性也随之变化。

2）单限比较器。

使电压比较器输出发生跳变的输入电压值称为阈值电压，如果集成运放的某个输入端不是接地，而是与一个参考电压源相连，即构成单限比较器，如图 4.26 所示。单限比较器的电压传输特性如图 4.27 所示。

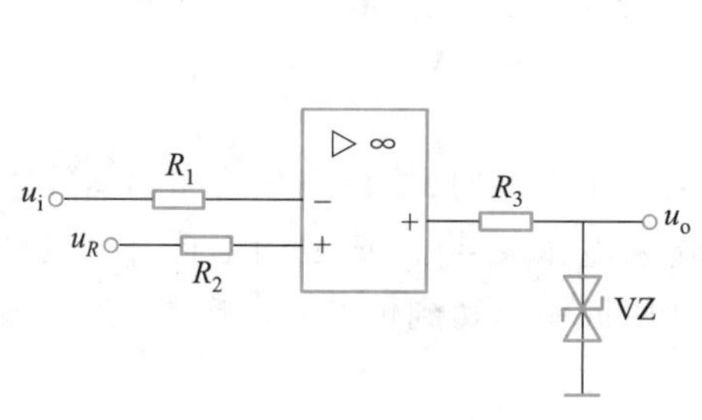

图 4.26 单限比较器

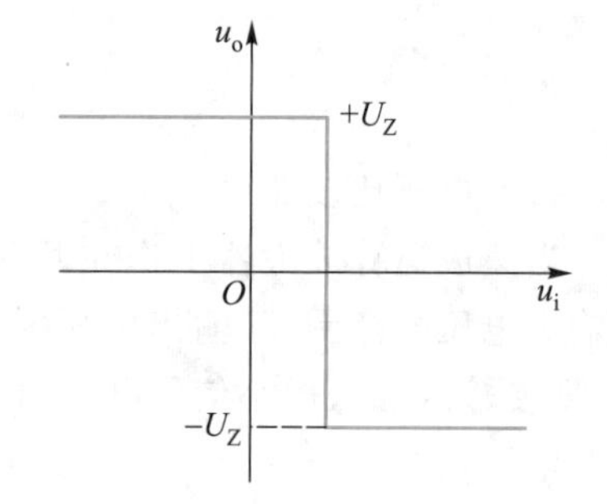

图 4.27 单限比较器的电压传输特性

★设计举例

设计一个反相输入的单限电压比较器，要求输出电压的峰-峰值约为 13 V，反相输入端输入频率为 200 Hz，峰-峰值为 5 V，偏移量为 0 V 的正弦交流信号，同相输入端的参考电压分别为 1 V。连接实验电路，利用示波器观测输入、输出电压波形，绘制上述波形及电压传输特性曲线。

根据设计要求和单限比较器电路图，选择两个 6.2 V 稳压管构成双向限幅电路限定集成运放输出电压的幅值，绘制电路原理图。连接实验电路，同相输入端的参考直流电压利用可调直流信号源模块实现。反相输入端与调节函数信号发生器，使之输出要求的正弦交流信号，并与集成运放的反相输入端相连。

参考电压设定为 1 V，利用示波器观测输入、输出电压波形，如图 4.28 所示。通道 1 为输入正弦交流信号，通道 2 为输出电压信号。当输入信号正弦波的幅度达到阈值电压 1 V 时，单限比较器输出发生跳变，在双向限幅电路的作用下，输出电压的峰-峰值稳定在 13 V 左右。

更改示波器的水平时基设置为“X-Y”模式，此时示波器显示的是该单限电压比较器的电压传输特性曲线，如图 4.29 所示。水平 *X* 轴为输入电压信号，垂直 *Y* 轴为输出电压信号，可以看出在输入电压为 1 V 时，输出电压发生跳变。

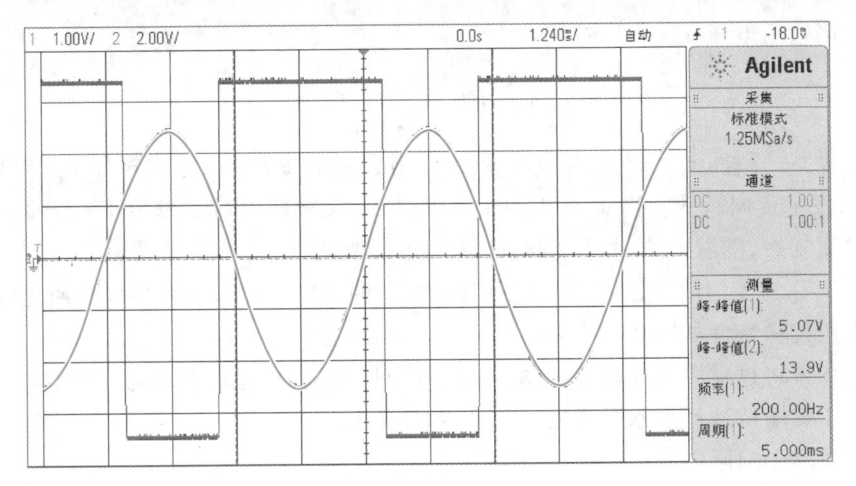

图 4.28　单限电压比较器实验结果

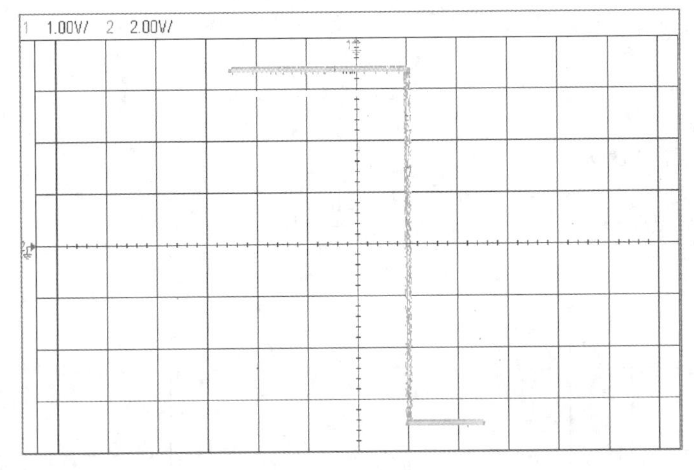

图 4.29　单限电压比较器电压传输特性实验结果

3）滞回比较器。

过零滞回比较器电路图如图 4.30 所示。

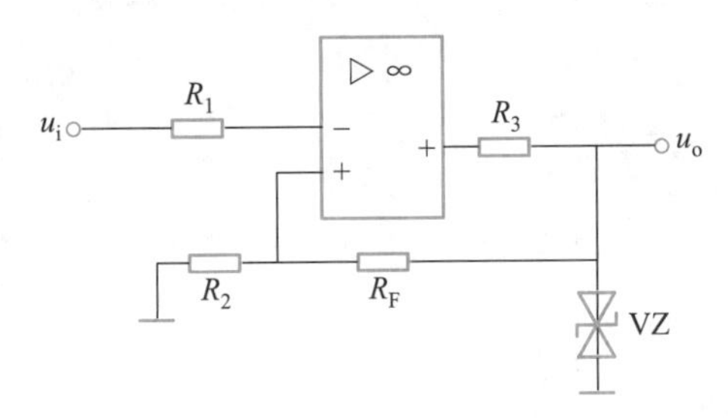

图 4.30　过零滞回比较器

输入电压 u_i 加到反相输入端，从输入端通过电阻 R_F 连到同相输入端以实现正反馈，稳压管 VZ 的稳定电压为 U_Z。

当输出电压 $u_o=+U_Z$ 时

$$u_+=U'_+=\frac{R_2}{R_2+R_F}U_Z$$

当输出电压 $u_o=-U_Z$ 时

$$u_+=U''_+=-\frac{R_2}{R_2+R_F}U_Z$$

设某一瞬间 $u_o=+U_Z$，当输入电压 u_i 增大到 $u_i \geqslant U'_+$ 时，输出电压 u_o 转变为 $-U_Z$，发生负向跃变。当 u_i 减小到 $u_i \leqslant U''_+$ 时，u_o 又转变为 $+U_Z$，发生正向跃变。如此周而复始，随着 u_i 的大小变化，u_o 为一矩形波电压。

U'_+ 称为上门限电压，U''_+ 称为下门限电压，两者之差称为回差。该滞回比较器的电压传输特性如图 4.31 所示。

如果将过零滞回比较器的同相输入端电阻 R_2 的接地端更改为参考电压 U_R，则电压传输特性产生水平方向的移动，如图 4.32 所示。

此时上门限电压 U'_+ 为

$$U'_+=\frac{R_F}{R_2+R_F}U_R+\frac{R_2}{R_2+R_F}U_Z$$

下门限电压 U''_+ 为

$$U''_+=\frac{R_F}{R_2+R_F}U_R-\frac{R_2}{R_2+R_F}U_Z$$

回差电压 ΔU 为

$$\Delta U=\frac{2R_2}{R_2+R_F}U_Z$$

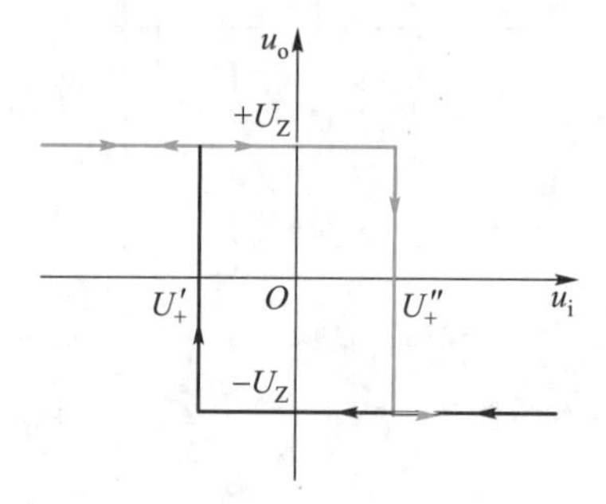

图 4.31 过零滞回比较器电压传输特性

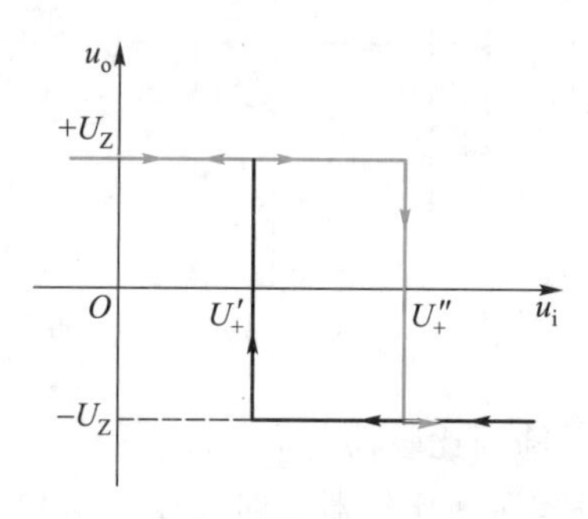

图 4.32 滞回比较器电压传输特性

4. 实验设备

直流稳压电源	1 台
数字万用表	1 块
示波器	1 台
函数信号发生器	1 台
电子技术实验平台	1 块

5. 注意事项

(1) 集成运算放大器芯片的电源为正负对称电源，切不可把正、负电源极性接反或将输出端短路，否则会损坏芯片。

(2) 选择电路元件时，应尽量选取实验板上已有的元件。

(3) 实验过程中，每当换接电路时，必须首先断开电源，严禁带电操作。

5. 实验内容

(1) 低通滤波器

设计一个低通滤波器，要求 $f_c \approx 2$ kHz，通带增益为 2，在 $f=2f_c$ 时幅度衰减要大于 10 dB。要求绘制电路原理图，写出设计过程，进行实验验证。

① 按照设计的电路接线，接通电源后首先调零和消除自激振荡。

② 输入端 u_i 接函数信号发生器，在输出波形不失真的条件下，选取适当幅度的正弦输入信号，在维持输入信号幅度不变的情况下，逐点改变输入信号频率。测量输出电压，记入表 4.14 中。

③ 根据实验数据，绘制幅频特性曲线，并在曲线上找到 f_c 点，与理论计算得到的 f_c 进行比较，说明误差原因。

表 4.14 低通滤波器幅频特性测试记录

	输入幅度/V
f/Hz	
U_o/V	

(2) 高通滤波器

根据一阶高通滤波器的电路原理图，设计一个高通滤波器，要求绘制电路原理图，写出设计过程，进行实验验证。推荐参数为：R_1，R_F = 5.1 ~ 47 kΩ，R = 10 ~ 47 kΩ，C = 0.01 ~ 1 μF，U_{CC} = 12 V。

① 按照设计的电路接线，接通电源后首先调零和消除自激振荡。

② 输入端 u_i 接函数信号发生器，在输出波形不失真的条件下，选取适当幅度的正弦输入信号，在维持输入信号幅度不变的情况下，逐点改变输入信号频率，测量输出电压。根据实验数据，绘制幅频特性曲线，并在曲线上找到 f_c 点，与理论计算得到的 f_c 进行比较，说明误差原因。

(3) 设计同相输入的过零电压比较器

设计一个同相输入的过零电压比较器，按照电路原理图连接实验电路。同相输入端连接频率为 1 kHz、峰-峰值为 2 V 的正弦波信号，利用示波器观测输入、输出电压波形，绘制上述波形以及电压传输特性曲线。

(4) 设计单限电压比较器

设计一个单限电压比较器，按照电路原理图连接实验电路。单限电压比较器的同相输入端连接 1 V 直流电压，反向输入端连接频率为 1 kHz、峰-峰值为 4 V 的正弦波信号，用示波器观测输入、输出电压波形，绘制上述波形以及电压传输特性曲线。

(5) 设计反相输入的滞回比较器电路

设计一个反相输入的滞回比较器电路，要求输出电压的峰-峰值约为 12 V，上门限电压为 3.5 V，下门限电压 1.5 V，回差电压 2 V。要求绘制电路原理图，写出设计过程，连接实验电路。滞回比较器的反相输入端连接频率为 1 kHz、峰-峰值为 5 V、偏移量为 2.5 V 的正弦波信号，用示波器观测输入、输出电压波形，绘制

上述波形以及电压传输特性曲线。

7. 实验思考

（1）如何利用稳压二极管实现电压比较器的输出电压限制在某一特定值？

（2）分析滞回比较器与过零比较器相比有哪些优点。

8. 实验报告

（1）按照实验内容和设计要求撰写实验报告。

（2）绘制电路原理图，整理实验数据，根据实验结果绘制输入、输出电压波形和电压传输特性曲线。

（3）分析滞回电压比较器的工作原理。

4.5 集成运算放大器的波形发生应用电路

1. 实验目的

（1）掌握 *RC* 桥式正弦波振荡电路的原理与设计方法。

（2）熟悉矩形波发生器电路的工作原理。

（3）熟悉三角波发生器电路的工作原理。

（4）了解运放转换速率对振荡波形跳变沿的影响。

2. 实验预习

（1）分析 *RC* 桥式正弦波振荡电路的工作原理，计算符合振荡条件的元器件参数值。

（2）掌握矩形波发生电路的工作原理，根据实验内容，设计电路参数，拟定实验步骤。

3. 实验原理

波形发生电路是集成运算放大器应用的一个重要方面，无须外加输入信号就能自行产生周期变化的波形。集成运算放大器是一种高增益的放大器，只要加入适当的反馈网络，利用正反馈原理，满足振荡的条件，就可以构成正弦波、方波、三角波和锯齿波等各种振荡电路。但由于受集成运放带宽的限制，产生的信号频率一般都在低频范围。

（1）*RC* 桥式正弦波振荡电路

RC 桥式正弦波振荡电路如图 4.33 所示。其中 R_1、C_1、R_2、C_2 为串并联选频网络，连接在集成运放输出端与同相输入端之间，构成正反馈，产生正弦自激振荡。图中 R_3、R_P 及 R_4 为负反馈网络，调节 R_P 可改变负反馈的反馈系数，从而调节放大电路的电压放大倍数，使

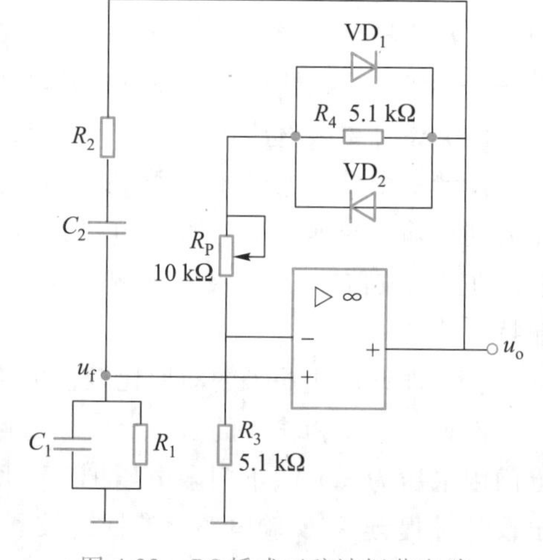

图 4.33　*RC* 桥式正弦波振荡电路

之满足自激振荡的幅度条件。二极管 VD_1、VD_2 的作用是输出限幅，改善输出波形。

1）RC 串并联选频网络的选频特性。

一般取 $R_1=R_2=R$、$C_1=C_2=C$，令 R_1、C_1 并联的阻抗为 Z_1，R_2、C_2 串联的阻抗为 Z_2，$\omega_0=\dfrac{1}{RC}$，则

$$Z_1=\frac{R}{1+j\omega RC},\quad Z_2=R+\frac{1}{j\omega C}$$

正反馈的反馈系数为

$$\dot{F}=\frac{\dot{U}_f}{\dot{U}_o}=\frac{Z_1}{Z_1+Z_2}=\frac{1}{3+j\left(\dfrac{\omega}{\omega_0}-\dfrac{\omega_0}{\omega}\right)}$$

由此可得 RC 串并联选频网络的幅频特性与相频特性分别为

$$F=\frac{1}{\sqrt{3^2+\left(\dfrac{\omega}{\omega_0}-\dfrac{\omega_0}{\omega}\right)^2}}$$

$$\varphi_F=-\arctan\frac{\dfrac{\omega}{\omega_0}-\dfrac{\omega_0}{\omega}}{3}$$

因此，当 $\omega=\omega_0=1/(RC)$ 时，反馈系数的幅值为最大，即 $F=1/3$，而相角 $\varphi_F=0$。

2）起振条件与振荡频率。

由图 4.33 可知，在 $\omega=\omega_0=1/(RC)$ 时，经 RC 串并联选频网络反馈到运放同相输入端的电压 u_f 与输出电压 u_o 同相，满足自激振荡的相位条件。如果此时负反馈放大电路的电压放大倍数 $A_u>3$，则满足 $A_uF>1$ 的幅度条件。电路起振之后，经过放大、选频网络反馈、再放大，使输出电压幅度愈来愈大，最后受电路中器件的非线性限制，使振荡幅度自动地稳定下来，放大电路的电压放大倍数由 $A_u>3$ 过渡到 $A_u=3$，即由 $A_uF>1$ 过渡到 $A_uF=1$，达到幅度平衡状态。

以上分析表明，只有当 $\omega=\omega_0=1/(RC)$、$\varphi_F=0$ 时，才能满足振荡的相位平衡条件，因此振荡频率由相位平衡条件决定，振荡频率为 $f_0=\dfrac{1}{2\pi RC}$。

电路的起振条件为 $A_u>3$，调节负反馈放大电路的反馈系数可使 A_u 略大于 3，满足起振的要求。由图 4.33 可知，调节 R_P 使 $(R_P+R_4)/R_3$ 略大于 2。

如果放大电路的电压放大倍数 A_u 远大于 3，随着振荡幅度的增大，放大电路会进入非线性严重的区域，输出波形会产生较明显的失真。

3）稳幅措施。

为了稳定振荡幅度，通常是在放大电路的负反馈回路里加入非线性元件来自动调整负反馈放大电路的电压放大倍数，从而维持输出电压幅度的基本稳定。图 4.33 中的两个二极管 VD_1、VD_2 便是稳幅元件。当输出电压的幅度较小时，电阻 R_4 两端的电压较小，二极管 VD_1、VD_2 截止。负反馈系数由 R_3、R_P 及 R_4 决定。当输出电压的幅度增加到一定程度时，二极管 VD_1、VD_2 导通，其动态电阻与 R_4 并联，使反馈系数加大，电压放大倍数下降。输出电压的幅度越大，二极管的动

态电阻越小,电压放大倍数也越小,从而维持输出电压的幅度基本稳定。

4-8 视频：矩形波发生电路

(2) 矩形波发生器

矩形波发生器电路如图4.34所示,集成运算放大器、R_1、R_2、R_3、VZ构成双向限幅的滞回电压比较器。VZ是双向稳压二极管,使输出电压的幅度被限制在$+U_Z$或$-U_Z$。R_1和R_2构成正反馈电路,R_2上的反馈电压U_R是输出电压幅度的一部分,与集成运放的同相输入端相连,作为参考电压。该参考电压U_R为

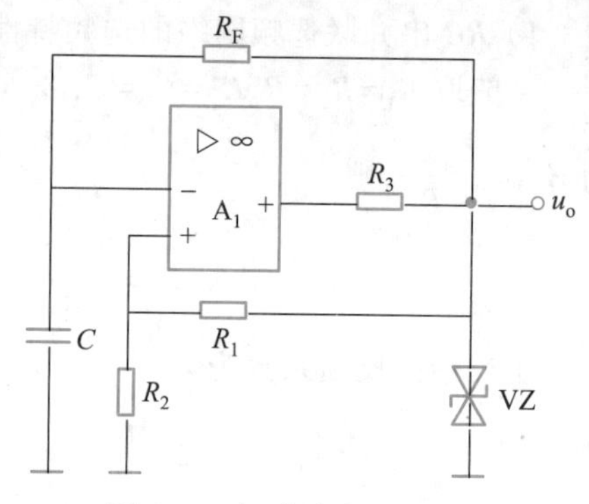

图4.34　矩形波发生器电路

$$U_R=\pm\frac{R_2}{R_1+R_2}U_Z$$

R_F和C构成负反馈电路,u_C加在反相输入端,u_C和U_R相比较而决定u_o的极性。

电路的工作稳定后,当$u_o=+U_Z$时,U_R为正值,这时$u_C<U_R$,u_o通过R_F对电容C充电,u_C按指数规律增长,当$u_C=U_R$时,u_o即由$+U_Z$变成$-U_Z$,U_R也变成负值。电容C开始通过R_F放电,而后反向充电。当充电到$u_C=-U_R$时,u_o即由$-U_Z$又变成$+U_Z$。如此周期性地变化,在输出端即可得到矩形波电压,矩形波的周期为

$$T=2R_FC\ln\left(1+\frac{2R_2}{R_1}\right)$$

由于该电路的电容充放电时间常数相同,因而充放电时间相等,故矩形波的占空比固定为50%。通过改变电容器C的充电和放电时间常数,即可实现占空比可调的矩形波发生器电路。

★设计举例

设计一个矩形波发生电路,要求矩形波的占空比约为50%,输出电压的峰-峰值约为20 V,周期约为2.2 ms。写出设计过程,绘制电路原理图,进行实验验证。绘制电容两端电压波形以及输出电压波形。

根据题目要求和矩形波发生器电路的周期公式,可选取以下参数:

$$R_1=20\ \text{k}\Omega、R_2=10\ \text{k}\Omega、R_F=16\ \text{k}\Omega、C=0.1\ \mu\text{F}$$

由于输出电压的峰-峰值要求为20 V左右,因此输出端无需双向限幅电路,绘制的电路原理图如图4.35所示。

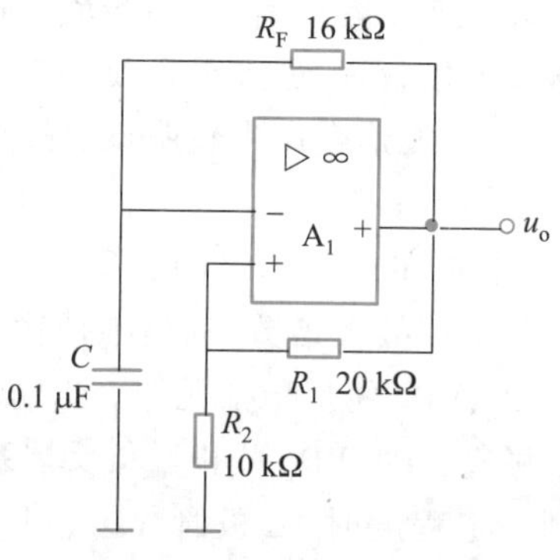

图4.35　矩形波发生器实验电路

利用示波器观测电容两端电压波形以及输出电压波形,如图 4.36 所示。通道 1 为电容两端电压波形,最大电平为 3.6 V,最小电平为-3.4 V。通道 2 为输出端电压波形,占空比为 47.6%,周期为 2.345 6 ms,峰-峰值约为 20 V。

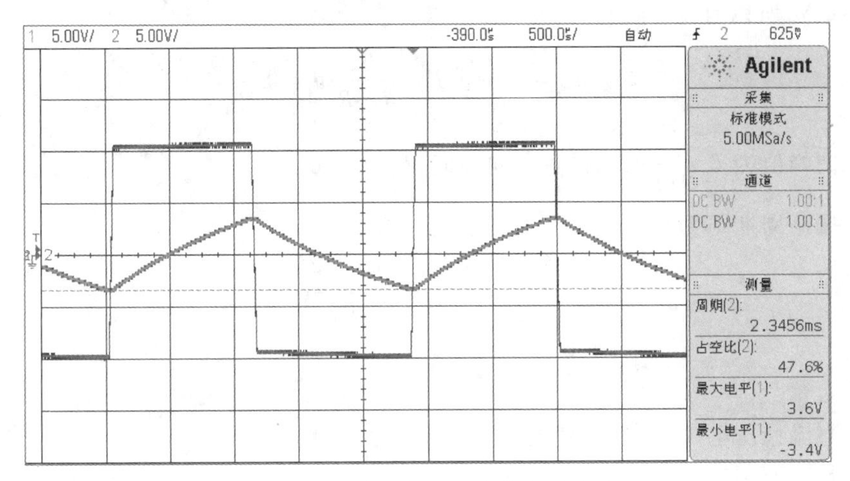

图 4.36　矩形波发生器电路实验结果

(3) 三角波发生器

在上述的矩形波发生器中,将矩形波电压经过积分运算电路后就可以获得三角波。三角波发生器电路如图 4.37 所示,由滞回比较器和积分器闭环组合而成,积分器 A_2 的输出反馈给滞回比较器 A_1,作为滞回比较器的输入。

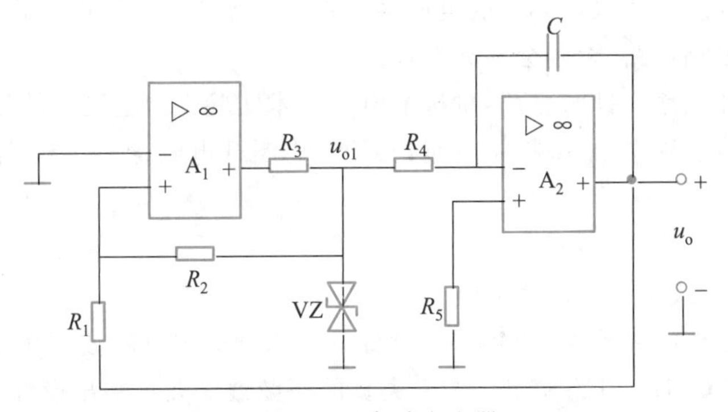

图 4.37　三角波发生器

电路工作稳定后,当 $u_{o1}=+U_Z$ 时,集成运放 A_1 同相输入端的电位为

$$u_{+1}=\frac{R_1}{R_1+R_2}U_Z+\frac{R_2}{R_1+R_2}u_o$$

给积分电容 C 充电,同时 u_o 按线性规律下降,同时拉动集成运放 A_1 的同相输入端电位下降,当集成运放 A_1 的同相输入端电位略低于反相输入端电位(0 V)时,u_{o1}从$+U_Z$ 变为$-U_Z$。当 $u_{o1}=-U_Z$ 时,集成运放 A_1 同相输入端的电位为

$$u_{+1}=\frac{R_1}{R_1+R_2}(-U_Z)+\frac{R_2}{R_1+R_2}u_o$$

电容 C 开始放电,u_o 按线性规律上升,同时拉动集成运放 A_1 的同相输入端电位上升,当集成运放 A_1 的同相输入端电位略大于零时,u_{o1}从$-U_Z$ 变为$+U_Z$。如

此周期性地变化，集成运放 A_1 输出的是矩形波电压 u_{o1}，集成运放 A_2 输出的是三角波电压 u_o。

当输出达到正向峰值 U_{om} 时，此时 $u_{o1}=-U_Z$，集成运放 A_1 的同相输入端电压 $u_{+1}=0$ V，所以有

$$u_{+1}=-\frac{R_1}{R_1+R_2}U_Z+\frac{R_2}{R_1+R_2}u_o=0$$

则正向峰值为 $U_{om}=\frac{R_1}{R_2}U_Z$，同理负向峰值 $-U_{om}=\frac{R_1}{R_2}U_Z$。

振荡周期 T 为

$$T=4R_4C\frac{U_{om}}{U_Z}=\frac{4R_4R_1C}{R_2}$$

4. 实验设备

直流稳压电源	1 台
数字万用表	1 块
示波器	1 台
函数信号发生器	1 台
电子技术实验平台	1 块

5. 注意事项

(1) 集成运算放大器芯片的电源为正负对称电源，切不可把正、负电源极性接反或将输出端短路，否则会损坏芯片。

(2) 选择电路元件时，应尽量选取电子技术实验平台上已有的元件。

(3) 实验过程中，如果换接电路，必须首先断开电源，严禁带电操作。

6. 实验内容

(1) RC 桥式正弦波振荡电路

以集成运算放大器为核心元件，设计一个 RC 桥式正弦波振荡电路，要求振荡频率约为 1.6 kHz，电路输出基本不失真的正弦波。要求写出设计过程，绘制电路原理图，进行实验验证。

1) 根据电路原理图，连接实验电路。

2) 振荡电路的调整。开启 ±12 V 直流稳压电源，将示波器调至适当的挡位后接至输出端 u_o 处，观察振荡电路输出端 u_o 的波形。若无正弦波输出，可缓慢调节电位器 R_P，使电路产生振荡，观察电路输出波形的变化。然后仔细调节电位器 R_P，使电路输出较好的基本不失真的正弦波，进行测量。

3) 正反馈系数 $|F|$ 的测定。将示波器的两个通道分别接在 u_o 和 u_f 端，仔细调节 R_P，在确保两个通道的正弦波不失真的前提下将输出幅度调得尽量大些，测量 u_o 的峰-峰值 U_{opp} 和 u_f 的峰-峰值 U_{fpp}，计算出 $|F|=U_{fpp}/U_{opp}$。

4) 测量振荡频率 f_0。将上述测量结果填写到表 4.15 中，将示波器的两个通道显示的 u_o 和 u_f 的波形画在同一坐标系中，要求体现两个波形之间的相位关系。

表 4.15 *RC* 桥式正弦波振荡电路的测量

U_{opp}	U_{fpp}	$\|F\|$	f_0	u_o 和 u_f 的波形

(2) 矩形波发生器电路

1) 设计一个矩形波发生电路,要求矩形波的占空比约为 50%,输出电压的峰-峰值约为 12 V,周期约为 7 ms。写出设计过程,绘制电路原理图,进行实验验证。绘制电容两端电压波形以及输出电压波形。

2) 占空比可调的矩形波发生器电路

① 按图 4.38 所示的电路选择电路元件,接好电路。

② 接通电源,用示波器测量 u_o 端的矩形波波形,如图 4.39 所示。

③ 按表 4.16 改变 R_1、R_2 和 C_1 的大小,用示波器观察输出矩形波波形的变化,测量并记录高电平时间 T_H、周期 T、峰-峰值 U_{p-p} 和占空比 d。

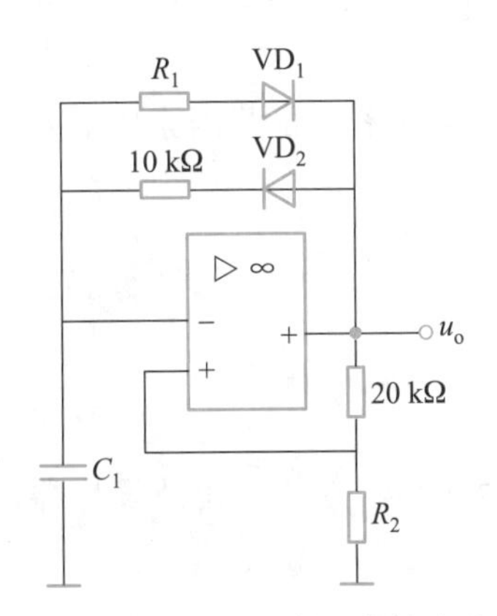

图 4.38 占空比可调的矩形波发生器

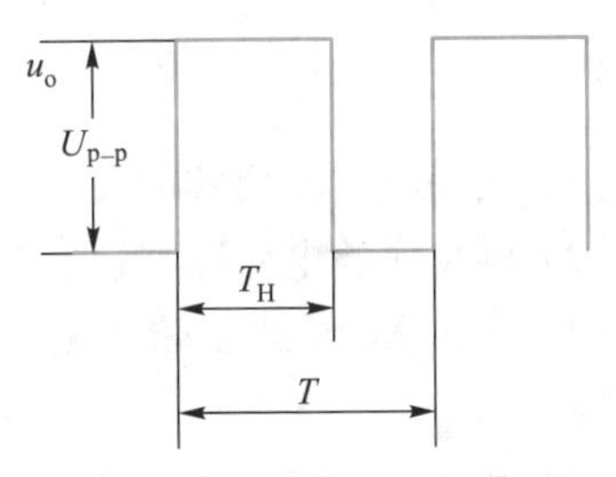

图 4.39 占空比可调的矩形波发生器输出电压波形

表 4.16 占空比可调的矩形波发生器的测量数据

调整参数			测量数据			计算值	
C_1/μF	R_1/kΩ	R_2/kΩ	T/ms	T_H/ms	U_{p-p}/V	f/Hz	d
0.1	51	10					
	2	10					
0.01	51	10					
	2	10					
0.1	51	20					
	2	20					

(3) 方波、三角波发生器电路

1) 按图 4.40 所示的电路原理图选择元器件,连接实验电路。

2) 接通电源,用示波器同时观察 u_{o1} 和 u_o 的波形,如没有波形或波形不正确，检查电路，排除故障。用示波器测量并记录方波和三角波的频率和幅值。

3）将电阻 R_4 的值由 20 kΩ 减小为 10 kΩ，重复上述步骤。

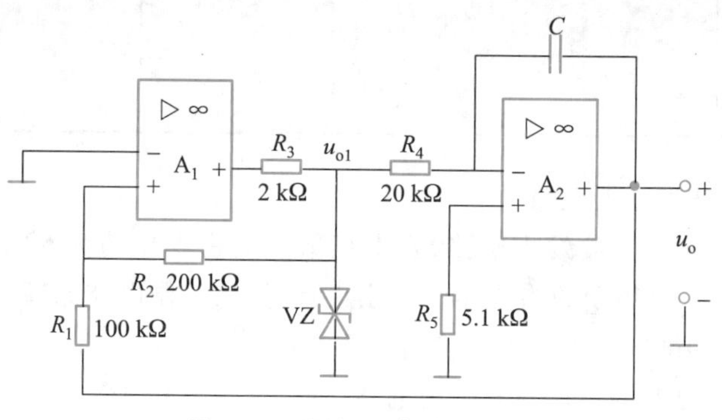

图 4.40　方波、三角波发生器

7. 实验思考

（1）矩形波发生器电路中 C_1 数值增大时，f 和 d 是否变化？改变 R_2 是否引起 f 和 d 的变化？

（2）RC 桥式正弦波振荡电路（见图 4.33）最高频率受哪些因素限制？调节 R_P 对振荡电路的频率是否有影响？

8. 实验报告

（1）按每项实验内容的要求书写实验报告。

（2）画出实验电路图，整理实验数据。

（3）分析 RC 桥式正弦波振荡电路、矩形波发生器、方波三角波发生器的工作原理。

4.6　集成逻辑门及其应用电路

1. 实验目的

（1）掌握**与非**门的基本逻辑功能及使用方法。

（2）掌握由**与非**门实现一些较为复杂的逻辑电路的方法。

（3）通过实验，进一步理解**与非**门逻辑电路的设计过程。

2. 实验预习

（1）复习集成逻辑门的有关内容和理论知识。

（2）要求设计的电路应在实验前完成原理图设计，并拟定实验步骤。

3. 实验原理

与非门是一种应用最为广泛的基本逻辑门电路，由**与非**门可以转换成任何形式的其他类型的基本逻辑门，集成**与非**门输入变量的个数一般为 2～7 个。常用 TTL 系列的**与非**门 74LS00 和 74LS20，输入变量个数分别为 2 和 4，电源电压均为 5V。74LS00 和 74LS20 集成**与非**门的引脚排列如图 4.41 所示，功能表如表 4.17 所示。

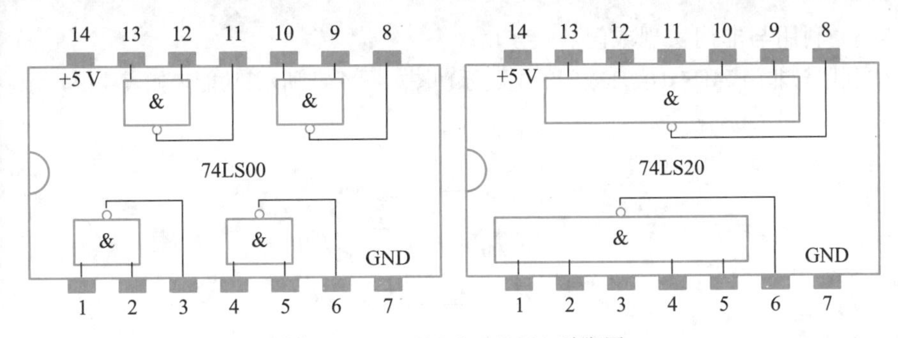

图 4.41　74LS00 和 74LS20 引脚图

表 4.17　74LS00 和 74LS20 功能表

74LS20					74LS00		
输入				输出	输入		输出
0	**1**	**1**	**1**	**1**	**0**	**1**	**1**
1	**0**	**1**	**1**	**1**	**1**	**0**	**1**
1	**1**	**0**	**1**	**1**	**1**	**1**	**0**
1	**1**	**1**	**0**	**1**			
1	**1**	**1**	**1**	**0**			

4－9 视频：与非门的应用

(1) 利用**与非**门转化为其他形式逻辑门

1) 利用**与非**门实现**非**门。

在数字电路中，**与非**门经常被用来作**非**门使用，**与非**门转换为**非**门通常有两种方法：一种是将一个输入端作为**非**门的输入端，其余空输入端接 **1** 电平；另一种是将**与非**门的所有输入端连成一点作为**非**门的输入端。图 4.42 为用四输入**与非**门 74LS20 构成**非**门的两种电路形式，利用**与非**门 74LS00 构成**非**门的方法类似。

2) 利用**与非**门实现**与**门。

利用**与非**门 74LS00 实现**与**门的电路原理图如图 4.43 所示，功能表如表 4.18 所示。

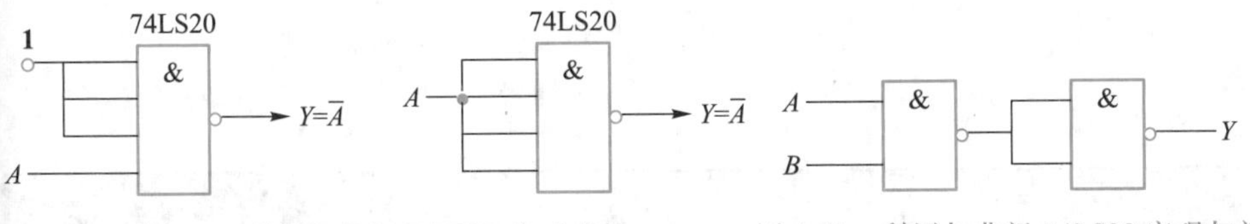

图 4.42　利用与非门 74LS20 构成非门　　图 4.43　利用与非门 74LS00 实现与门

表 4.18　与非门转换为与门的功能表

输入		输出
A	*B*	*Y*
0	**0**	**0**
0	**1**	**0**
1	**0**	**0**
1	**1**	**1**

3）利用**与非**门实现**或**门。

利用**与非**门 74LS00 实现**或**门的电路原理图如图 4.44 所示，功能表如表 4.19 所示。

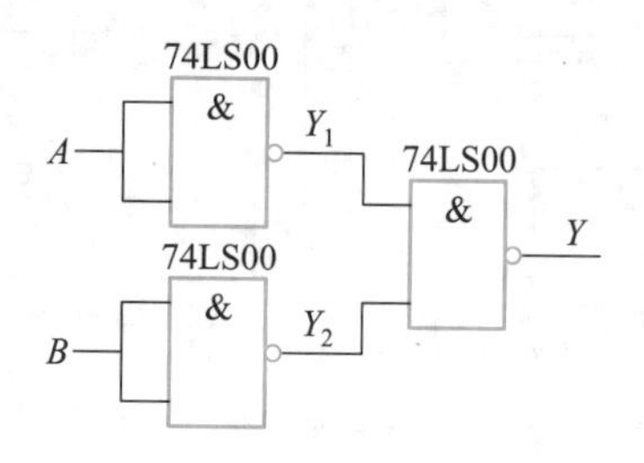

图 4.44　利用与非门 74LS00 实现或门

表 4.19　与非门转换为或门功能表

输入		输出		
A	B	Y	Y_1	Y_2
0	0	0	1	1
0	1	1	1	0
1	0	1	0	1
1	1	1	0	0

4）利用**与非**门实现**异或**门。

利用**与非**门 74LS00 实现**异或**门的电路原理图如图 4.45 所示，其功能表如表 4.20 所示。

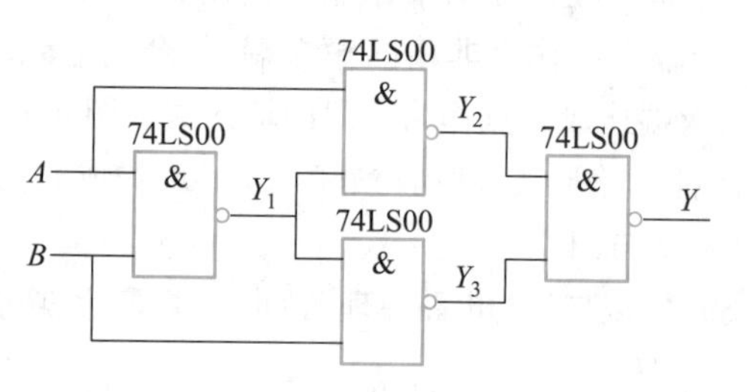

图 4.45　利用与非门 74LS00 实现异或门

表 4.20　与非门转换为异或门功能表

输入		输出			
A	B	Y	Y_1	Y_2	Y_3
0	0	0	1	1	1
0	1	1	1	1	0
1	0	1	1	0	1
1	1	0	0	1	1

4-10 视频：集成逻辑门的应用

（2）利用**与非**门实现组合逻辑电路

★设计举例

利用**与非**门设计一个三人表决电路，表决时少数服从多数，表决结果利用指

示灯表示。表决通过指示灯点亮,表决没有通过指示灯熄灭。要求列出真值表,写出逻辑关系表达式,绘制电路原理图并进行实验验证。

根据设计要求,输入变量为三个人的表决意见,分别用 A、B 和 C 表示,用 **1** 表示同意,用 **0** 表示反对。输出变量为最终表决结果,用 L 表示。用 **1** 表示表决通过,指示灯点亮,**0** 表示没有通过,指示灯熄灭。因此三人表决电路的逻辑框图如图 4.46 所示。

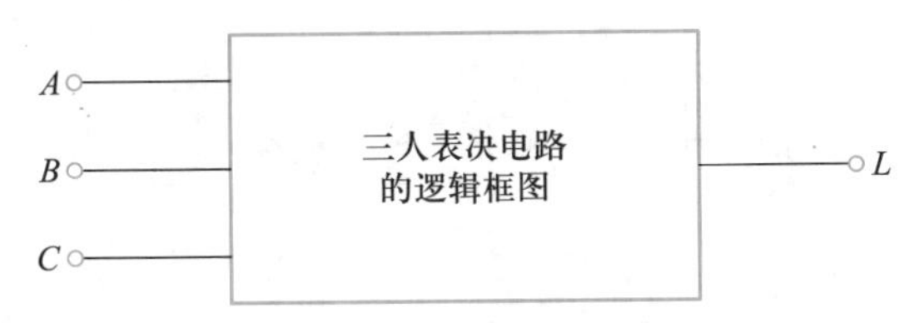

图 4.46　三人表决电路的逻辑框图

根据题意,当 A、B 和 C 全都表示反对时,输入变量全为 **0**,灯 L 处于熄灭状态,即 $L=\mathbf{0}$。如果 A 和 B 同意,C 表示反对时,输入变量 $A=\mathbf{1}, B=\mathbf{1}, C=\mathbf{0}$,少数服从多数,则灯 L 处于点亮状态,同理可以分析各种条件下的灯亮灭情况,从而列出真值表如表 4.21 所示。

表 4.21　三人表决电路真值表

A	B	C	L
0	0	0	0
0	0	1	0
0	1	0	0
0	1	1	1
1	0	0	0
1	0	1	1
1	1	0	1
1	1	1	1

根据真值表列出卡诺图,如图 4.47 所示。

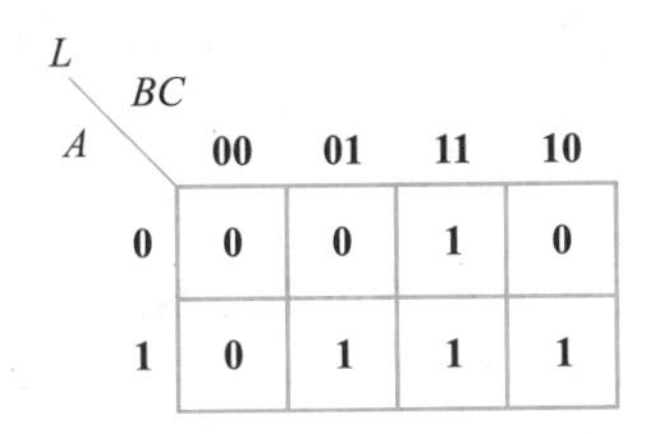

图 4.47　三人表决电路的卡诺图

由真值表写出三人表决电路的函数最小项表达式

$$L=\overline{A}BC+AB\overline{C}+A\overline{B}C+ABC$$

利用卡诺图对表达式进行化简,得出最简表达式为

$$L=AB+BC+AC$$

由于题目要求使用**与非**门实现功能，因此对上述最简表达式进行两次取反运算，可得

$$L=\overline{\overline{AB+BC+AC}}=\overline{\overline{AB}\cdot\overline{BC}\cdot\overline{AC}}$$

绘制三人表决电路的电路原理图如图 4.48 所示。

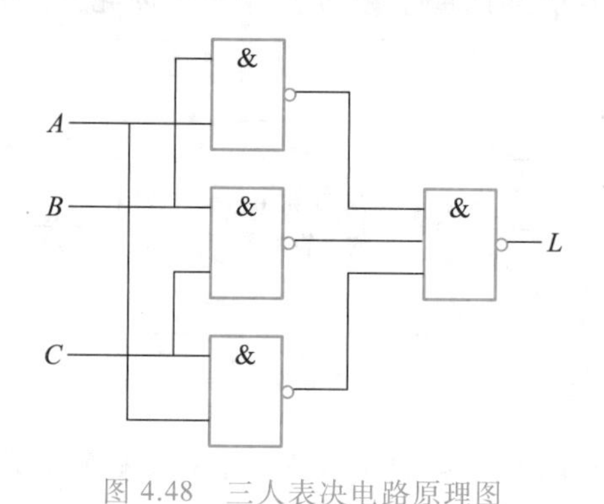

图 4.48　三人表决电路原理图

实验操作步骤如下：

（1）按照电路原理图，连接实验电路。**与非**门选用 1 片 74LS00 和 1 片 74LS20。

（2）数字电路实验的电源电压为+5 V，因此采用直流稳压电源最右侧的第三路输出，该路电源的最大输出为+5 V。

（3）输入的逻辑信号由电子技术实验平台的逻辑电平输出开关提供，ON 时为输入高电平，OFF 时为输入低电平。

（4）输出逻辑电平的测量由电子技术实验平台的逻辑电平显示模块上的发光二极管点亮与否来判断，点亮时表明所测量的逻辑变量为高电平，反之表明所测量的逻辑变量为低电平。

（5）按照真值表，进行实验验证。

4. 实验设备

直流稳压电源	1 台
数字万用表	1 块
示波器	1 台
电子技术实验平台	1 块

5. 注意事项

（1）5 V 电源电压应在直流稳压电源上先调好，断开电源开关后再接入电路。

（2）要熟悉芯片的引脚排列，使用时引脚不能接错，特别要注意电源和接地引脚不允许接反。

（3）实验过程中，每当换接电路时，必须首先断开电源，严禁带电操作。

6. 实验内容

（1）利用**与非**门转化为其他形式逻辑门

作为一种基本的逻辑门，**与非**门经常被转换成其他形式的逻辑门使用，转换的过程与组合逻辑电路的综合形式相同。用**与非**门转化为其他形式的逻辑门最为常用的逻辑公式是摩根定律。

① 根据实验原理，自拟实验步骤，验证**与非**门转化为**与**门、**或**门和**异或**门。

② **同或**门的真值表如表 4.22 所示，利用**与非**门实现**同或**门。要求绘制电路原理图，自拟实验步骤，进行实验验证。

表 4.22　与非门转换为同或门的功能表

输入		输出
A	B	Y
0	**0**	**1**
0	**1**	**0**
1	**0**	**0**
1	**1**	**1**

（2）利用**与非**门设计四人表决电路

设计一个四人表决电路，其中 A 同意得 2 分，其余三人 B、C、D 同意各得 1 分。总分大于或等于 3 分时通过，即 $P=\mathbf{1}$。用最少的**与非**门实现，要求写出逻辑关系式，列真值表，通过实验验证电路功能。

（3）利用**与非**门设计半加器电路

半加器的功能是实现两个二进制数相加运算的电路（不考虑低位的进位输入，只考虑进位输出）。要求利用**与非**门设计一个半加器电路，以 A、B 分别表示两个加数，以 S 和 C 分别表示和以及向高位的进位，其真值表如表 4.23 所示。要求绘制电路原理图，自拟实验步骤，进行实验验证。

表 4.23　半加器真值表

A	B	S	C
0	**0**	**0**	**0**
0	**1**	**1**	**0**
1	**0**	**1**	**0**
1	**1**	**0**	**1**

（4）3 位二进制编码器电路

编码器是将数字开关信号转化成为二进制代码的电路。3 位二进制编码器电路是将由 8 位逻辑开关所代表的 $Y_0 \sim Y_7$ 8 个逻辑输入变量，转化为 C、B 和 A 所代表的 3 位二进制逻辑代码，电路如图 4.49 所示。

① 按照电路原理图，连接实验电路，接通电源。

② 输入 $Y_0 \sim Y_7$ 8 个逻辑输入变量，测量 A、B 和 C 逻辑输出变量的逻辑电平（**1** 或 **0** 电平）。

注意：
a. 在 8 个输入中，每次仅能使编码器的一个输入端为 **1** 电平。
b. 输入数据 Y_0 的开关，对输出无影响。
c. 根据输出数据显示结果，总结其规律。

（5）4 人抢答电路

利用**与非**门构成的 4 人抢答电路，如图 4.50 所示，4 个数据开关 $S_1 \sim S_4$ 由 4 位抢答者控制，无人抢答时，开关均处于 **0** 状态，有人抢答时，将开关拨向 **1**。4 个电平指示灯 $L_1 \sim L_4$ 表示 4 位抢答者的抢答结果，**0** 表示没有抢答成功，**1** 表示抢答成功。

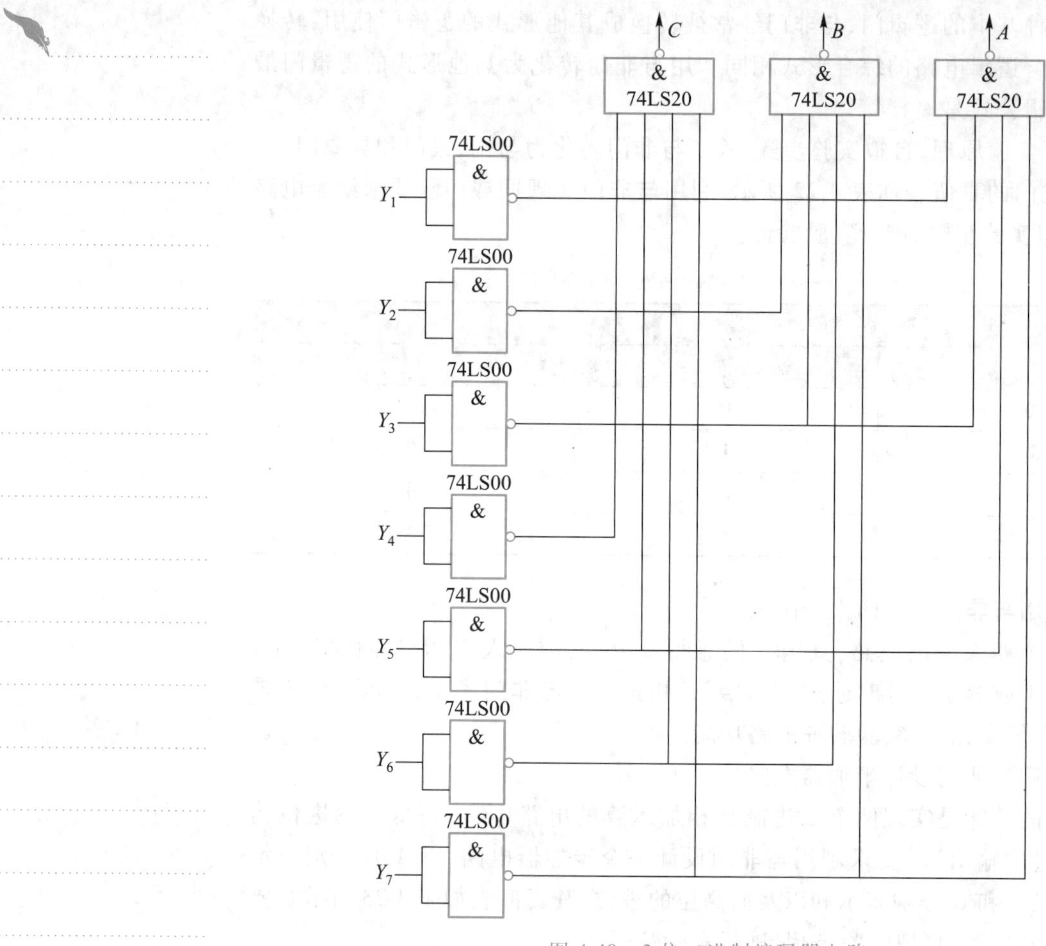

图 4.49　3 位二进制编码器电路

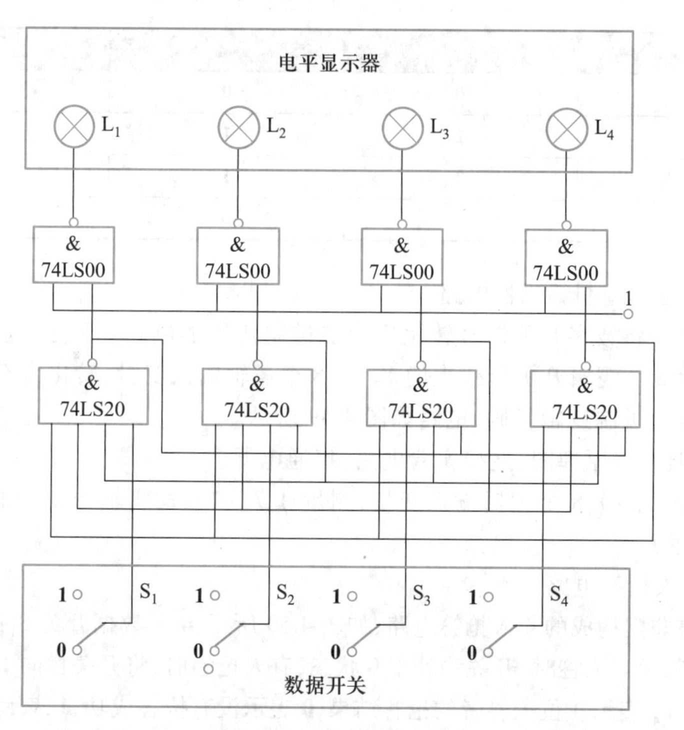

图 4.50　四人抢答电路

① 按照电路原理图，连接实验电路，接通电源。

② 根据实验结果，总结 4 人抢答电路的工作原理。

（6）环形多谐振荡器

利用奇数个**与非**门首尾相接，就组成了基本的环形多谐振荡器。图 4.51 是加入电阻和电容后的环形多谐振荡器，通过改变电阻和电容的数值能够改变振荡频率。

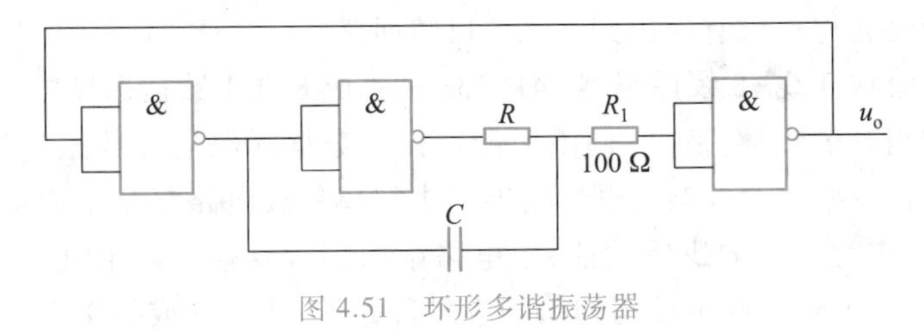

图 4.51　环形多谐振荡器

① 按照电路原理图，连接实验电路，接通电源。

② 按表 4.24 所示，选取 R 和 C 参数，利用示波器观察不同 RC 参数下输出电压波形 u_o。

③ 测量不同 RC 参数下输出电压波形 u_o 的幅值、周期和频率。

表 4.24　环形多谐振荡器测试数据

R/Ω	$C/\mu F$	U_{om}/V	T/ms	f/Hz
1 000	0.01			
1 000	0.1			
200	0.01			
200	0.1			

7. 实验思考

（1）**与非**门实际应用中，多余的输入端如何处理？

（2）环形多谐振荡器的周期与哪些因素有关？

8. 实验报告

（1）绘制电路原理图，拟定实验步骤，整理实验数据。

（2）总结在实验中所遇到的故障和问题以及解决方法。

4.7　组合逻辑电路的应用

1. 实验目的

（1）掌握中规模集成 3 线-8 线译码器 74LS138 的逻辑功能和使用方法。

（2）掌握中规模集成 8 选 1 数据选择器 74LS151 的逻辑功能和使用方法。

（3）通过实验，进一步熟悉组合逻辑电路的分析与设计方法。

2. 实验预习

（1）复习组合逻辑电路的有关内容和理论知识。

(2) 阅读实验指导书,理解实验原理,了解实验步骤。

(3) 要求设计的电路应在实验前完成原理图设计。

3. 实验原理

组合逻辑电路由基本逻辑门电路组成,是一类没有记忆功能的电路。在任意时刻,电路的输出只取决于该时刻的输入情况,而与过去的输入状态无关。电路中不含记忆元件也没有输出到输入的反馈回路。

中规模集成 3 线-8 线译码器 74LS138 和集成 8 选 1 数据选择器 74LS151 是较为常用的组合逻辑器件。它们不但能够作为数据译码器和数据选择器,而且能够完成其他一些较为复杂的逻辑功能。中规模集成电路与基本逻辑门电路相比,能够完成更为完善的逻辑功能,但电路结构相对复杂。使用时,必须首先了解各引脚的定义,对一些不使用的引脚应妥善处理,如接 **0** 或接 **1** 电平。在组合逻辑电路的设计应用中,要注意竞争与冒险现象的存在。

4-11 视频:中规模集成 3 线-8 线译码器 74LS138 的应用

(1) 中规模集成 3 线-8 线译码器 74LS138

中规模集成 3 线-8 线译码器 74LS138 的引脚排列如图 4.52 所示。74LS138 是 16 脚双列直插封装芯片,译码地址输入端为 C、B 和 A,高电平有效,其中 C 为高位,A 为低位;译码输出端 $\overline{Y}_7 \sim \overline{Y}_0$ 低电平有效;$\overline{G}_{2A}$、$\overline{G}_{2B}$ 和 G_1 为复合片选端,仅当 $\overline{G}_{2A}=\mathbf{0}$;$\overline{G}_{2B}=\mathbf{0}$;$G_1=\mathbf{1}$ 时,译码器才能工作,否则 8 位译码输出全为无效的高电平 **1**,具体功能见表 4.25(表 4.25 中 **H** 代表高电平 **1**,**L** 代表低电平 **0**,×代表任意状态)。

图 4.52　74LS138 引脚图

表 4.25　74LS138 功能表

片选端			译码地址			译码输出							
$\overline{G}_{2A}$	$\overline{G}_{2B}$	G_1	C	B	A	$\overline{Y}_0$	$\overline{Y}_1$	$\overline{Y}_2$	$\overline{Y}_3$	$\overline{Y}_4$	$\overline{Y}_5$	$\overline{Y}_6$	$\overline{Y}_7$
H	×	×	×	×	×	**H**	**H**	**H**	**H**	**H**	**H**	**H**	**H**
×	**H**	×	×	×	×	**H**	**H**	**H**	**H**	**H**	**H**	**H**	**H**
×	×	**L**	×	×	×	**H**	**H**	**H**	**H**	**H**	**H**	**H**	**H**
L	**L**	**H**	**L**	**L**	**L**	**L**	**H**	**H**	**H**	**H**	**H**	**H**	**H**
L	**L**	**H**	**L**	**L**	**H**	**H**	**L**	**H**	**H**	**H**	**H**	**H**	**H**
L	**L**	**H**	**L**	**H**	**L**	**H**	**H**	**L**	**H**	**H**	**H**	**H**	**H**
L	**L**	**H**	**L**	**H**	**H**	**H**	**H**	**H**	**L**	**H**	**H**	**H**	**H**
L	**L**	**H**	**H**	**L**	**L**	**H**	**H**	**H**	**H**	**L**	**H**	**H**	**H**
L	**L**	**H**	**H**	**L**	**H**	**H**	**H**	**H**	**H**	**H**	**L**	**H**	**H**
L	**L**	**H**	**H**	**H**	**L**	**H**	**H**	**H**	**H**	**H**	**H**	**L**	**H**
L	**L**	**H**	**H**	**H**	**H**	**H**	**H**	**H**	**H**	**H**	**H**	**H**	**L**

中规模集成 3 线-8 线译码器 74LS138 与**与非**门配合，可以完成 3 个或 3 个以下逻辑变量的组合逻辑电路。

★设计举例

利用中规模集成 3 线-8 线译码器 74LS138 设计全加器电路。

利用 74LS138 和**与非**门设计一个全加器，加数用 A_i 表示，被加数用 B_i 表示，来自低位的进位用 C_{i-1} 表示，全加器的和用 S_i 表示，进位用 C_i 表示。要求列出真值表，写出逻辑关系表达式，绘制电路原理图并进行实验验证。

根据题意要求列出全加器真值表，如表 4.26 所示。

表 4.26 全加器真值表

A_i	B_i	C_{i-1}	S_i	C_i
0	0	0	0	0
0	0	1	1	0
0	1	0	1	0
0	1	1	0	1
1	0	0	1	0
1	0	1	0	1
1	1	0	0	1
1	1	1	1	1

全加器的和 S_i 与进位 C_i 的卡诺图，如图 4.53 所示。

S_i: A_i \ B_iC_{i-1}	00	01	11	10
0	0	1	0	1
1	1	0	1	0

C_i: A_i \ B_iC_{i-1}	00	01	11	10
0	0	0	1	0
1	0	1	1	1

图 4.53 全加器的卡诺图

根据真值表和卡诺图，写出全加器电路的和 S_i 与进位 C_i 的表达式

$$S_i=\overline{A}_i\overline{B}_iC_{i-1}+\overline{A}_iB_i\overline{C}_{i-1}+A_i\overline{B}_i\overline{C}_{i-1}+A_iB_iC_{i-1}$$

$$C_i=\overline{A}_iB_iC_{i-1}+A_iB_i\overline{C}_{i-1}+A_i\overline{B}_iC_{i-1}+A_iB_iC_{i-1}$$

根据题目要求和 74LS138 的功能表，将上式写成**与非**门的形式

$$S_i=Y_1+Y_2+Y_4+Y_7=\overline{\overline{Y}_1\overline{Y}_2\overline{Y}_3\overline{Y}_4}$$

$$C_i=Y_3+Y_5+Y_6+Y_7=\overline{\overline{Y}_3\overline{Y}_5\overline{Y}_6\overline{Y}_7}$$

根据输出逻辑关系表达式和 74LS138 的引脚图，绘制全加器的电路原理图如图 4.54 所示。

实验步骤如下：

1）按照电路原理图连接实验电路，74LS138 必须在 $\overline{G}_{2A}=\mathbf{0}$、$\overline{G}_{2B}=\mathbf{0}$、$G_1=\mathbf{1}$ 时译码器才能正常工作。任选逻辑信号电平开关模块上的三个数据开关，代表加数 A_i，被加数 B_i 以及来自低位的进位 C_{i-1}，分别与 74LS138 的译码地址输入端

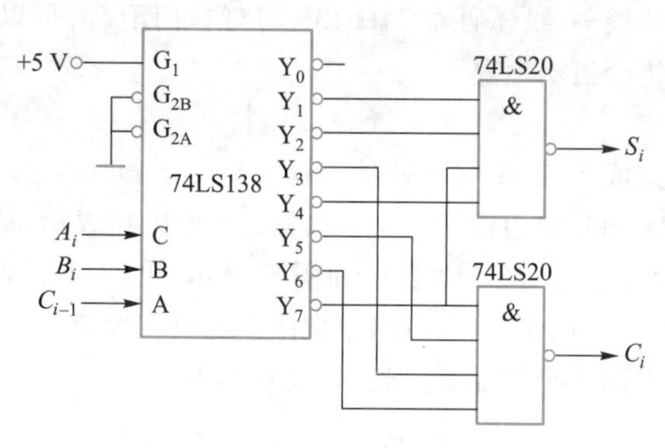

图 4.54　全加器电路原理图

C、B、A 相连。全加器的和 S_i 以及进位 C_i 与逻辑信号电平显示模块的指示灯相连。

2）检查电路，确认无误后，接通电源。

3）按照全加器真值表，进行实验验证。

（2）中规模集成 8 选 1 数据选择器 74LS151

中规模集成 8 选 1 数据选择器 74LS151 的引脚排列如图 4.55 所示，其引脚功能见表 4.27。74LS151 为集成 8 选 1 集成数据选择器。$D_0 \sim D_7$ 中 8 路数据信号中的某一路，能否被选中而输出至 Y，取决于两个逻辑条件：其一为 $\overline{G}=\mathbf{0}$，即片选信号有效；其二为必须被由 S_2、S_1 和 S_0 所确定的地址线选定。输出逻辑表达式为

$$Y=\overline{G}(\overline{S_2}\,\overline{S_1}\,\overline{S_0}D_0+\overline{S_2}\,\overline{S_1}S_0D_1+\overline{S_2}S_1\overline{S_0}D_2+\overline{S_2}S_1S_0D_3+S_2\overline{S_1}\,\overline{S_0}D_4+S_2\overline{S_1}S_0D_5+S_2S_1\overline{S_0}D_6+S_2S_1S_0D_7)$$

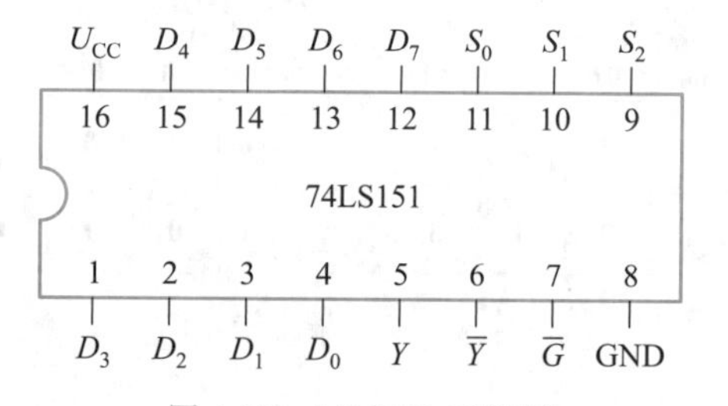

图 4.55　74LS151 引脚图

表 4.27　74LS151 功能表

输入				输出	
$\overline{G}$	S_2	S_1	S_0	Y	$\overline{Y}$
1	×	×	×	**0**	**1**
0	**0**	**0**	**0**	D_0	$\overline{D_0}$
0	**0**	**0**	**1**	D_1	$\overline{D_1}$
0	**0**	**1**	**0**	D_2	$\overline{D_2}$
0	**0**	**1**	**1**	D_3	$\overline{D_3}$
0	**1**	**0**	**0**	D_4	$\overline{D_4}$
0	**1**	**0**	**1**	D_5	$\overline{D_5}$
0	**1**	**1**	**0**	D_6	$\overline{D_6}$
0	**1**	**1**	**1**	D_7	$\overline{D_7}$

利用 74LS151 和一些基本的逻辑门，同样可实现 3 或 4 个逻辑变量的组合逻辑电路，例如两个 2 位数码比较电路和 4 位数码的判断偶数个 **1** 电路等。

★设计举例

基于 74LS151 设计三人表决电路。

三人表决电路的真值表和设计分析，参考上一节的利用**与非**门实现了三人表决电路实验。三人表决电路的输出逻辑关系式如下：

$$L=\overline{A}BC+AB\overline{C}+A\overline{B}C+ABC$$

根据 74LS151 的引脚图、功能表和输出逻辑关系表达式，绘制基于 74LS151 的三人表决电路的原理图如图 4.56 所示。

实验步骤如下：

1）按照电路原理图连接实验电路，74LS151 必须在 $\overline{G}=0$ 时才能正常工作。任选逻辑信号电平开关模块上的三个数据开关，代表输入变量 A、B、C，分别与 74LS151 的数据选择端 S_2、S_1、S_0 相连。三人表决结果 L 与逻辑信号电平显示模块的指示灯相连。

2）检查电路，确认无误后，开通电源。

3）按照三人表决电路真值表，进行实验验证。

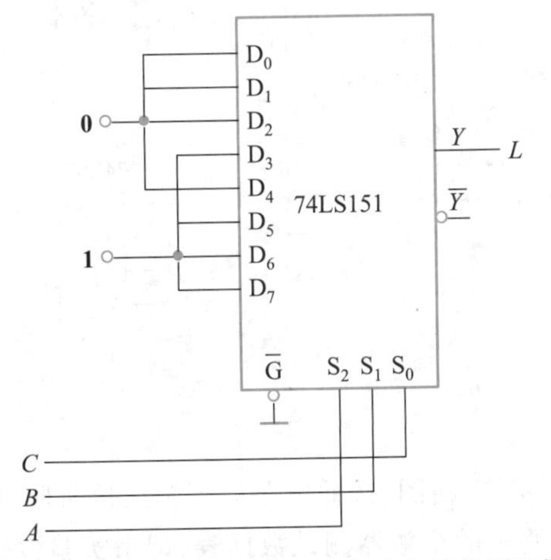

图 4.56　基于 74LS151 的三人表决电路的原理图

4. 实验设备

直流稳压电源	1 台
数字万用表	1 块
电子技术实验平台	1 块

5. 注意事项

(1) 5 V 电源电压应在直流稳压电源上先调好，断开电源开关后再接入电路。

(2) 选择电路元件时，应尽量选取实验板上已有的元件。

(3) 熟悉芯片的引脚排列，使用时引脚不能接错，特别要注意电源和接地引脚不允许接反。

（4）实验过程中，每当换接电路时，必须首先断开电源，严禁带电操作。

6. 实验内容

（1）中规模集成 3 线-8 线译码器 74LS138 的基本逻辑功能验证

实验步骤如下：

① 将$\overline{G}_{2A}$、$\overline{G}_{2B}$和 G_1，C、B 和 A 与逻辑信号电平开关相连。

② 将 $\overline{Y}_0$、$\overline{Y}_1$、$\overline{Y}_2$、$\overline{Y}_3$、$\overline{Y}_4$、$\overline{Y}_5$、$\overline{Y}_6$ 和 $\overline{Y}_7$ 与逻辑信号电平显示器相连。

③ 连接电源，根据 74LS138 的功能表进行基本逻辑功能验证。

（2）利用 3 线-8 线译码器构成全减器的逻辑电路

由于 74LS138 的输出是低电平有效，通过与**与非**门配合可以实现任何 3 变量之内的最小项之和表达式。全减器的参考电路如图 4.57 所示，逻辑输入逻辑变量有三个，其中 A_i 为被减数，B_i 为减数，C_{i-1} 为来自低位的借位；输出逻辑变量有两个，D_i 为差；C_i 为本位向高位的借位。译码器的芯片片选端$\overline{G}_{2A}=\mathbf{0}$、$\overline{G}_{2B}=\mathbf{0}$、$G_1=\mathbf{1}$，处于选中状态。

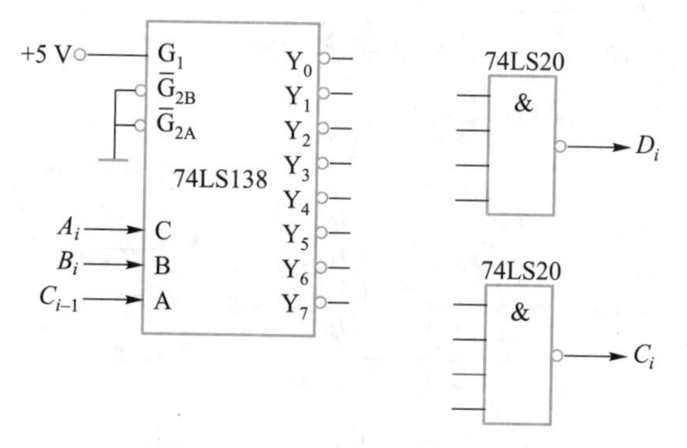

图 4.57 全减器参考电路图

实验步骤如下：

① 完善全减器参考电路图，按照电路原理图连接实验电路，接通电源。

② 根据表 4.28 所示的全减器测试数据表，记录实验数据。

③ 写出 D_i 和 C_i 的逻辑表达式。

表 4.28 全减器测试数据

输入端			输出端	
A_i	B_i	C_{i-1}	D_i	C_i
0	**0**	**0**		
0	**0**	**1**		
0	**1**	**0**		
0	**1**	**1**		
1	**0**	**0**		
1	**0**	**1**		
1	**1**	**0**		
1	**1**	**1**		

(3) 用 3 线-8 线译码器构成三个开关控制一盏灯的逻辑电路

三个开关 A、B 和 C 为逻辑输入量,**0** 代表开关断开,**1** 代表开关接通;分别处于不同地点;灯为逻辑输出量,**0** 代表灯灭,**1** 代表灯亮,受开关 A、B 和 C 的控制。当开关 A、B 和 C 全为断开状态时,灯处于“灭”状态。在 A、B 和 C 中当任意一开关动作(由接通转变为断开,或由断开转变为接通)时,灯的状态即发生转变(由灯亮变为灭或由灭转为亮)。参考电路如图 4.58 所示。

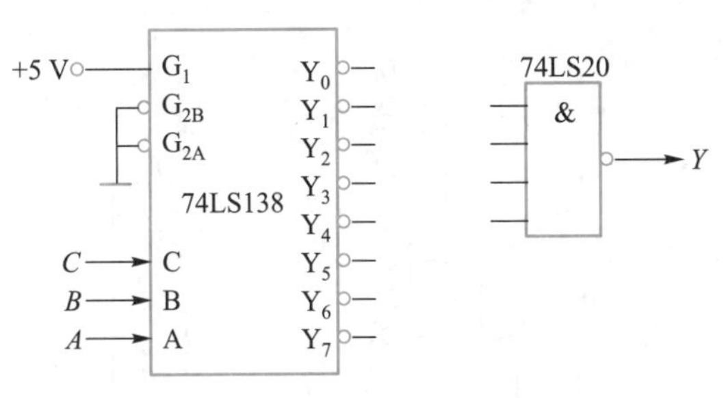

图 4.58　三开关控制一盏灯电路

实验步骤如下:

① 推导输出变量 Y 的逻辑关系表达式。

② 完善三开关控制一盏灯参考电路图,按照电路原理图连接实验电路,接通电源。

③ 根据表 4.29 所示的三开关控制一盏灯测试数据表,记录实验数据。

表 4.29　三开关控制一盏灯测试数据

开关			灯
A	B	C	Y
0	**0**	**0**	
0	**0**	**1**	
0	**1**	**0**	
0	**1**	**1**	
1	**0**	**0**	
1	**0**	**1**	
1	**1**	**0**	
1	**1**	**1**	

(4) 中规模集成 8 选 1 数据选择器 74LS151 的基本逻辑功能

根据 74LS151 引脚图和功能表,验证 74LS151 的逻辑功能。实验步骤如下:

① 将使能端 $\overline{G}$,数据选择端 S_2、S_1、S_0,以及数据输入端 $D_0 \sim D_7$ 与逻辑信号电平开关相连。

② 将同相输出端 Y 和反相输出端 $\overline{Y}$ 与逻辑信号电平显示器相连。

③ 连接电源,根据 74LS151 的功能表,进行基本逻辑功能验证。

(5) 用 74LS151 构成的两位数据比较器电路

利用 74LS151 和 74LS00 **与非**门构成两位数据比较器。要求将两位数据 X_1X_0 与两位数据 Y_1Y_0 进行比较，当 $X_1X_0 \geqslant Y_1Y_0$ 时，比较器输出 Y 为 **1**，否则为 **0**。两位数据比较器的参考电路图，如图 4.59 所示。实验步骤如下：

① 按照电路原理图，连接实验电路，接通电源。

② 根据表 4.30 所示的两位数据比较器测试数据表，记录实验数据。

③ 推导输出变量 Y 的逻辑关系表达式。

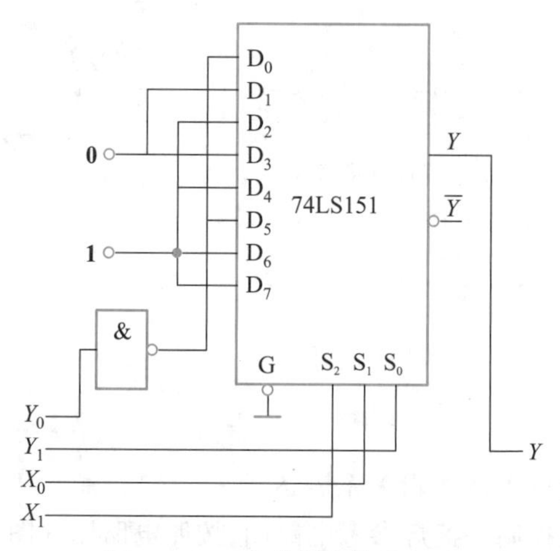

图 4.59　两位数据比较器电路

表 4.30　两位数据比较器测试数据

X_1	X_0	Y_1	Y_0	Y
0	**0**	**0**	**0**	
0	**0**	**0**	**1**	
0	**0**	**1**	**0**	
0	**0**	**1**	**1**	
0	**1**	**0**	**0**	
0	**1**	**0**	**1**	
0	**1**	**1**	**0**	
0	**1**	**1**	**1**	
1	**0**	**0**	**0**	
1	**0**	**0**	**1**	
1	**0**	**1**	**0**	
1	**0**	**1**	**1**	
1	**1**	**0**	**0**	
1	**1**	**0**	**1**	
1	**1**	**1**	**0**	
1	**1**	**1**	**1**	

（6）利用 74LS151 设计 4 位数判别偶数个 **1** 电路

利用 74LS151 和 74LS00 **与非**门，设计 4 位数的判偶数个 **1** 电路（当 $X_3X_2X_1X_0$ 中有偶数个 **1** 时，输出 Y 为 **1**，否则为 **0**），要求列出真值表，绘制电路原

理图,自拟实验步骤,并进行实验功能验证。

7. 实验思考

(1) 能否用两片 74LS138 构成 4 线-16 线译码器?

(2) 能否用两片 74LS151 构成 16 选 1 数据选择器?

8. 实验报告

(1) 事先画出需要设计的实验电路图,整理实验数据。

(2) 列出 74LS138 和 74LS151 的各引脚定义和芯片功能。

(3) 总结在实验中所遇到的故障和问题以及解决方法。

4.8 触发器及时序逻辑电路的应用

1. 实验目的

(1) 掌握集成 *D* 触发器 74LS74 的逻辑功能及使用方法。

(2) 掌握集成 *JK* 触发器 74LS112 的逻辑功能及使用方法。

(3) 熟悉一些常见的触发器逻辑功能的相互转换。

(4) 掌握中规模集成计数器 74LS161 的逻辑功能及使用方法。

(5) 掌握中规模集成移位寄存器 74LS194 的逻辑功能及使用方法。

2. 实验预习

(1) 复习集成触发器、计数器和移位寄存器的有关内容和理论知识。

(2) 阅读实验指导书,理解实验原理,了解实验步骤。

(3) 要求设计的电路应在实验前完成原理图设计。

3. 实验原理

时序逻辑电路区别于组合逻辑电路,其任意时刻的输出值不仅与该时刻的输入变量的取值有关,而且与输入变量的前一时刻的状态有关。组成时序电路的基本单元是触发器。

JK 触发器和 *D* 触发器是两种最基本、最常用的触发器,是构成时序逻辑电路的基本元件。这两种触发器可以进行功能的转换;可以组成计数器、移位寄存器等常用的时序逻辑部件。触发器的使用应注意以下几个方面:其一为触发器都有异步置位端 $\overline{S}_D$ 和复位端 $\overline{R}_D$,低电平有效,置位或复位后应恢复为高电平;其二为触发器的触发输入分为上升沿或下降沿触发,实验时通常用逻辑开关手动发出,按下开关(开关由断开状态 **0** 转变为接通状态 **1**),这时发出的触发信号为上升沿脉冲,松开开关(开关由接通状态 **1** 转变为断开状态 **0**),这时发出的触发信号为下降沿脉冲,这一点应特别引起注意,以免引起逻辑混乱。

4-12 视频:集成触发器的应用

(1) 集成触发器

集成 *D* 触发器 74LS74 和集成 *JK* 触发器 74LS112 的引脚如图 4.60 所示。集成 *D* 触发器 74LS74 为 14 引脚芯片,每片含有两片触发器,含有异步置位端 $\overline{S}_D$ 和异步复位端 $\overline{R}_D$,触发器的触发输入方式为上升沿触发。在时钟的上升沿时刻,

触发器输出 Q 根据输入 D 而改变，其余时间触发器状态保持不变。集成 JK 触发器 74LS112 为 16 引脚芯片，每片含有两片触发器，含有异步置位端 $\overline{S}_D$ 和异步复位端 $\overline{R}_D$，触发器的触发输入方式为下降沿触发。D 触发器 74LS74 的功能表见表 4.31；JK 触发器 74LS112 的功能表见表 4.32。D 触发器的特征方程为 $Q_{n+1}=D$；JK 触发器的特征方程为 $Q_{n+1}=J_n\overline{Q}_n+\overline{K}_nQ_n$。

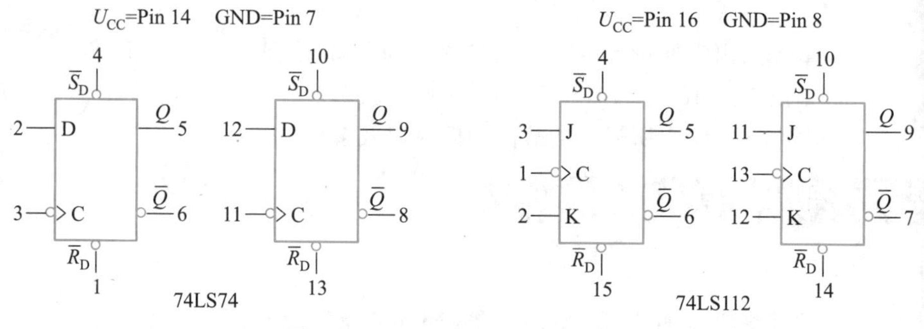

图 4.60 74LS74 和 74LS112 引脚图

表 4.31 74LS74 功能表

$\overline{R}_D$	$\overline{S}_D$	C	D	Q_{n+1}	$\overline{Q}_{n+1}$
0	**1**	×	×	**0**	**1**
1	**0**	×	×	**1**	**0**
1	**1**	↓	×	Q_n	$\overline{Q}_n$
1	**1**	↑	**0**	**0**	**1**
1	**1**	↑	**1**	**1**	**0**

表 4.32 74LS112 功能表

$\overline{R}_D$	$\overline{S}_D$	C	J	K	Q_{n+1}	$\overline{Q}_{n+1}$
0	**1**	×	×	×	**0**	**1**
1	**0**	×	×	×	**1**	**0**
1	**1**	↑	×	×	Q_n	$\overline{Q}_n$
1	**1**	↓	**0**	**0**	Q_n	$\overline{Q}_n$
1	**1**	↓	**0**	**1**	**0**	**1**
1	**1**	↓	**1**	**0**	**1**	**0**
1	**1**	↓	**1**	**1**	$\overline{Q}_n$	Q_n

1）JK 触发器转化成 D 触发器。

令 JK 触发器的 $J_n=D_n$、$K_n=\overline{D}_n$，并带入 JK 触发器的特征方程 $Q_{n+1}=J_n\overline{Q}_n+\overline{K}_nQ_n$ 中，得到 $Q_{n+1}=D_n$，其结果与 D 触发器的特征方程完全相同。电路原理图如图 4.61 所示，注意此时的 D 触发器的触发方式仍为原来的 JK 触发器的下降沿触发方式。

2）*JK* 触发器转化成 *T* 触发器。

T 触发器的功能为计数触发器，其特征方程为 $Q_{n+1}=T_n\overline{Q}_n+\overline{T}_nQ_n$。*T* 触发器虽然没有产品器件，但可以用其他类型的触发器转化得到。令 *JK* 触发器的 $J_n=K_n=T_n$，并代入方程 $Q_{n+1}=J_n\overline{Q}_n+\overline{K}_nQ_n$ 中，得到方程 $Q_{n+1}=T_n\overline{Q}_n+\overline{T}_nQ_n$，其结果与 *T* 触发器的特征方程完全相同。*JK* 触发器转化成 *T* 触发器的电路原理图如图 4.62 所示。转换后 *T* 触发器的触发方式仍为原来的 *JK* 触发器的下降沿触发方式。

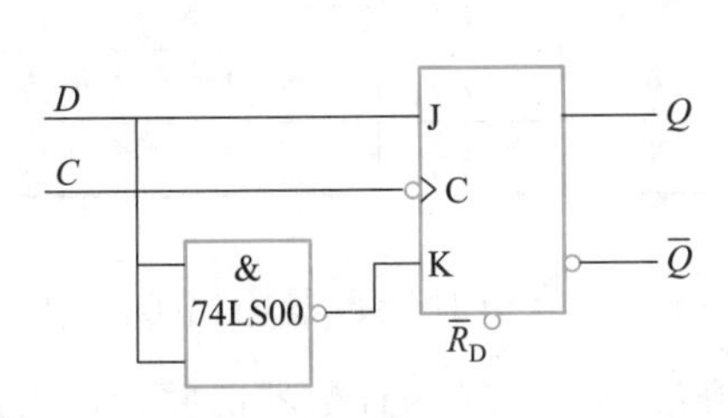

图 4.61　*JK* 触发器转化成 *D* 触发器的电路原理图

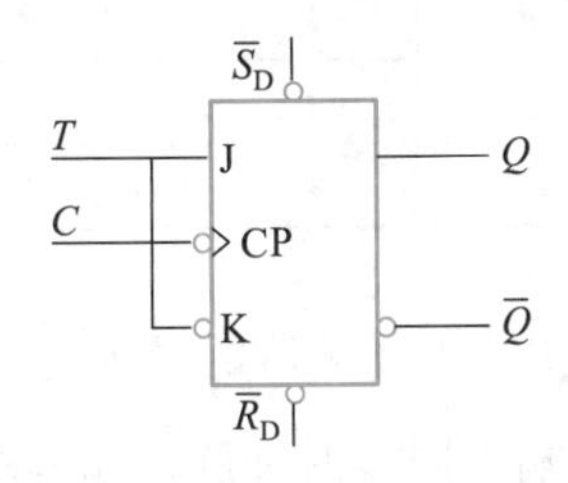

图 4.62　*JK* 触发器转化成 *T* 触发器的电路原理图

3）*D* 触发器转化成 *JK* 触发器。

利用**与非**门可以实现将 *D* 触发器转化成 *JK* 触发器，电路原理图如图 4.63 所示，注意转换后的 *JK* 触发器的触发方式仍为原来 *D* 触发器的上升沿触发。

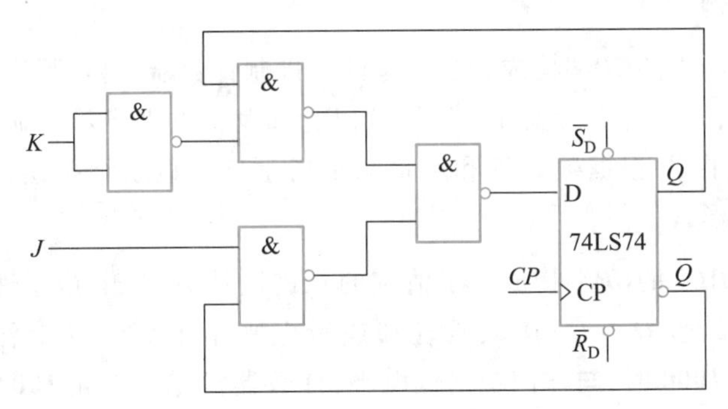

图 4.63　*D* 触发器转换为 *JK* 触发器的电路原理图

（2）4 位同步计数器 74LS161

集成计数器和集成移位寄存器是以触发器为基本逻辑部件构成的，与触发器所构成的时序电路相比，虽然同样是时序电路部件，但其电路更复杂，功能更完善，不需要复杂的电路设计，即可获得所需的电路要求。

74LS161 是 4 位初值可预置的同步计数器，其引脚图如图 4.64 所示，具体功能及引脚定义如表 4.33 所示。

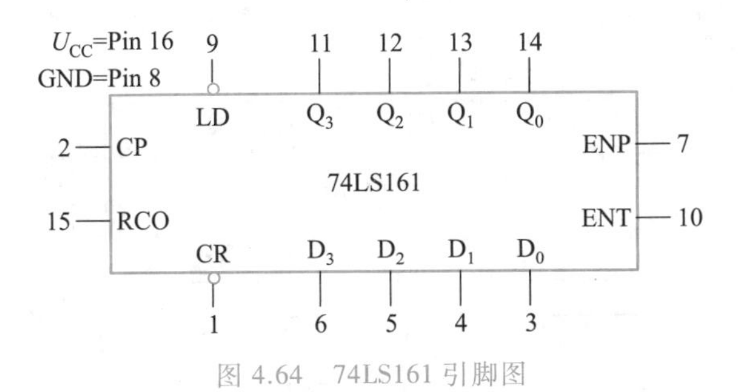

图 4.64　74LS161 引脚图

表 4.33　74LS161 功能表

工作方式	输入						输出 $\overline{Q}_{n+1}$
	$\overline{CR}$	CP	ENP	ENT	$\overline{LD}$	D_n	Q_n
复位	**0**	×	×	×	×	×	**0**
并行输入	**1**	↑	×	×	**0**	**1/0**	**1/0**
保持	**1**	×	**0**	**0**	**1**	×	保持
	1	×	**0**	**1**	**1**	×	保持
	1	×	**1**	**0**	**1**	×	保持
计数	**1**	↑	**1**	**1**	**1**	×	计数

$\overline{CR}$端为计数器的异步复位端，低电平有效，复位时计数器输出 $Q_3 \sim Q_0$ 皆为 **0**；CP 端为同步时钟脉冲输入端，脉冲上升沿有效。$\overline{LD}$为计数器的并行输入控制端，仅当$\overline{LD}$端为 **0** 且$\overline{CR}$为 **1** 时，在 CP 脉冲上升沿，计数器将输入数据 $D_3 \sim D_0$ 预置入输出端 $Q_3 \sim Q_0$ 中；ENP 和 ENT 为计数器功能选择控制端，ENP 和 ENT 同为 **1** 时，计数器为计数状态，否则为保持状态。

4-14 视频：利用 74LS161 异步清零功能设计八进制计数器

1）利用 74LS161 的$\overline{CR}$端构成异步清零的计数器。

★设计举例

利用 74LS161 的$\overline{CR}$端构成异步清零的八进制计数器，要求写出设计过程，绘制电路原理图，并进行实验验证。利用数码管和逻辑电平指示灯显示结果，记录计数器输出结果，并根据数码管和逻辑电平指示灯的显示结果绘制 74LS161 时钟和输出端波形。

利用 74LS161 的$\overline{CR}$端构成异步清零的八进制计数器，电路原理图如图 4.65 所示，$D_3 \sim D_0$ 接地，$Q_3 \sim Q_0$ 接数码管和逻辑电平指示灯。当计数器进入状态 $[Q_3Q_2Q_1Q_0]$ = **1000** 时，**与非**门输出低电平，计数器清零。因此 **1000** 这个状态并不能持久，$\overline{CR}$端是异步清零，且优先级高，**与非**门输出的低电平立刻产生清零，然后进入 **0000** 状态。即 **1000** 和 **0000** 合用一个时钟周期，状态 **1000** 只持续计数器清零那么长的延迟时间，一般远小于状态 **0000** 持续的时间。因此，该电路为采用异步清零的八进制计数器。

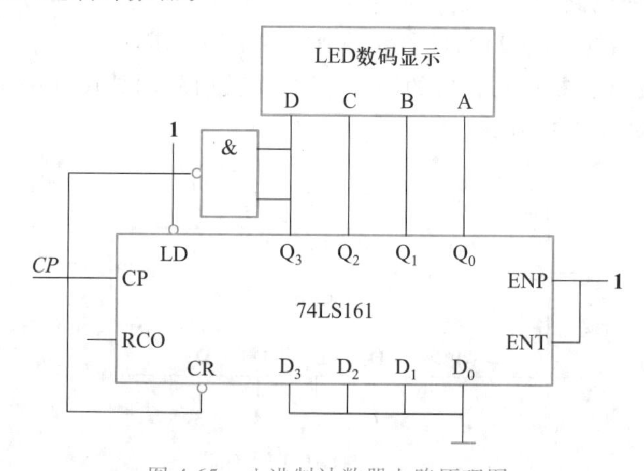

图 4.65　八进制计数器电路原理图

实验步骤如下：

① 按照电路原理图连接电路，检查无误后接通电源。

② 在 *CP* 端手动输入时钟脉冲信号，观察并记录输出的变化。

③ 根据实验结果，填写表 4.34 所示的八进制计数器测试数据表。

表 4.34　八进制计数器测试数据

CP 脉冲	Q_3	Q_2	Q_1	Q_0	LED 显示
1	**0**	**0**	**0**	**0**	0
2	**0**	**0**	**0**	**1**	1
3	**0**	**0**	**1**	**0**	2
4	**0**	**0**	**1**	**1**	3
5	**0**	**1**	**0**	**0**	4
6	**0**	**1**	**0**	**1**	5
7	**0**	**1**	**1**	**0**	6
8	**0**	**1**	**1**	**1**	7
9	**1**	**0**	**0**	**0**	0
10	**1**	**0**	**0**	**1**	1
11	**0**	**0**	**0**	**0**	2

根据数码管和逻辑电平指示灯的显示结果，绘制 74LS161 组成的八进制计数器的时钟和输出端波形如图 4.66 所示。

图 4.66　八进制计数器波形图

2）利用 74LS161 的数据预置功能构成计数范围可调整的计数器。

4-15 视频：利用 74LS161 数据预置功能设计计数范围可调整的计数器

★设计举例

利用 74LS161 的数据预置功能设计计数器，要求数码管显示 3~9，逻辑电平指示灯显示 **0011~1001**。写出详细设计过程，绘制电路原理图，并进行实验验证。利用数码管和逻辑电平指示灯显示结果，记录计数器输出结果，并根据数码管和逻辑电平指示灯的显示结果绘制 74LS161 时钟和输出端波形。

利用计数器 74LS161 的数据预置功能可以改变计数器的计数周期，计数器的计数范围是从预置数 X 到译码位 M。

计数范围可调整的计数器电路如图 4.67 所示，$D_3 \sim D_0$ 接逻辑电平开关，使得 $D_3D_2D_1D_0=\mathbf{0011}$，$Q_3 \sim Q_0$ 接数码管和逻辑电平指示灯。

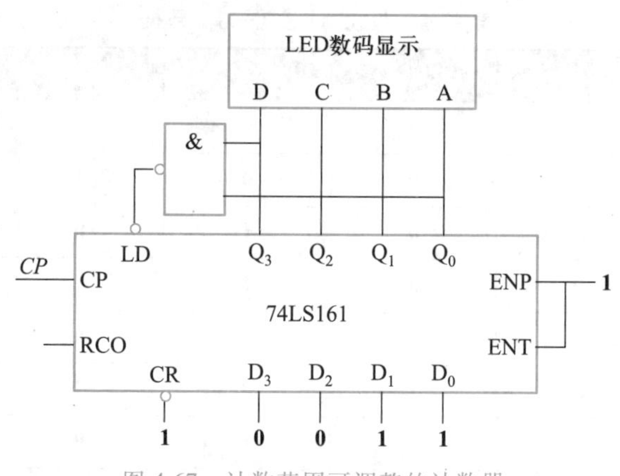

图 4.67　计数范围可调整的计数器

按照电路原理图连接电路，检查无误后接通电源。在 CP 端手动发计数脉冲，观察并记录输出的变化。利用 74LS161 的数据预置功能构成计数器测试数据如表 4.35 所示。

表 4.35　计数范围可调整的计数器测试数据

CP 脉冲	Q_3	Q_2	Q_1	Q_0	LED 显示
1	0	0	1	1	3
2	0	1	0	0	4
3	0	1	0	1	5
4	0	1	1	0	6
5	0	1	1	1	7
6	1	0	0	0	8
7	1	0	0	1	9
8	0	0	1	1	3
9	0	1	0	0	4
10	0	1	0	1	5
11	0	1	1	0	6

根据数码管和逻辑电平指示灯的显示结果，绘制 74LS161 组成的计数范围可调整的计数器时钟和输出端波形如图 4.68 所示。

4-16 视频：双向移位寄存器 74LS194 的应用

(3) 4 位同步双向移位寄存器 74LS194

74LS194 是 4 位同步双向移位寄存器，输入有串行左移输入、串行右移输入和 4 位并行输入三种方式。引脚排列如图 4.69 所示，具体功能及定义见表 4.36。

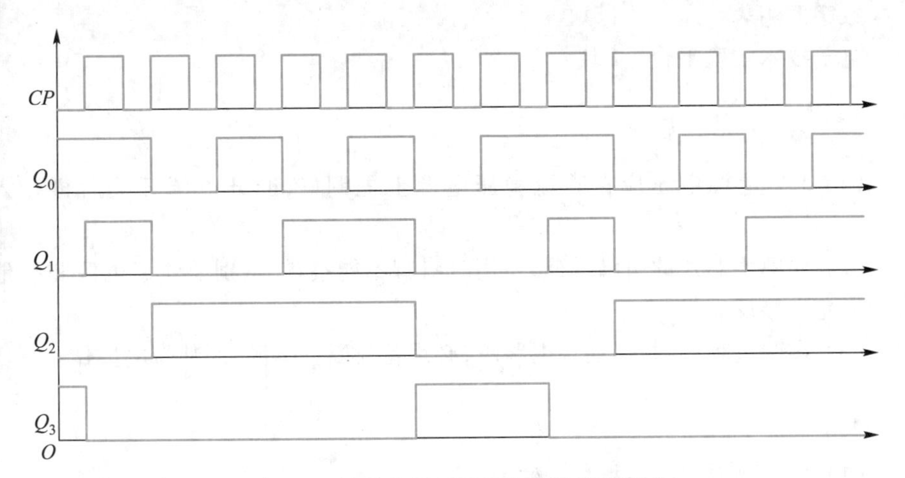

图 4.68　计数范围可调整的计数器波形图

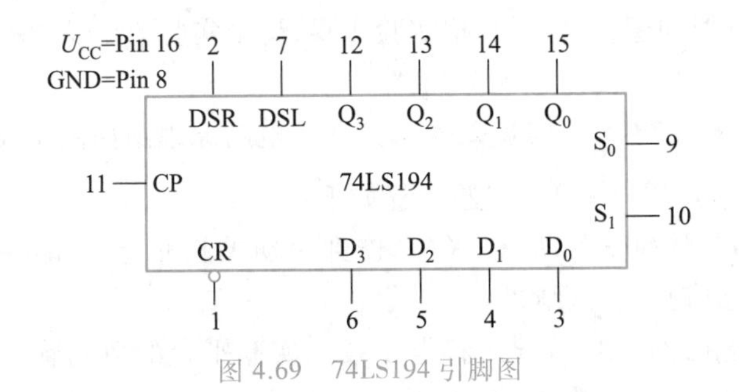

图 4.69　74LS194 引脚图

表 4.36　74LS194 功能表

工作方式	输入							输出			
	$\overline{CR}$	CP	S_1	S_0	DSR	DSL	D_n	Q_3	Q_2	Q_1	Q_0
复位（清零）	**0**	×	×	×	×	×	×	**0**	**0**	**0**	**0**
保持	**1**	×	**0**	**0**	×	×	×	q_3	q_2	q_1	q_0
左移	**1**	↑	**1**	**0**	×	**1/0**	×	**1/0**	q_3	q_2	q_1
右移	**1**	↑	**0**	**1**	**1/0**	×	×	q_2	q_1	q_0	**1/0**
并行输入	**1**	↑	**1**	**1**	×	×	D_n	d_3	d_2	d_1	d_0

$\overline{CR}$端为移位寄存器的异步复位端，低电平有效，复位时移位寄存器的输出 $Q_3 \sim Q_0$ 皆为 **0**；CP 端为同步时钟脉冲输入端，脉冲上升沿有效；S_1 和 S_0 是移位寄存器的移位方式选择端，当 S_1S_0 = **10** 时，移位寄存器以 DSL 为左移串行输入端，在 CP 脉冲上升沿的作用下完成一次左移；当 S_1S_0 = **01** 时，移位寄存器以 DSR 为右移串行输入端，在 CP 脉冲上升沿的作用下完成一次右移；当 S_1S_0 = **11** 时，移位寄存器在 CP 脉冲上升沿的作用下，将 $D_3 \sim D_0$ 预置入 $Q_3 \sim Q_0$ 中，完成并行输入。

4. 实验设备

直流稳压电源　　　1 台

数字万用表 1 块
电子技术实验平台 1 块

5. 注意事项

(1) 5 V 电源电压应在直流稳压电源上先调好,断开电源开关后再接入电路。

(2) 要熟悉芯片的引脚排列,使用时引脚不能接错,特别要注意电源和接地引脚不允许接反。

(3) 实验过程中,每当换接电路时,必须首先断开电源,严禁带电操作。

6. 实验内容

(1) 集成触发器的逻辑功能转换

4-13 视频:利用 *D* 触发器设计 2-4 分频器实验

分别验证 *JK* 触发器转化成 *D* 触发器、*JK* 触发器转化成 *T* 触发器、*D* 触发器转化成 *JK* 触发器的逻辑电路,自拟实验步骤,记录实验数据。

(2) 利用 74LS74 设计 2-4 分频器

利用 *D* 触发器 74LS74 实现 2-4 分频器。电路原理图如图 4.70 所示,触发器控制端 $\overline{R}_D$、$\overline{S}_D$ 接逻辑电平 **1**。实验步骤如下:

① 用手动单脉冲作驱动信号(*CP* 连到手动单脉冲上),用电平指示灯观察 Q_1 和 Q_2 的状态,记录测试结果。

② 用连续脉冲作驱动信号,将电子技术实验平台的数码管显示模块 A3 端和 A2 端接低电平,A1 端与 Q_2 相连,A0 端与 Q_1 相连,观察数码管的显示结果。

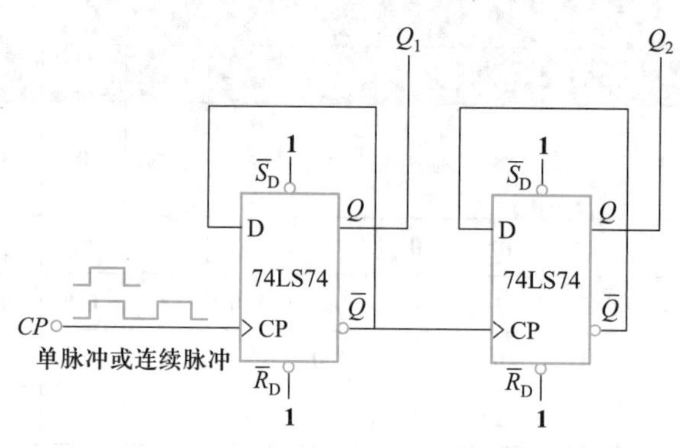

图 4.70 利用 74LS74 组成的 2-4 分频器

(3) 利用 74LS112 设计 2-4 分频器

利用 *JK* 触发器实现 2-4 分频器。电路原理图如图 4.71 所示,触发器控制端 $\overline{R}_D$、$\overline{S}_D$ 和数据端 *J*、*K* 分别接高电平 **1**,实验步骤:

① 用手动单脉冲作驱动信号(*CP* 连到手动单脉冲上),用电平指示灯观察 Q_1 和 Q_2 的状态,记录测试结果。

② 用连续脉冲作驱动信号,将电子技术实验平台的数码管显示模块 A3 端和 A2 端接低电平,A1 端与 Q_2 相连,A0 端与 Q_1 相连,观察数码管的显示结果。

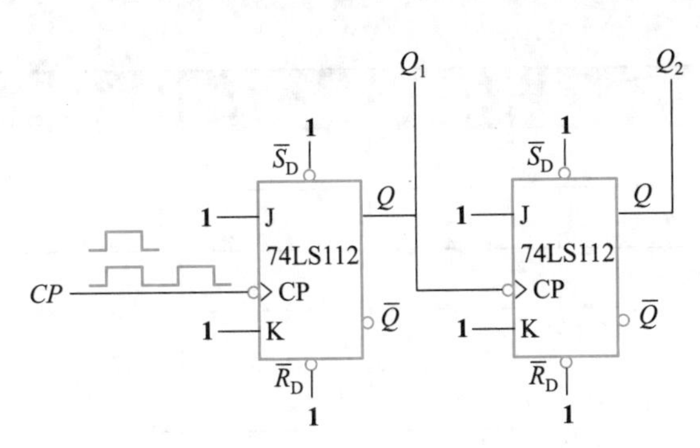

图 4.71　利用 74LS112 组成的 2-4 分频器

(4) 集成 *JK* 触发器 74LS112 构成的异步计数器及数码显示器

图 4.72 是由 4 个 *JK* 触发器构成的异步计数器,每个触发器的 *J* 和 *K* 端接电平 **1**,即转化成了 *T'* 触发器。手动发送计数脉冲,计数器由 *Q* 端输出,计数器的反相输出端与数码显示模块相连。与非门的四条输入线 Q_3、Q_2、Q_1 和 $\overline{Q}_0$ 以及输出至 $\overline{R}_D$ 的输出线决定了计数器的上限和下限。

① 按图 4.72 接好电路,检查无误后接通电源。

② 连续发手动计数脉冲至 *CP* 端,观察数码显示,使计数器进入主计数循环。

③ 按表 4.37 测量并记录数据。

④ 记录数码显示数字。

⑤ 根据实验数据,分析该计数器的类型和计数范围。

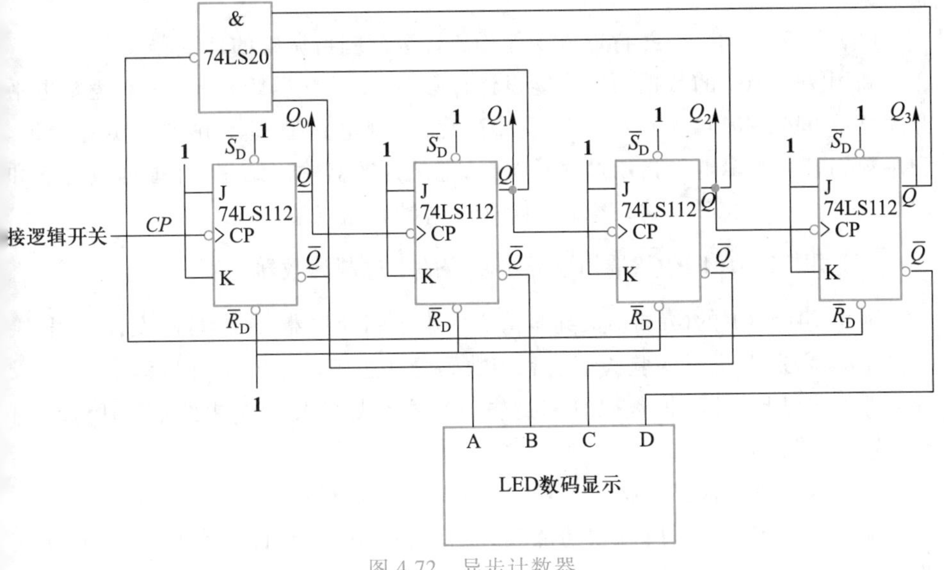

图 4.72　异步计数器

表 4.37　异步计数器测试数据

CP	Q_3	Q_2	Q_1	Q_0	LED 显示
0					
1					

续表

CP	Q_3	Q_2	Q_1	Q_0	LED 显示
2					
3					
4					
5					
6					
7					
8					
9					
10					
11					
12					
13					
14					
15					

（5）验证中规模集成计数器 74LS161 的逻辑功能

根据 74LS161 的引脚图和功能表，验证其逻辑功能，自拟实验步骤，记录实验数据。

（6）用 74LS161 的并行输入功能构成计数范围可调整的计数器

利用 74LS161 的数据预置功能设计计数器，要求数码管显示 1~7，逻辑电平开关显示 **0001~0111**。写出详细设计过程，绘制电路原理图并进行实验验证。利用数码管和逻辑电平指示灯显示结果，记录计数器输出结果，并根据数码管和逻辑电平指示灯的显示结果绘制 74LS161 时钟和输出端波形。

（7）用 74LS161 的$\overline{CR}$端构成异步复位的十进制计数器

利用 74LS161 的$\overline{CR}$端构成异步清零的十进制计数器，要求写出设计过程，绘制电路原理图，并进行实验验证。利用数码管和逻辑电平指示灯显示结果，记录计数器输出结果，并根据数码管和逻辑电平指示灯的显示结果绘制 74LS161 时钟和输出端波形。

（8）验证中规模集成移位寄存器 74LS194 的逻辑功能

根据 74LS194 的引脚图和功能表，验证其逻辑功能，自拟实验步骤，记录实验数据。

（9）用中规模集成移位寄存器 74LS194 构成右移环扭寄存器

利用中规模集成移位寄存器 74LS194 构成的右移环扭寄存器，电路原理图如图 4.73 所示，$D_3 \sim D_0$ 与逻辑电平信号数据开关相连，$Q_3 \sim Q_0$ 与逻辑电平信号显示灯相连。移位寄存器的移位方式选择端 S_1 和 S_0 接逻辑电平信号数据开关，CP 接时钟信号。

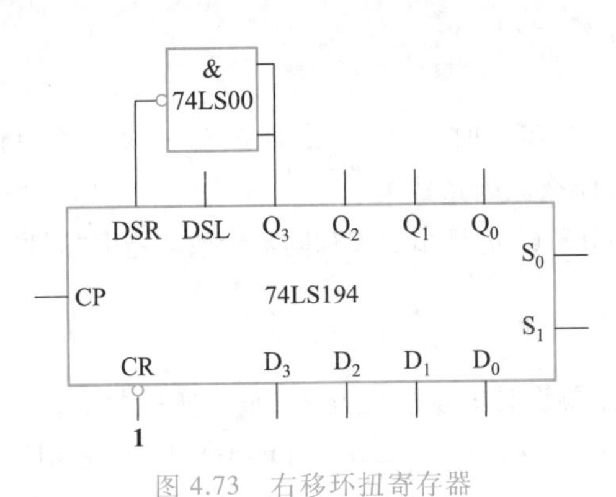

图 4.73　右移环扭寄存器

① 根据电路原理图，连接实验电路，检查无误后接通电源。

② 将数据开关预置为 $D_3 \sim D_0 = \mathbf{0000}$、$S_1S_0 = \mathbf{11}$，使得移位寄存器的初始状态预置为 $Q_3 \sim Q_0 = \mathbf{0000}$。

③ 重新设置 $S_1S_0 = \mathbf{01}$，使电路处于右移状态。

④ 在 CP 端手动发时钟脉冲信号，观察并记录输出的变化。

⑤ 将数据开关预置 $D_3 \sim D_0 = \mathbf{0010}$、$S_1S_0 = \mathbf{11}$，使得移位寄存器的初始状态预置为 $Q_3 \sim Q_0 = \mathbf{0010}$。

⑥ 重新设置 $S_1S_0 = \mathbf{01}$，使电路处于右移状态。

⑦ 在 CP 端手动发时钟脉冲信号，观察并记录输出的变化。

⑧ 将实验数据填入表 4.38 中。

表 4.38　右移环扭寄存器测试数据

CP 脉冲	（预置 $D_3D_2D_1D_0 = \mathbf{0000}$ 时）				（预置 $D_3D_2D_1D_0 = \mathbf{0010}$ 时）			
	Q_3	Q_2	Q_1	Q_0	Q_3	Q_2	Q_1	Q_0
0	**0**	**0**	**0**	**0**	**0**	**0**	**1**	**0**
1								
2								
3								
4								
5								
6								
7								
8								
9								
10								
11								

结果：

a. 当 $D_3 \sim D_0 = \mathbf{0000}$ 时，移位寄存器的状态数为________个。

b. 当 $D_3 \sim D_0 = \mathbf{0010}$ 时，移位寄存器的状态数为________个。

7. 实验思考

（1）在进行计数器实验时，有时会出现按动一次开关而计数器的输出跳动若干次的现象，这是什么原因造成的？

（2）如何理解 74LS161 的异步清零和同步置数功能中“同步”和“异步”的意义？

8. 实验报告

（1）事先画出需要设计的实验电路图，整理实验数据。

（2）总结 74LS74、74LS112、74LS161 和 74LS194 的各引脚定义和芯片功能。

（3）总结实验指导书中涉及的触发器类型、触发方式，判断是上升沿触发还是下降沿触发？

4.9 555 集成定时器及其应用

1. 实验目的

（1）掌握 555 集成定时器的基本逻辑电路功能及使用方法。

（2）学习使用 555 集成定时器构成一些常见的应用电路。

（3）通过本次实验，加深对 555 集成定时器的认识。

2. 预习要求

（1）复习 555 集成定时器的基本内容和常见的应用电路。

（2）阅读实验指导书，理解实验原理，了解实验步骤。

3. 实验原理

555 集成定时器是一种将模拟功能和逻辑功能混合在一块集成芯片上的集成定时器电路。具有成本低，结构简单，使用灵活等优点，是一种用途广泛的集成电路。用 555 集成定时器可以构成单稳态触发器、多谐振荡器和施密特触发器等多种电路。555 集成定时器的内部电路图如图 4.74 所示。

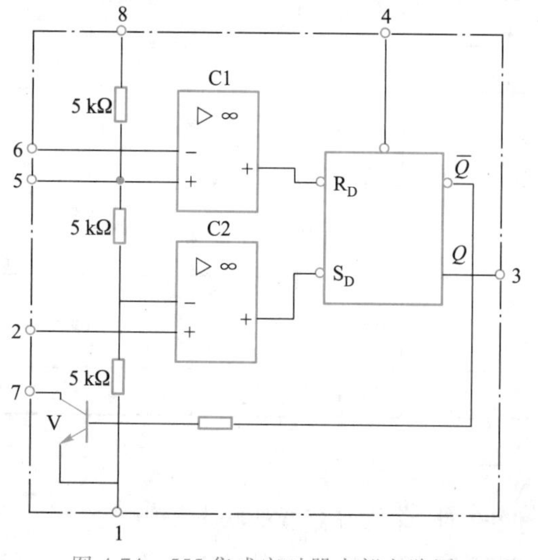

图 4.74　555 集成定时器内部电路图

555集成定时器的基本结构由一个异步 *RS* 触发器为核心，两个电压比较器C1和C2，3个5 kΩ电阻串联和放电晶体管构成。3个5 kΩ串联电阻将电源电压 U_{CC} 分压成 $\frac{1}{3}U_{CC}$ 和 $\frac{2}{3}U_{CC}$，触发器的 R_D 和 S_D 端分别由两个电压比较器C1与C2的输出控制，当C1反向端(高电平触发端6)的输入电压高于 $\frac{2}{3}U_{CC}$ 时，触发器被复位，输出3端为**0**，同时放电晶体管输出7端对地导通；当C2同向端(低电平触发端2)的输入电压低于 $\frac{1}{3}U_{CC}$ 时，触发器被置位，输出3端为**1**，同时放电晶体管输出7端对地截止；4脚为复位输入端，低电平有效，复位时不论其他引脚状态如何，输出3端被强制复位为**0**；5端为电压控制端，若外加一参考电压 *U*，则可改变C1与C2的比较电压值为 *U* 和 $\frac{1}{2}U$，5端的电压控制功能若不使用，则可将5端与地之间接一个0.1 μF电容，以防干扰。

555定时器的引脚图如图4.75所示，电源电压范围为5~18 V。其中引脚1为接地端、引脚2为低电平触发端、引脚3为输出端、引脚4为复位端、引脚5为电压控制端，引脚6为高电平触发端、引脚7为放电端、引脚8为电源端。555定时器的输出电流可达200 mA，可以直接驱动继电器、发光二极管、扬声器及指示灯等。555定时器工作原理的说明表如表4.39所示。

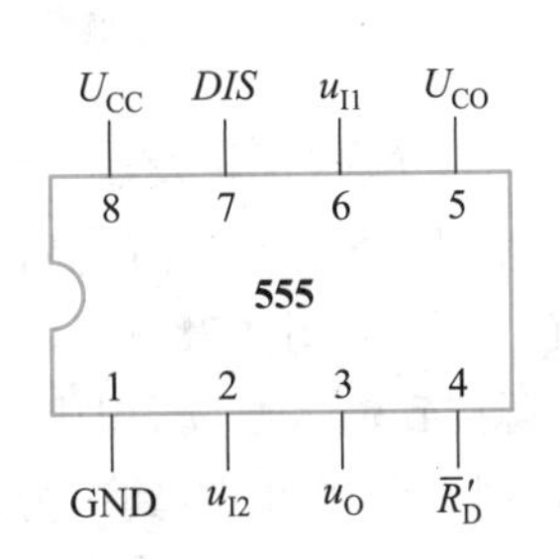

图4.75　555集成定时器的引脚图

表4.39　555定时器的工作原理说明表

$\bar{R}'_D$	u_{I1}	u_{I2}	$\bar{R}_D$	$\bar{S}_D$	*Q*	u_O	T
0	×	×	×	×	×	低电平电压(**0**)	导通
1	$>\frac{2}{3}U_{CC}$	$>\frac{1}{3}U_{CC}$	**0**	**1**	**0**	低电平电压(**0**)	导通
1	$<\frac{2}{3}U_{CC}$	$<\frac{1}{3}U_{CC}$	**1**	**0**	**1**	高电平电压(**1**)	截止
1	$<\frac{2}{3}U_{CC}$	$>\frac{1}{3}U_{CC}$	**1**	**1**	保持	保持	保持

(1) 单稳态电路

利用555定时器构成的单稳态电路如图4.76所示。*R*、*C* 是定时元件，电容 C_1 用于滤波，消除高频干扰。u_o 为单稳态电路的输出信号，其暂稳态时间 $t_w \approx 1.1RC$。

(2) 多谐振荡器

利用555定时器构成的多谐振荡器如图4.77所示。R_1、R_2 和 *C* 是外接定时元件，555定时器的引脚2低触发端和引脚6高触发端相连，然后连接到电容 *C*。放电晶体管的集电极引脚7接 R_1 和 R_2 的连接点，R_1 的另一端接电源。

多谐振荡器的振荡周期 T 和占空比 D 分别为

$$T=0.7(R_1+2R_2)C$$

$$D=\frac{R_1+R_2}{R_1+2R_2}\times 100\%$$

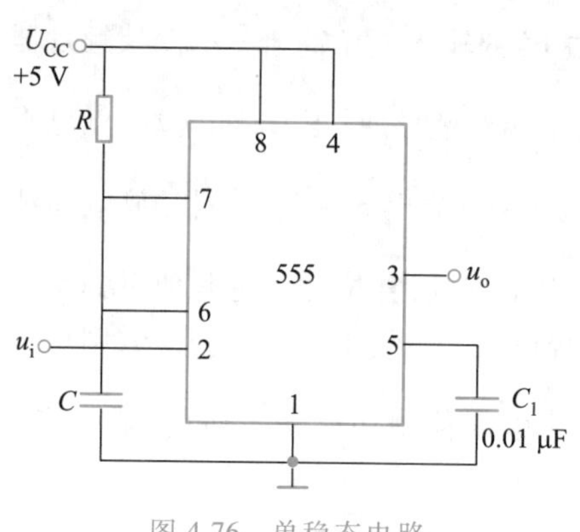

图 4.76　单稳态电路

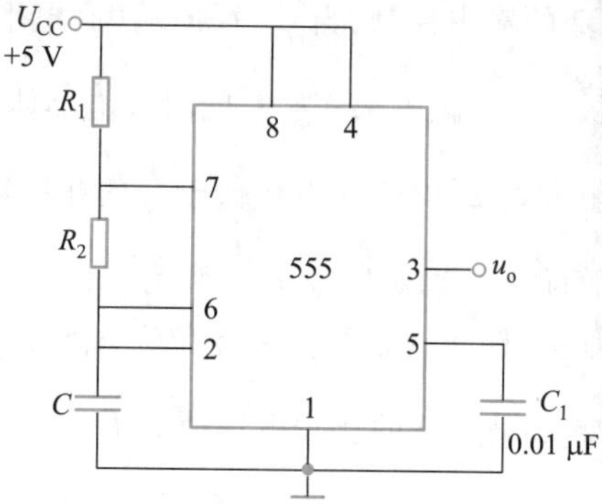

图 4.77　多谐振荡器

（3）施密特触发器

利用 555 定时器的高低电平触发的回差电平，可构成具有滞回特性的施密特触发器，如图 4.78 所示。555 定时器的引脚 2 低触发端和引脚 6 高触发端相连，再接到输入端 u_i，引脚 3 为输出端 u_o。用 555 定时器构成的施密特触发器回差控制有两种方式：其一为电压控制端引脚 5 不外加控制电压，此时高低电平的触发电压分别为 $\frac{2}{3}U_{CC}$ 和 $\frac{1}{3}U_{CC}$ 不变；其二为电压控制端引脚 5 外加控制电压 U，其高低电平的触发电压分别为 U 和 $\frac{1}{2}U$，可随着 U 改变而变化。

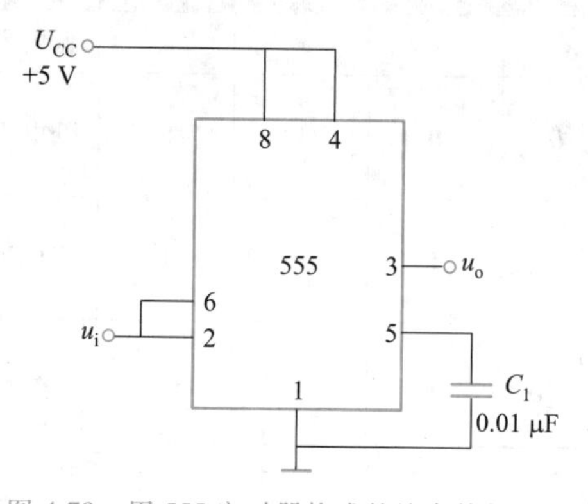

图 4.78　用 555 定时器构成的施密特触发器

4. 实验设备

直流稳压电源	1 台
数字万用表	1 块
示波器	1 台
电子技术实验平台	1 块

5. 注意事项

(1) 注意 555 定时器的工作电压，5 V 电源电压应在直流稳压电源上先调好，断开电源开关后再接入电路。

(2) 要熟悉芯片的引脚排列，使用时引脚不能接错，特别要注意电源和接地引脚不允许接反。

(3) 实验过程中，每当换接电路时，必须首先断开电源，严禁带电操作。

6. 实验内容

(1) 555 定时器电路构成的多谐振荡器

利用 555 定时器设计多谢振荡器，要求振荡周期约为 1 ms。写出设计过程，并进行实验验证。利用示波器观察振荡器输出 u_o 和电容 C_1 上电压 u_{C1} 的波形，测量波形的最大值、最小值、周期 T、频率 f、占空比 D，并与理论值比较。要求绘制输出波形图，标注实验数据，分析讨论问题。

(2) 555 定时器构成的压控振荡电路

利用 555 定时器构成的压控振荡电路，如图 4.79 所示。图中 555 定时器的引脚 5 与可调直流输入电压 U_I 相连，可利用电子技术实验平台的 47 kΩ 电位器或 10 kΩ 电位器分压获得，分别测量当控制电压为 1.5 V、3 V、4.5 V 时，输出电压 u_o 的振荡频率、占空比。

(3) 施密特触发器

1) 电压控制端引脚 5 不外加控制电压。

如图 4.80 所示，为电压控制端不外加控制电压的施密特触发器，具体实验步骤如下：

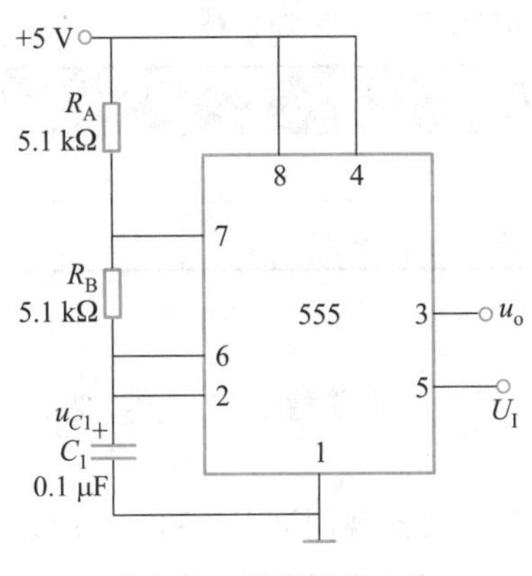

图 4.79　压控振荡电路

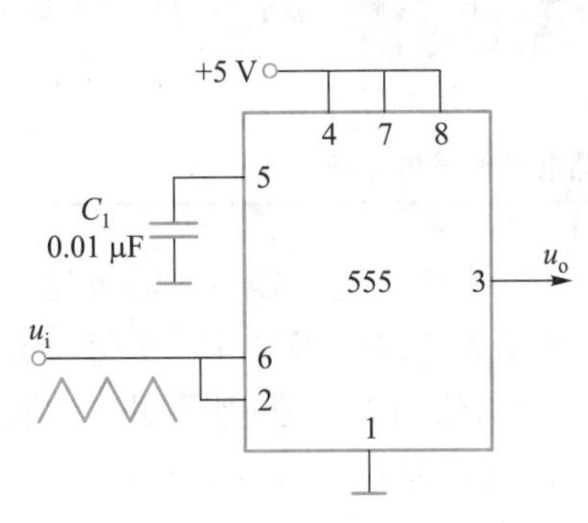

图 4.80　不外加控制电压的施密特触发器

① 按照电路原理图连接实验电路。

② 输入信号 u_i 利用函数信号发生器给出，调节函数信号发生器给出图 4.81 所示的输入波形。

③ 利用示波器同时观察输入信号 u_i 和输出信号 u_o，要求在同一坐标系绘制输入和输出波形。

④ 测量高低电平的触发电压，并在坐标图中标出。

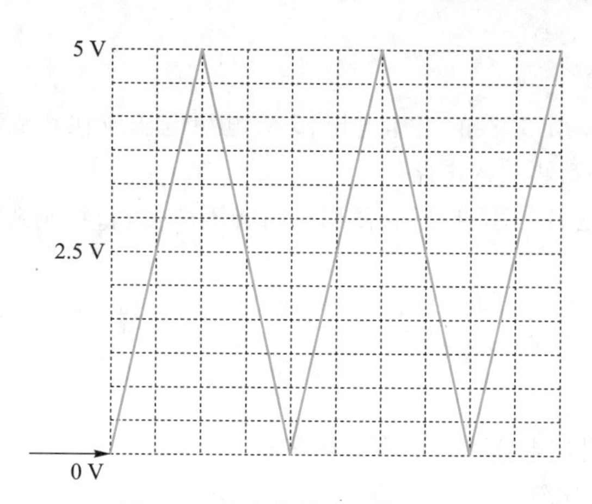

图 4.81　施密特触发器输入波形

2）电压控制端引脚 5 外加控制电压。

如图 4.82 所示，为电压控制端引脚 5 外加控制电压的施密特触发器，按图 4.82 所示，连接线路。输入信号 u_i 与上一题的输入波形相同。电压控制端 U_C 输入直流电压信号，可用电子技术实验平台的 47 kΩ 电位器分压获得。改变电压控制端电压信号，利用示波器同时观察输入信号 u_i 和输出信号 u_o，要求在同一坐标系绘制输入和输出波形（只需绘制 U_C = 4 V 时的波形）。按照表 4.40 测量高低电平的触发电压。

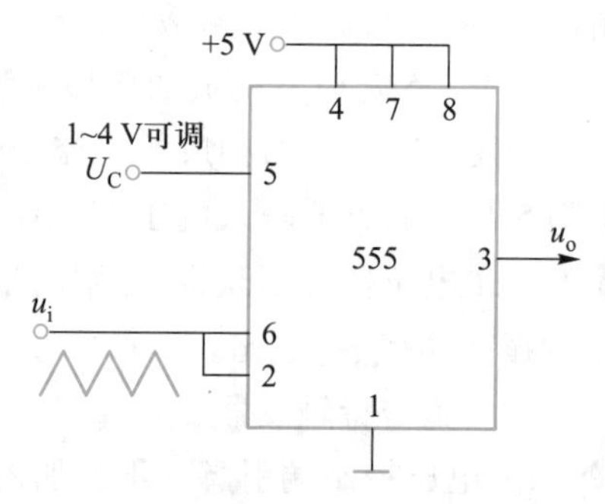

图 4.82　外加控制电压的施密特触发器

表 4.40　外加控制电压施密特触发器测试数据

U_C/V	1	2	3	4
高电平触发电压/V				
低电平触发电压/V				

（4）由 555 定时器组成的单稳态触发器

利用 555 定时器设计一个暂稳态时间约为 7 ms 的单稳态触发器，要求写出设计过程，绘制电路原理图，进行实验验证。

① 输入信号 u_i 由单次脉冲源提供，用双踪示波器观测 u_i、u_C 和 u_o 波形。测定幅度、周期和暂稳态的维持时间 t_w。

② 改变 *RC* 参数值，观察不同 *RC* 参数下，由 555 定时器组成的单稳态触发器的暂稳态时间的变化。

（5）555 定时器构成的警笛电路

警笛电路的发声原理是间歇的多谐振荡器，由两片 555 电路 C1 和 C2 构成，电路原理图如图 4.83 所示。C1 以及相应的外围电路构成了低频多谐振荡器，输出低频调制脉冲；C2 以及相应的外围电路构成了高频多谐振荡器，输出音频范围的脉冲。C1 输出端直接接至 C2 的电压控制端。当 C1 输出为高电平时，C2 构成

的高频多谐振荡器正常工作，输出音频脉冲。当 C1 输出为低电平时，C2 构成的高频多谐振荡器停止振荡。所以 C2 输出是间歇的音频信号。

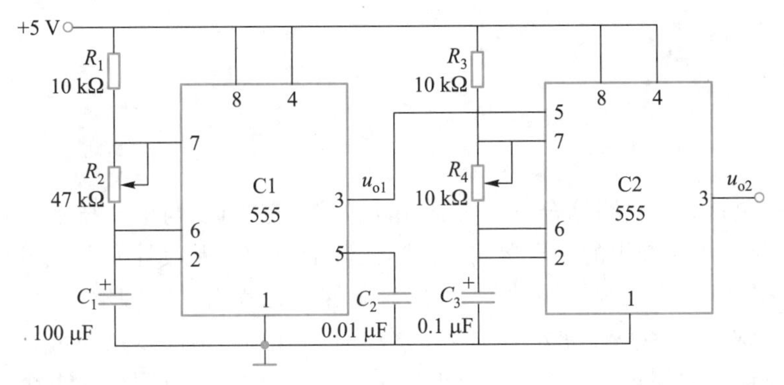

图 4.83 555 多谐振荡器构成警笛电路

① 按照电路原理图，连接实验电路，接通电源。

② 调节 C1 的 RC 回路中的 47 kΩ 电位器，用示波器测量并记录 C1 输出波形的最高频率 f_{1max} 和最低频率 f_{1min}。

③ 调节 C2 的 RC 回路中的 10 kΩ 电位器，用示波器测量并记录 C2 输出波形的最高频率 f_{2max} 和最低频率 f_{2min}。

④ 断开示波器探头，在 u_{o2} 处连接实验箱上的扬声器，分别调节电位器 R_2 和 R_4，聆听声音的变化。

7. 实验思考

（1）多谐振荡器的振荡频率主要由哪些元件决定？

（2）单稳态触发器输出脉冲宽度与什么有关？

（3）555 定时器 5 脚所接的电容起什么作用？

8. 实验报告

（1）事先画出需要设计的实验电路图，整理实验数据。

（2）按各项实验内容写出实验报告。

（3）总结单稳态电路、多谐振荡器及施密特触发器的功能和各自特点。

第 5 章　电路综合设计实验

本章包括 5 个电路综合设计实验,由浅入深,是“电工与电子技术实验”的扩展内容,侧重于对知识的综合运用。通过实际的应用电路设计及调试,培养学生利用所学知识解决工程问题的能力,同时加深对课程内容的理解。由于实际工程问题通常具有多种解决方案,本教材仅提供其中的一种,以供参考,学生也可以自行设计。此外实际工程问题要求考虑问题全面,一个方案包含多个环节,实验内容较多,往往超出课程教学大纲,要求学生能够利用课余时间查阅资料,完成部分内容的自学,并在实验预习阶段完成电路的设计及仿真验证,实验课时仅用于进行测试及实验研究。

5.1　信号发生器设计

1. 实验目的

(1) 熟悉利用集成运放构成信号发生器的设计方法,同时理解集成运放的工作原理及使用注意事项。

(2) 逐步培养对复杂电路的设计及调试能力。

2. 实验预习

(1) 熟悉函数信号发生器电路的组成、工作原理及参数估算。

(2) 按照如下要求设计相应的电路图,标注元件参数,并进行仿真验证:

① 利用集成运算放大器,设计一个正弦波-方波-三角波函数发生器;

② 频率范围:100 Hz~1 kHz;

③ 输出电压:正弦波 $U_{p-p}>6$ V,方波 $U_{p-p}=12$ V,三角波 $U_{p-p}=12$ V。

3. 实验参考方案

产生正弦波、方波和三角波的方案有多种,如首先产生正弦波,然后通过电压比较器电路将正弦波变换成方波,再由积分电路将方波变换成三角波;也可以首先产生三角波-方波,再将三角波变成正弦波或将方波变换成正弦波,等等。本参考方案首先产生正弦波,再变换成方波和三角波。利用集成运算放大器实现的正弦波-方波-三角波函数信号发生器电路原理图如图 5.1 所示。

对于图 5.1 中的 RC 桥式正弦振荡电路,振荡频率为

$$f=\frac{1}{2\pi\sqrt{R_4R_5C_1C_2}}$$

当 $R_4=R_5=R$, $C_1=C_2=C$ 时,振荡频率为

$$f=\frac{1}{2\pi RC}$$

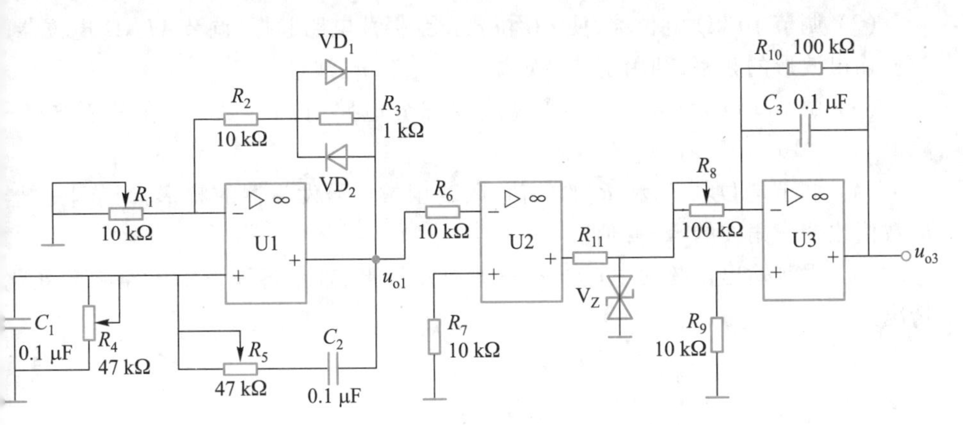

图 5.1 正弦波-方波-三角波信号发生器电路原理图

通过调节 R_1，使电路产生振荡，在调节 R_4 和 R_5 改变振荡频率时，应尽量保持 R_4 和 R_5 相等，这样在调节过程中，不会影响反馈系数和相角，电路不会停振，也不会使输出幅度改变。

RC 桥式正弦振荡电路产生的正弦波 u_{o1}，经过过零比较器后，输出为方波。为了将输出电压限制在特定值，在运算放大器 U2 的输出端 u_{o2} 与“地”之间跨接一个双向稳压二极管 VZ，作双向限幅用。稳压二极管的稳定电压为 6 V，这样输出电压 u_{o2} 被限制在+6 V 或-6 V。

运算放大器 U3 和外围电路组成积分电路，方波 u_{o2} 经过积分电路后输出为三角波。积分时间常数为 R_8C_3，通过调节电位器 R_8 能够改变积分时间常数，从而改变三角波 u_{o3} 的峰-峰值。在积分电容上并联一个电阻 R_{10}，目的是降低电路的低频电压增益，从而消除积分电路的饱和现象。如果没有电阻 R_{10}，输出 u_{o3} 将漂移不定，直至输出偏向饱和值（接近正或负电源电压）为止。由于设计选用了多个运算放大器，因此采用集成运算放大器 LM324，LM324 内集成了四组运算放大器，也是双电源供电方式，引脚排列图如图 5.2 所示。

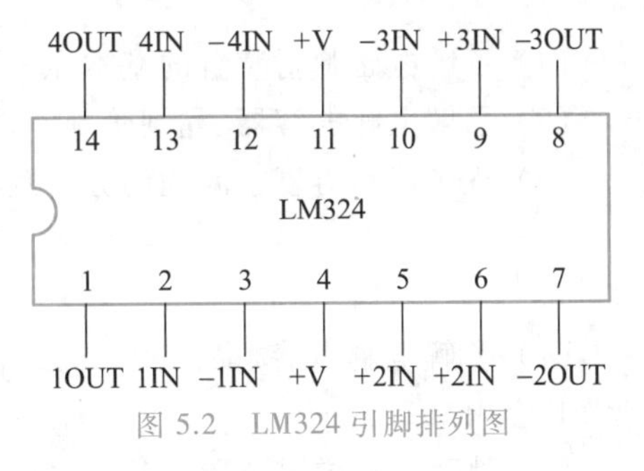

图 5.2 LM324 引脚排列图

4. 实验设备

直流稳压电源 1 台

示波器 1 台

数字万用表 1 块

5. 注意事项

常规注意事项。

6. 实验内容

（1）按图 5.1 所示原理图连接电路。

（2）调节 10 kΩ 电位器，使 RC 桥式正弦振荡电路起振，调节 47 kΩ 电位器，改变输出波形的频率，利用示波器观察 u_{o1}、u_{o2}和 u_{o3}波形。

（3）调节 100 kΩ 电位器，通过改变积分电路时间常数，调节三角波峰-峰值。

（4）调节电位器 R_4和 R_5的数值，改变函数信号发生器的频率，调节电位器 R_8数值改变三角波的峰-峰值。

（5）观测输出正弦波、方波、三角波电压波形，观察各波形随电路参数变化情况。

7. 实验思考

（1）在此电路基础上如何改进使之实现锯齿波输出？

（2）如何实现在输出波形上叠加直流量，使波形实现上下平移？

8. 设计报告

（1）写明设计题目、设计任务、设计环境、所需的设备元器件及参数。

（2）绘制经过实验验证、完善后的电路原理图。

（3）编写设计说明、使用说明与设计小结。

（4）列出设计参考资料。

5.2 微型电磁弹射装置设计

1. 实验目的

（1）了解电磁弹射装置的基本原理，设计和调试微型电磁弹射装置电路。

（2）了解电解电容器、晶闸管等元件的应用。

（3）逐步培养对复杂问题的分析及实验研究能力。

2. 实验预习

（1）了解电解电容、晶闸管、二极管、变压器、整流桥、LED 等元件的工作原理及其应用。

（2）熟悉电磁弹射装置的基本原理。

（3）根据实验参考方案设计电路图，标注元件参数并进行仿真验证。

3. 实验参考方案

电磁弹射装置原理示意图如图 5.3 所示，弹丸经过顺序触发的加速线圈加速后，以极高的初速度射出。本实验旨在辅助理解电磁炮的原理及设计方法，因此选取单级线圈式电磁弹射装置为设计对象。

线圈式单级电磁弹射装置参考电路如图 5.4 所示。电路主要包含储能元件电容 C、加速线圈 L、电容充电电路及弹射触发电路。电容器充电电路为电容 C 左侧部分，220 V 交流电经变压器 T_1 降压后，经整流桥 D_1 整流成直流电，对电容进行充电。变压器 T_1 的变比设计需考虑电容器的参数，开关 K_1 宜采用双联开关或拔插头。R_2与 LED 串联电路用来指示电容器的带电状态，当电容器带电时，

LED 灯点亮。触发电路由晶闸管 Q_1 及其触发电路构成，电容充电完成后，合上开关 K_2 使晶闸管导通，电容器放电，瞬间的大电流使电感线圈内产生强磁场，推动弹丸射出。

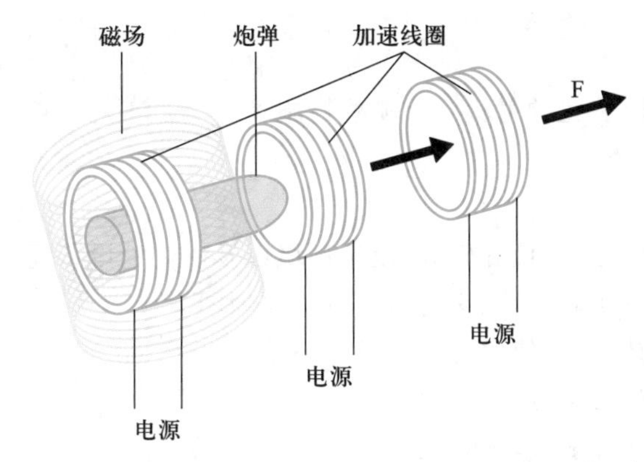

图 5.3　电磁弹射装置原理示意图

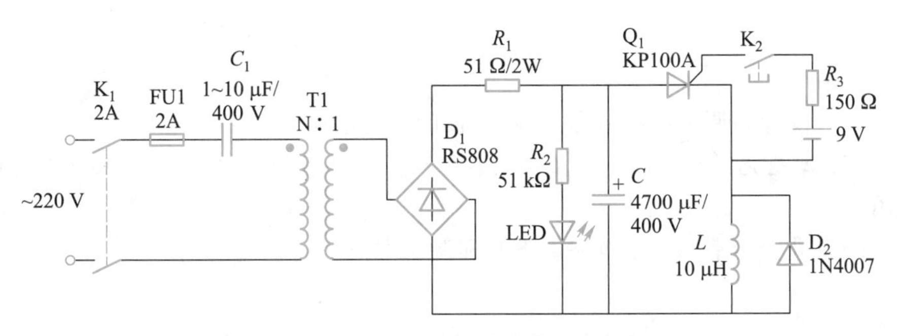

图 5.4　线圈式单级电磁弹射装置参考电路

4. 实验设备

直流稳压电源　　1 台
交流电流表　　1 块
数字万用表　　1 块

5. 注意事项

（1）此电路不隔离，一定要在充电结束后断开开关 K_1。由于子弹射出速度很大，在做实验时要确保周围空旷且没有其他杂物，以免破坏物品。在实验过程中，要保证人身安全，防止子弹打伤人员及物品。实验结束后要立即关闭电源，防止线圈过热烧坏线圈，严禁用手触摸线圈，防止烫伤。

（2）储能电容器是有极性的，务必确保连接正确的极性，避免发生事故。

（3）常规注意事项。

6. 实验内容

（1）按图 5.4 连接电路并调试

（2）实验研究内容

① 研究电容大小，线圈匝数，充电电压对射程的影响。

② 研究铁钉质量对射程的影响。

③ 研究铁钉在线圈中的位置对射程的影响。

④ 研究线圈的倾斜角度对射程的影响。

7. 实验思考

如何提高弹射装置的射程？有哪些措施？

8. 实验报告

（1）写明设计题目、设计任务、设计环境以及所需的设备元器件。

（2）绘制经过实验验证、完善后的电路原理图。

（3）编写设计说明、使用说明与设计小结。

（4）列出设计参考资料。

5.3 简易 24 秒倒计时电路

1. 实验目的

（1）设计和调试简易篮球竞赛 24 秒倒计时电路。

（2）掌握芯片数据文件的查阅方法，熟悉 74LS192、555 定时器等集成芯片的使用。

（3）进一步掌握数字电路的设计和调试方法。

2. 实验预习

（1）熟悉 555 定时器的功能及常用电路构成。

（2）熟悉 74LS192 减法计数器的功能。

（3）掌握 *RS* 触发器在消除开关抖动中的应用。

（4）熟悉七段 LED 显示器及显示译码器的引脚排列和工作原理。

（5）设计相应的电路图，标注元件参数，并进行仿真验证。

3. 实验参考方案

24 秒计时器由秒脉冲发生器、计数器、译码显示电路、报警电路和辅助时序控制电路（简称控制电路）等五个模块组成。其中计数器和控制电路是系统的主要模块。计数器完成 24 秒计时功能，而控制电路完成计数器的直接清零、启动计数、暂停/连续计数、译码显示电路的显示与灭灯、定时时间到报警等功能。

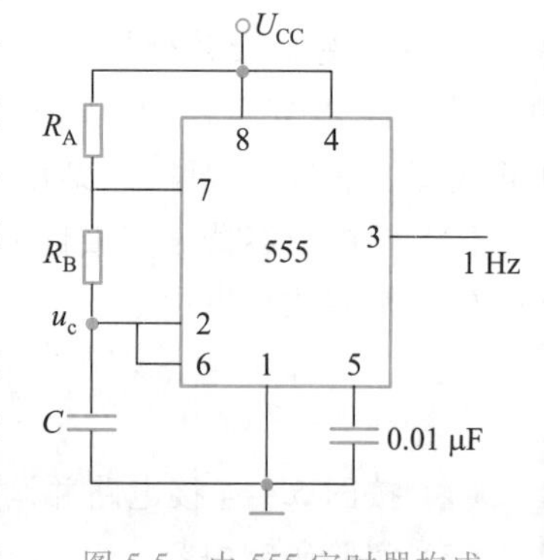

图 5.5 由 555 定时器构成的多谐振荡器

秒脉冲发生器产生的信号是电路的时钟脉冲和定时标准，但本设计对此信号要求并不太高，故电路可采用 555 集成电路构成的多谐振荡器，其原理如图 5.5 所示，振荡周期为 $T=t_{P1}+t_{P2}\approx0.7(R_A+2R_B)C$，振荡电路的输出接入计时

电路的个位计数器脉冲输入端。

显示电路部分由显示译码器 74LS48 和共阴极七段 LED 显示器组成，或者由 74LS47 和共阳极七段 LED 显示器组成。以共阴极 LED 显示器为例，电路如图 5.6 所示。

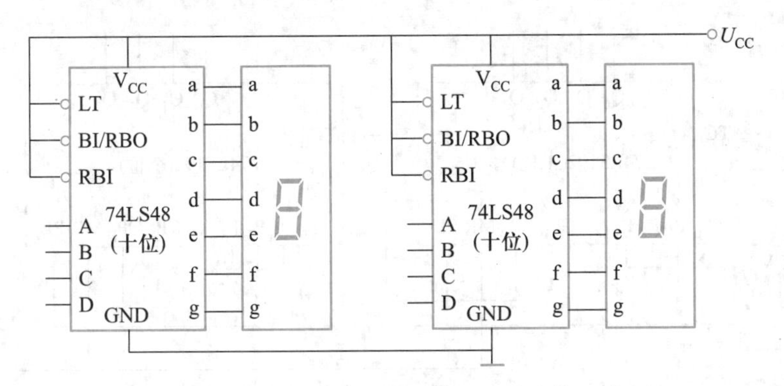

图 5.6　由 74LS48 和共阴极七段 LED 构成的显示电路

计数电路采用同步十进制可逆计数器 74LS192 芯片实现。74LS192 具有双时钟输入，并具有清零和置数等功能，其引脚排列及逻辑符号如图 5.7 所示，功能如表 5.1 所示。MR 为复位输入端，高电平有效，异步清零；$\overline{PL}$为预置输入控制端，低电平有效，异步预置；P0、P1、P2、P3 为计数器输入端；Q0、Q1、Q2、Q3 为数据输出端。CP_U为加计数时钟输入端，CP_D为减计数时钟输入端，$\overline{TC_U}$为进位输出，**1001** 状态后负脉冲输出；$\overline{TC_D}$为借位输出，**0000** 状态后负脉冲输出。

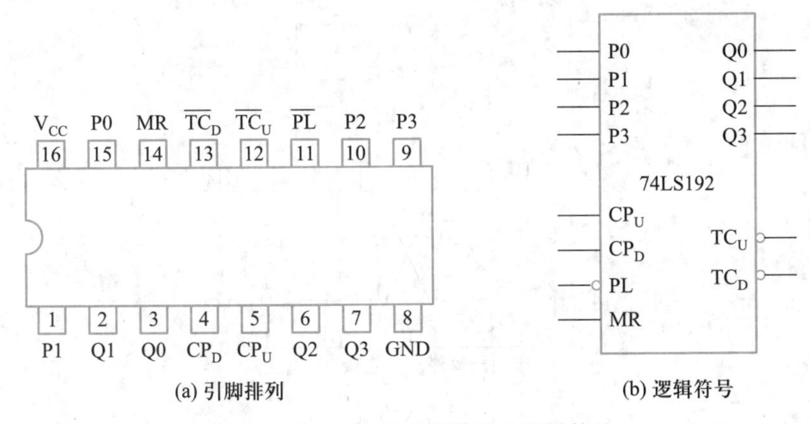

(a) 引脚排列　　(b) 逻辑符号

图 5.7　74LS192 的引脚排列及逻辑符号

表 5.1　74LS192 功能表

输入								输出			
MR	$\overline{PL}$	CP_U	CP_D	P3	P2	P1	P0	Q3	Q2	Q1	Q0
1	×	×	×	×	×	×	×	0	0	0	0
0	0	×	×	d	c	b	a	d	c	b	a
0	1	↑	1	×	×	×	×	加计数			
0	1	1	↑	×	×	×	×	减计数			

24 进制减法计数器电路如图 5.8 所示，计数芯片的置数端由按钮 SB 控制，按下 SB 后，计数器置数 24。24 秒的倒数计时器开始工作时，逐秒减 1 直至 0，即达到 **00** 状态，此时通过组合逻辑电路生成终止信号，将时钟信号截断，使计时器在计数到零时停止。

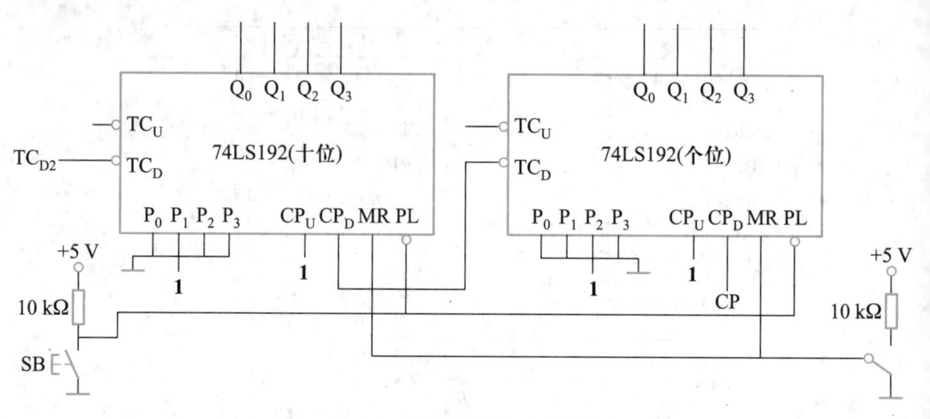

图 5.8 24 进制减法计数器

为了实现对计时的暂停功能，设计计时脉冲信号 CP 的生成电路如图 5.9 所示，当双位开关拨到暂停挡位时，输出脉冲 CP 保持低电平，当开关拨到连续挡位时，CP 输出脉冲信号给计数电路，计数电路继续减计数。此电路采用基本 *RS* 触发器消除开关抖动。报警电路在实验中可用发光二极管和鸣蜂器代替，请自行添加适当的电路实现要求的功能。

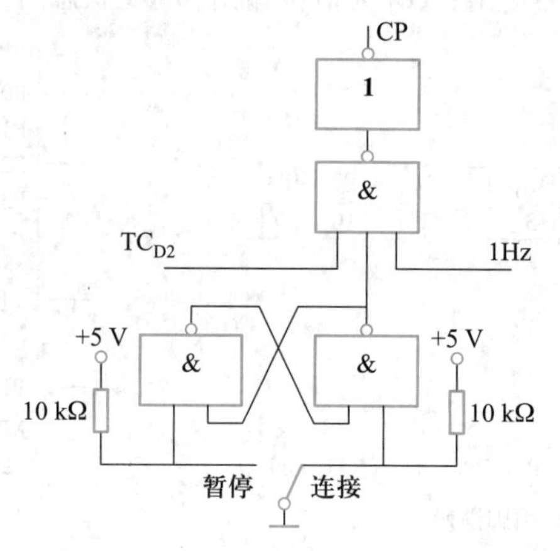

图 5.9 计时脉冲信号生成电路

4. 实验设备

(1) 直流稳压电源　　1 台

(2) 示波器　　1 台

(3) 数字万用表　　1 块

5. 注意事项

(1) 常规注意事项。

(2) 注意不可把集成运算放大器的正、负电源极性接反或将输出端短路。

(3) 实验过程中，每当更改电路时，必须首先断开电源，严禁带电操作。

6. 实验内容

(1) 连接电路，分别调试各电路模块。

① 具有显示 24 秒倒计时功能：用两个数码管分别显示时间的个位和十位，其计时间隔为 1 秒；

② 分别设置启动键和暂停/继续键，控制计时器的直接启动计数，暂停/继续计数功能；

③ 设置复位键：按复位键可随时返回初始状态，即进攻方计时器返回到 24 秒；

④ 计时器递减计数到 **00** 时，计时器跳回 24 停止工作，并给出声音和发光提示，即直流振荡器发出声响和发光二极管发光。

(2) 在按下 SB 后增加输入封锁环节，计时启动后，24 秒置数功能无效。

(3) 整合电路并调试功能。

7. 实验报告

(1) 写明设计题目、设计任务、设计环境以及所需的设备元器件。

(2) 绘制经过实验验证、完善后的电路原理图。

(3) 编写设计说明、使用说明与设计小结。

(4) 列出设计参考资料。

5.4 线性稳压电源设计

1. 实验目的

(1) 理解线性稳压电源电路工作原理及特点。

(2) 掌握利用三端稳压集成电路设计线性稳压电源电路的方法。

(3) 掌握采用多种模块配合搭建多路输出的稳压电源电路的方法。

(4) 进一步掌握复杂数字电路的设计和调试方法，培养实践操作能力。

2. 实验预习

(1) 了解线性稳压电源电路功能及原理。

(2) 利用三端稳压集成电路 LM7805 设计线性稳压电源电路，画出电路图，设计电路参数。

(3) 利用可调节三端正电压稳压器 LM117 设计输出可调的直流稳压电源，画出电路图，设计电路参数。

(4) 设计输入 220 V/50 Hz 交流电、输出 10~12 V 可调的直流稳压电源。

(5) 采用 Multisim 软件对线性直流稳压电源电路进行仿真分析，要求：

① 仿真过程中电路设计参数可自由选择；

② 将仿真电路图及其设计说明、输入输出电压波形、驱动信号等详细记录，并写入设计报告。

3. 实验参考方案

直流稳压电源一般由电源变压器、整流电路、滤波电路及稳压电路所组成。电路结构如图 5.10 所示，首先整流变压器把市电交流电压变为整流所需要的低压交流电；整流电路将交流电变为单向脉动的直流电；滤波电路再减小整流电压的脉动成分；稳压电路把不稳定的直流电压变为稳定的直流电压输出。

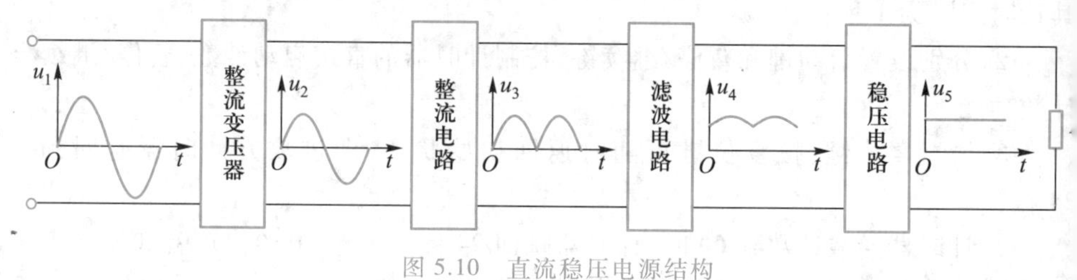

图 5.10　直流稳压电源结构

(1) BJT 串联型线性稳压电路

BJT 串联型线性稳压电路的基本原理图如图 5.11 所示，整个电路由四部分组成：

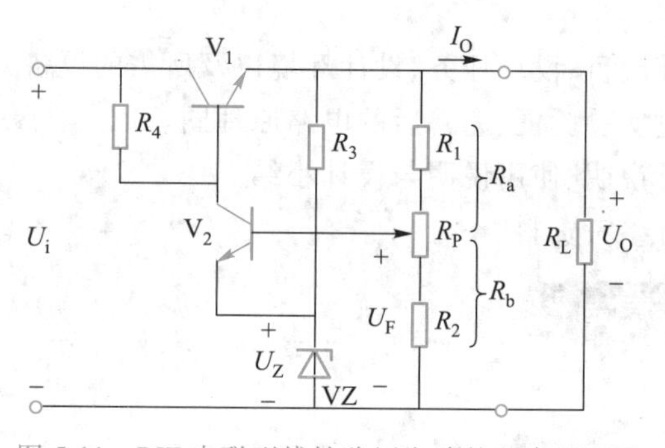

图 5.11　BJT 串联型线性稳压电路的基本原理图

① 取样环节由 R_1、R_P、R_2 构成，它将输出电压 U_O 的分压作为取样电压 U_F，送到比较放大环节。

② 基准电压由稳压二极管 VZ 和限流电阻 R_3 提供一个稳定的电压 U_Z，作为电路稳压调整、比较的基准。设 V_2 的发射结电压 U_{BE2} 可以忽略，则

$$U_F = U_Z = U_O \frac{R_b}{R_a + R_b}$$

因此

$$U_O = \left(1 + \frac{R_a}{R_b}\right) U_Z$$

可见，调节电位器 R_P 即可调节输出电压 U_O 的大小，但 U_O 必须大于 U_Z。

③ 比较放大电路由 V_2 和 R_4 构成的直流放大器组成，其作用是将取样电压 U_F 与基准电压 U_Z 之差 U_{BE2} 放大后控制调整管 V_1。

④ 调节环节由工作在线性放大区的功率管 V_1 组成，V_1 的基极电流 I_{B1} 受比较放大电路输出的控制，它的改变又可使集电极电流 I_{C1} 和集-射极电压 U_{CE1} 改变，

从而达到自动调整稳定输出电压的目的。

(2) 三端固定输出集成稳压器

塑料封装的三端固定输出集成稳压器(0.5 A、1.5 A)的外形和引线排列如图 5.12 所示。

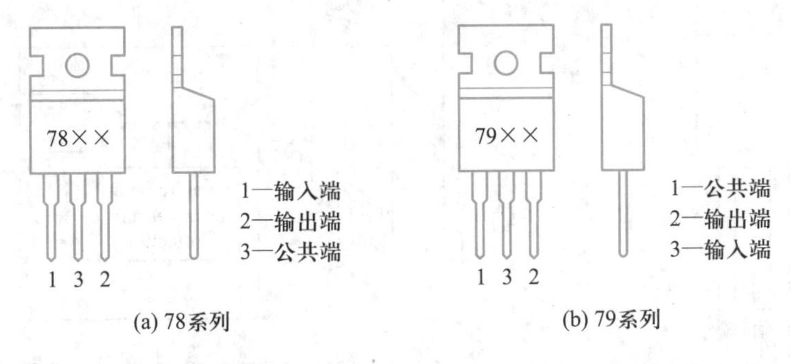

图 5.12 塑料封装的三端固定输出集成稳压器的外形和引线排列

三端固定输出集成稳压器具有体积小、使用方便、工作可靠等特点,现已成为一种标准器件,典型的应用电路有以下几种:

图 5.13 为 78××和 79××系列集成稳压器的基本接线图。图中 C_i 为防振电容,用来抑制稳压电路的自激振荡,C_O 用以改善瞬态响应,一般在 0.1 ~ 1 μF 之间。

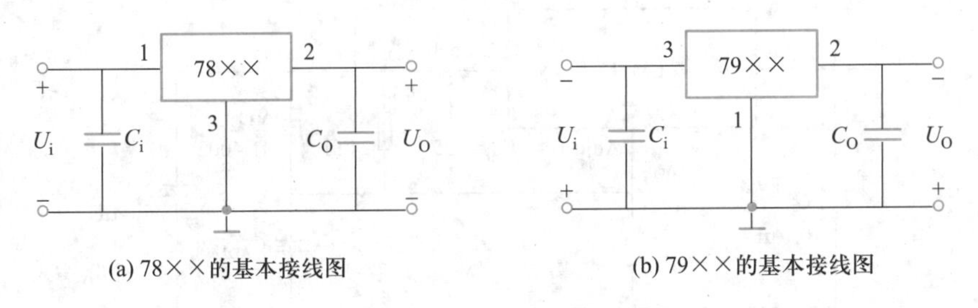

图 5.13 78××和 79××系列稳压器的基本接线图

输出可调的直流稳压电源参考电路如图 5.14 所示。变压器的作用是将 220 V 交流电变换为 15 V 交流电,整流桥将交流电转换成直流电,C_1 为滤波电容,注意引入滤波电容后直流电压 U_i 的值约为变压器二次侧电压的 1.2 倍。

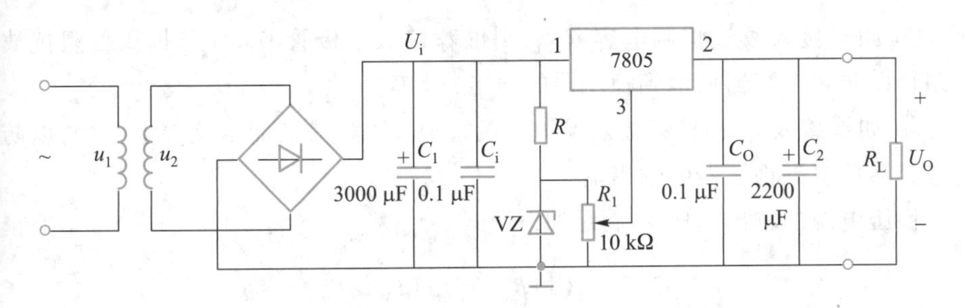

图 5.14 输出可调的直流稳压电源参考电路

(3) 三端可调输出集成稳压器

三端可调输出集成稳压器 LM117 的外形和内部结构框图如图 5.15 所示。

图 5.16 为利用 LM117 构成输出可调的稳压电源的典型电路，与 78××和 79××系列集成稳压器的接线图相似，不同之处有：

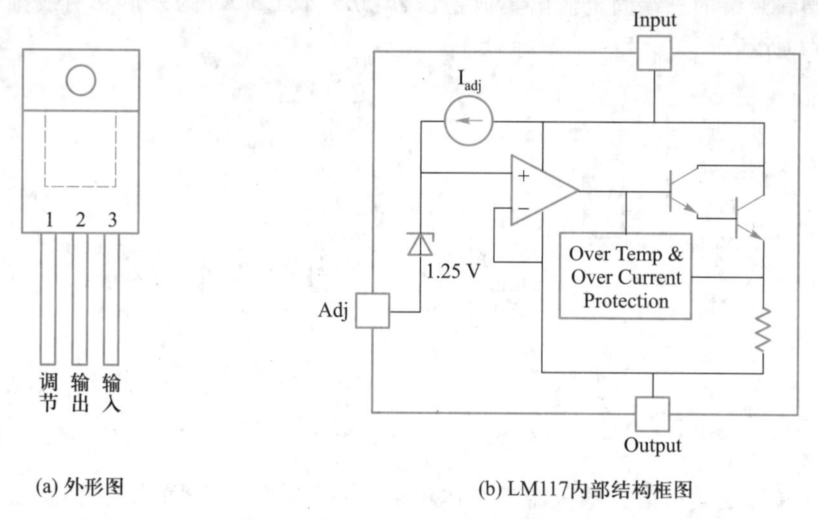

图 5.15 三端可调输出集成稳压器 LM117 的外形和内部结构框图

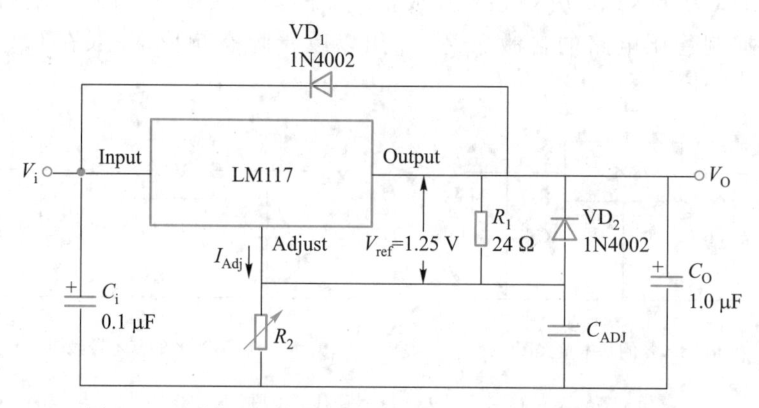

图 5.16 三端可调输出集成稳压器 LM117 构成的稳压电源

① 利用 R_1 和 R_2 对输出进行设定及调节；

② C_{ADJ} 用来提高纹波抑制效果，当输出电压调节得更高时，防止纹波的放大；

③ 如果接入纹波抑制电容 C_{ADJ}，则推荐接入二极管 D_2，使其提供低阻抗放电路径以防止电容器放电到稳压器的输出；

④ 如果接入 C_O 则推荐接入保护二极管 D_1，使其提供低阻抗放电路径，以防止电容器放电到稳压器的输出端。

稳压电源的输出电压 V_O 满足如下公式：

$$V_O = V_{REF}(1+R_2/R_1)+(I_{ADJ}\times R_2)$$

（4）具有多路输出的直流稳压电源

为系统中的信号采集电路、单片机控制电路和显示电路提供辅助电源的电路，如图 5.17 所示。可提供+5 V，±12 V 和（1.25～37 V）可调电压。

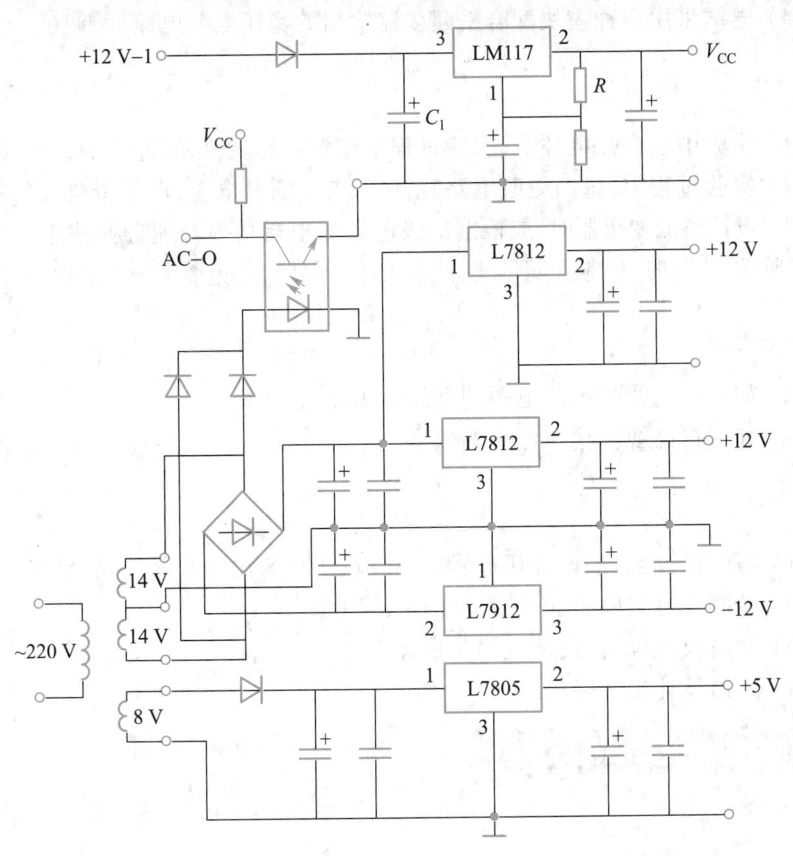

图 5.17　具有多路输出的直流稳压电源

4. 实验设备

直流稳压电源	1 台
数字万用表	1 块
交流电流表	1 块
示波器	1 台
滑动变阻器	1 个

5. 实验内容

（1）采用分立元件搭建线性稳压电源电路，改变输入电压，观察输出电压的变化。

（2）采用 78××系列芯片搭建线性稳压电源电路，并调试：

① 测试线性稳压电源的输出特性曲线；

② 测试线性稳压电源的效率；

③ 观察输入电压变化时电源输出电压的变化情况。

（3）采用 LM117/LM317 芯片搭建线性稳压电源电路，并调试：

① 测试可调输出电压功能；

② 测试线性稳压电源的输出特性曲线；

③ 观察输入电压变化时电源输出电压的变化情况。

（4）尝试采用多种模块配合搭建多路输出的稳压电源电路，并调试。

6. 注意事项

（1）实验中包含强电环节，实验过程中注意操作规范，确保安全；

（2）实验过程中，每当更改电路时，必须首先断开电源，严禁带电操作；

（3）设计整流变压器时，应根据次级电路的消耗功率合理选择铁心、线径；计算绕组匝数、绕制时，仍应逐圈排线，严禁大幅度斜跨，以免增大导线间电位差。

7. 实验思考

（1）如何提高线性稳压电源的电流输出能力。

（2）如何提高线性稳压电源的效率。

8. 实验报告

（1）写明设计题目、设计任务、设计环境、所需的设备元器件及参数；

（2）绘制经过实验验证、完善后的电路原理图；

（3）编写设计说明、使用说明与设计小结；

（4）列出设计参考资料。

5.5 便携式太阳能手机充电器

1. 实验目的

（1）了解线性稳压电源电路功能及原理。

（2）了解实用手机充电电源电路的设计要求。

（3）掌握芯片数据手册的查阅方法，能够利用锂电池充电模块 TP4056 及升压转换器 PT1301 设计太阳能手机充电器电路。

（4）锻炼对复杂电路的搭建及调试能力。

（5）进一步熟悉工程实用电路设计过程，培养独立解决工程问题的能力。

2. 实验预习

（1）熟悉线性稳压电源电路功能及原理；

（2）熟悉三端稳压集成电路的功能及使用方法；

（3）了解太阳能光伏电池的使用方法；

（4）熟悉锂电池充电模块 TP4056、升压转换器 PT1301 的原理及应用；

（5）参考给定的实验方案，设计相应的电路图，标注元件参数，进行必要的仿真验证。

3. 实验参考方案

便携式太阳能手机充电器系统框图如图 5.18 所示，太阳能多晶硅电池板将太阳能转化为电能，经过稳压模块稳定到 5 V 后，经过充电模块完成对单节锂电池充电，然后再经过升压模块，将电池的电压升压成稳定的 5 V，将该 5 V 稳定电压通过 USB 口为手机端供电。

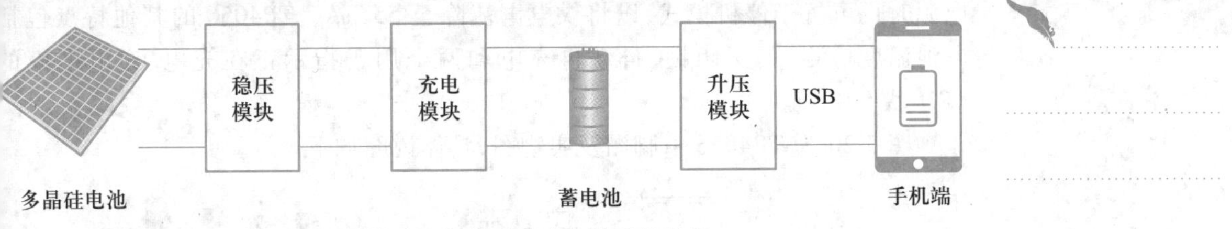

图5.18 便携式太阳能手机充电器系统框图

稳压模块可以采用LM7805三端稳压模块,充电模块可采用TP4056芯片实现,升压模块可采用升压转换器PT1301芯片实现。

(1) TP4056芯片

TP4056是一款完整的采用恒定电流/恒定电压线性充电器,功能框图如图5.19所示。由于采用了内部PMOSFET架构,加上防倒充电路,所以不需要外部隔离二极管。热反馈可对充电电流进行自动调节,以便在大功率操作或高环境温度条件下对芯片温度加以限制。充电电压固定为4.2 V,而充电电流可通过一个电阻器进行外部设置。当充电电流在达到最终浮充电压之后降至设定值1/10时,TP4056将自动终止充电循环。当输入电压(交流适配器或USB电源)被拿掉时,TP4056自动进入一个低电流状态,将电池漏电流降至2 μA以下。TP4056在有

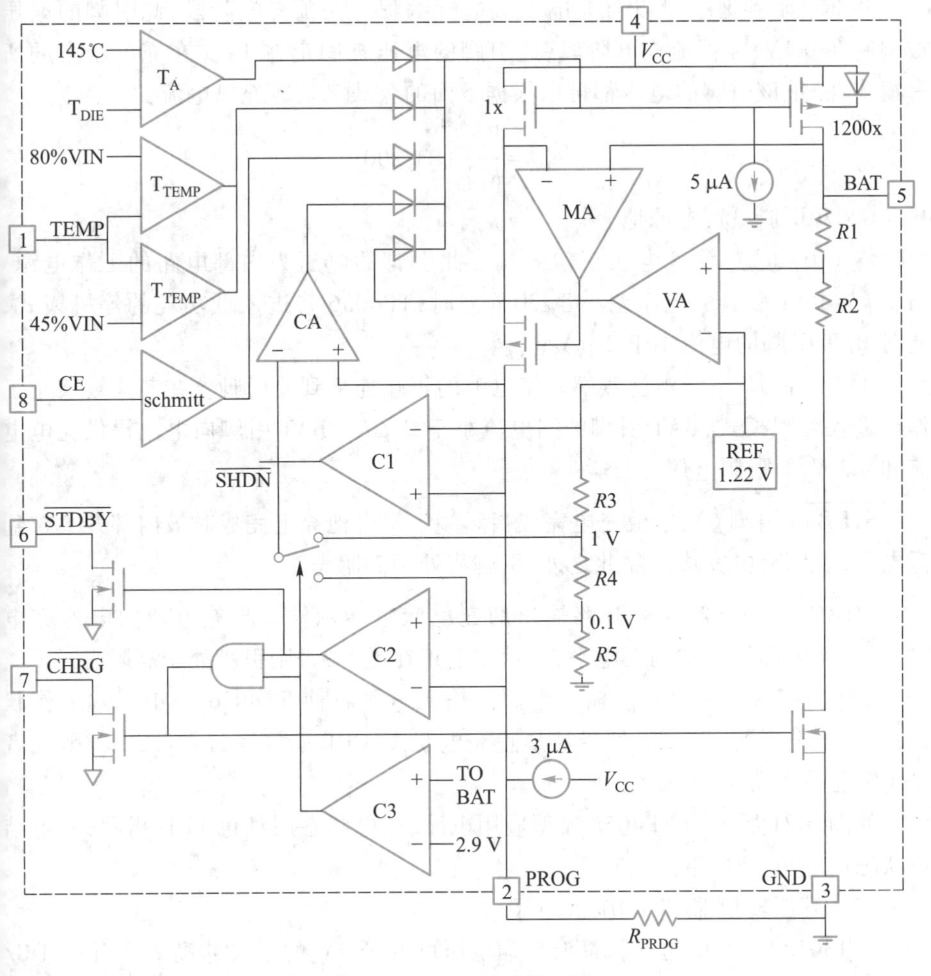

图5.19 TP4056功能框图

电源时也可置于停机模式，以将供电电流降至 55 μA。TP4056 的其他特点包括电池温度检测、欠压闭锁、自动再充电和两个用于指示正在充电、充电结束的 LED 状态引脚。

图 5.20 为 TP4056 引脚图及实物图，具体说明如下。

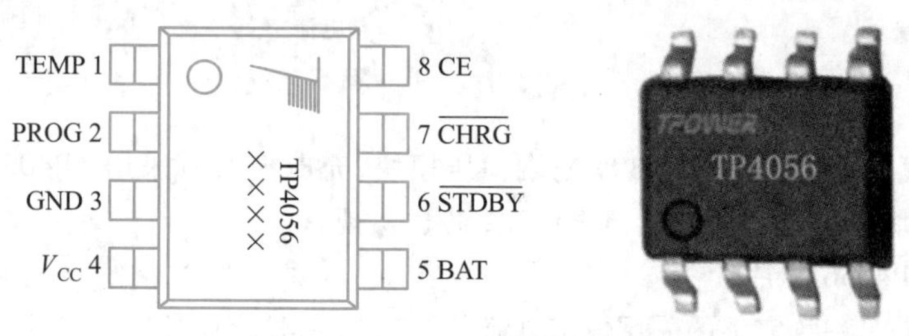

图 5.20　TP4056 引脚图及实物图

TEMP（引脚 1）：电池温度检测输入端。将 TEMP 引脚接到电池的 NTC 传感器的输出端。如果 TEMP 引脚的电压小于输入电压的 45%或者大于输入电压的 80%，意味着电池温度过低或过高，则充电被暂停。如果 TEMP 直接接 GND，电池温度检测功能取消，其他充电功能正常。

PROG（引脚 2）：恒流充电电流设置和充电电流监测端。从 PROG 引脚连接一个外部电阻到地端可以对充电电流进行编程。在预充电阶段，此引脚的电压被调制在 0.1V；在恒流充电阶段，此引脚的电压被固定在 1V。在充电状态的所有模式，测量该引脚的电压都可以根据下面的公式来估算充电电流：

$$I_{BAT}=\frac{V_{PROG}}{R_{PROG}}\times 1\ 200$$

GND（引脚 3）：电源地。

V_{CC}（引脚 4）：输入电压正输入端。此引脚的电压为内部电路的工作电源。当 V_{CC} 与 BAT 引脚的电压差小于 30 mV 时，TP4056 将进入低功耗的停机模式，此时 BAT 引脚的电流小于 2 μA。

BAT（引脚 5）：电池连接端。将电池的正端连接到此引脚。在芯片被禁止工作或进入睡眠模式，BAT 引脚的漏电流小于 2 μA。BAT 引脚向电池提供充电电流和 4.2 V 的限制电压。

$\overline{\text{STDBY}}$（引脚 6）：电池充电完成指示端。当电池充电完成时被内部开关拉到低电平，表示充电完成。除此之外，引脚将处于高阻态。

$\overline{\text{CHRG}}$（引脚 7）：漏极开路输出的充电状态指示端。当充电器向电池充电时，引脚被内部开关拉到低电平，表示充电正在进行；否则引脚处于高阻态。

CE（引脚 8）：芯片始能输入端。高输入电平将使 TP4056 处于正常工作状态；低输入电平使 TP4056 处于被禁止充电状态。CE 引脚可以被 TTL 电平或者 CMOS 电平驱动。

如图 5.21 所示为 TP4056 典型应用电路，充电状态用红色 LED 指示，充电结束状态用绿色 LED 指示。

（2）升压转换器 PT1301/AX1301

PT1301/AX1301 是一款最低启动电压可低于 1V 的小尺寸高效率升压 DC/DC 转换器，采用自适应电流模式 PWM 控制环路，内部包含误差放大器、斜坡产

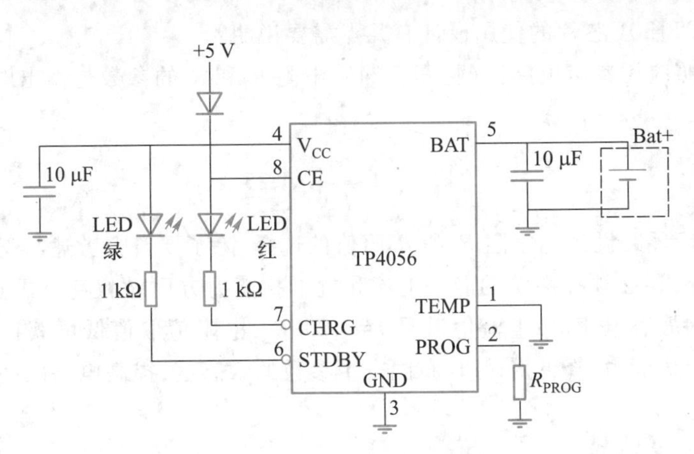

图 5.21　TP4056 典型应用电路

生器、比较器、功率开关和驱动器，如图 5.22 所示。PT1301/AX1301 能在较宽的负载电流范围内稳定和高效地工作，并且不需要任何外部补偿电路，启动电压可低于 1V，因此可满足单节干电池的应用。AX1301 内部含有 2A 功率开关，在锂电池供电时最大输出电流可达 300 mA，同时还提供用于驱动外部功率器件（NMOS 或 NPN）的驱动端口，以便在需要更大负载电流时，扩展输出电流。500 kHz 的开关频率可缩小外部元件的尺寸。输出电压由两个外部电阻设定。14 μA 的低静态电流，再加上高效率，可使电池使用更长时间。引脚功能如图 5.23所示。

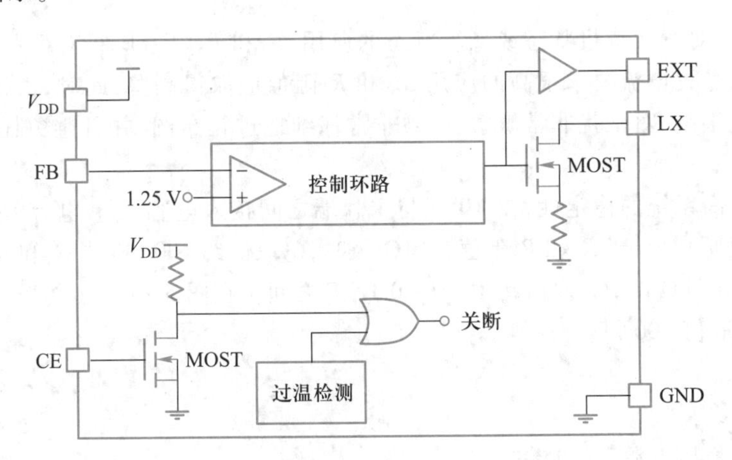

图 5.22　PT1301/AX1301 功能框图

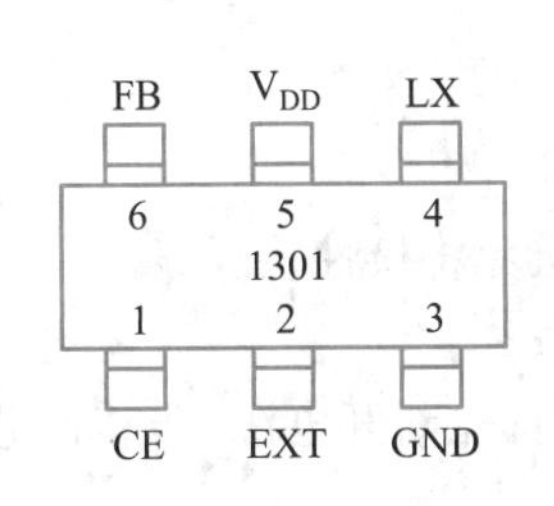

图 5.23　PT1301/AX1301 引脚图及实物图

针对 PT1301 芯片的使用设计有几点需要说明：

① 参照应用参考电路图（见图 5.24），电阻 R_1 和 R_2 的参数与输出电压 V_{OUT} 之间满足

$$V_{out}=\left(1+\frac{R_1}{R_2}\right)\times 1.25$$

② 反馈环路设计。电阻 R_1 和 R_2 阻值的选择，除了要符合上述与 V_{OUT} 之间的约束关系外，还必须在系统的静态电流和抗干扰能力方面做权衡：电阻取值高可降低系统的静态电流值，电流值满足 $I=1.25/R_2$；电阻值取值低可获得较好的抗噪声和抗干扰能力，降低对 PCB 布图寄生参数的敏感度，提高电路的稳定性。

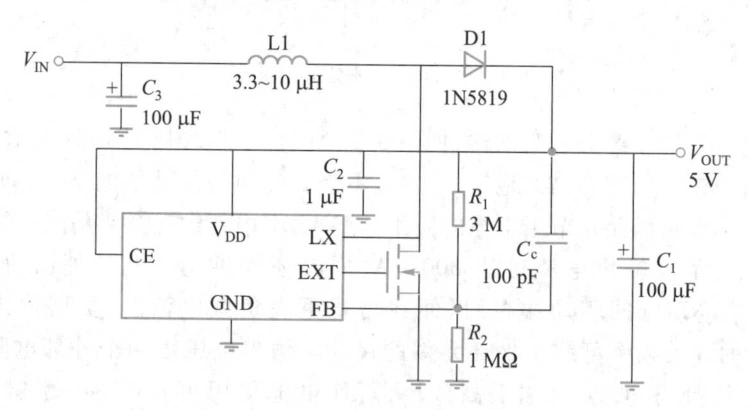

图 5.24 PT1301 应用参考电路

因此，对于无待机状态或悬置状态的应用，R_1 和 R_2 阻值应相对低些，而对于对待机或悬置电流要求很高的应用，R_1 和 R_2 阻值应取得高些，此时，由于反馈回路的阻抗很高，对干扰非常敏感，必须非常仔细地进行布图，并且避免任何对 FB 端的干扰。

为提高系统的稳定性，在 FB 端与 V_{OUT} 端之间接入电容 C_c。电容 C_c 容值的经验取值原则为：当 R_1 和 R_2 阻值为 MΩ 级时，C_c 取值约 100 pF，当 R_1 和 R_2 阻值为几十至几百 kΩ 时，C_c 取值在 10 nF~0.1 μF 之间。在图 5.24 所示的应用参考电路中，C_c 取值 100 pF。

4. 实验设备

直流稳压电源	1 台
数字万用表	1 块
示波器	1 台

5. 注意事项

（1）注意电解电容的极性，使用过程中避免将极性接反；

（2）使用电池时避免将电池正负极短路；

（3）实验过程中，每当更改电路时，必须首先断开电源，严禁带电操作。

6. 实验内容

（1）搭建便携式太阳能手机充电器各模块电路，并进行调试；

（2）将各模块电路整合，进行整体电路调试；

（3）实验测试内容要求：

① 将太阳能电池板置于阳光下，以电阻为负载，测量电路的输出特性；

② 将手机与电路板用 USB 线连接起来，打开充电开关，观察手机是否充电，并观察电路各环节是否正常工作；

③ 将便携式太阳能手机充电器置于阳光下，通过调整多晶硅太阳能电池板与阳光照射的角度，得到不同的光照条件下的数据，用万用表测量对应的输入电压和电流、输出电压和电流，绘制成表，并对数据进行分析。

7. 实验思考

实验方案中为什么采用先对蓄电池充电，再通过蓄电池对手机端充电？如果去掉蓄电池转换环节，直接用充电模块的输出对手机端输出会出现什么问题？

8. 实验报告

（1）写明设计题目、设计任务、设计环境、所需的设备元器件及参数；

（2）绘制经过实验验证、完善后的电路原理图；

（3）编写设计说明、使用说明与设计小结；

（4）列出设计参考资料。

第6章　电工学仿真实验

电路仿真是指在计算机上通过软件来模拟具体电路的实际工作过程。仿真软件的应用大大提高了实验效率。

本章实验要求同学们熟练掌握 OrCAD17.2Capture 软件在计算机的模拟实验平台上绘制电路图,并运行 PSpice 软件,对该电路进行仿真分析,从而得到与硬件实验一致的实验数据及实验曲线的过程。

6-1 视频:OrCAD17.2软件的仿真基本过程

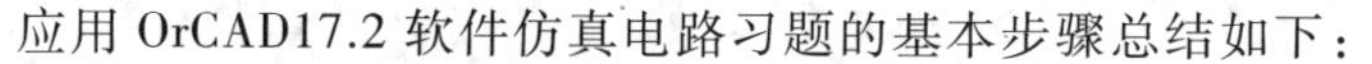

应用 OrCAD17.2 软件仿真电路习题的基本步骤总结如下:

(1) 启动软件,进入电路图编辑窗口

① 按开始按钮,单击程序→Capture CIS Lite,即可启动 Capture CIS 软件,进入图 6.1 所示界面。

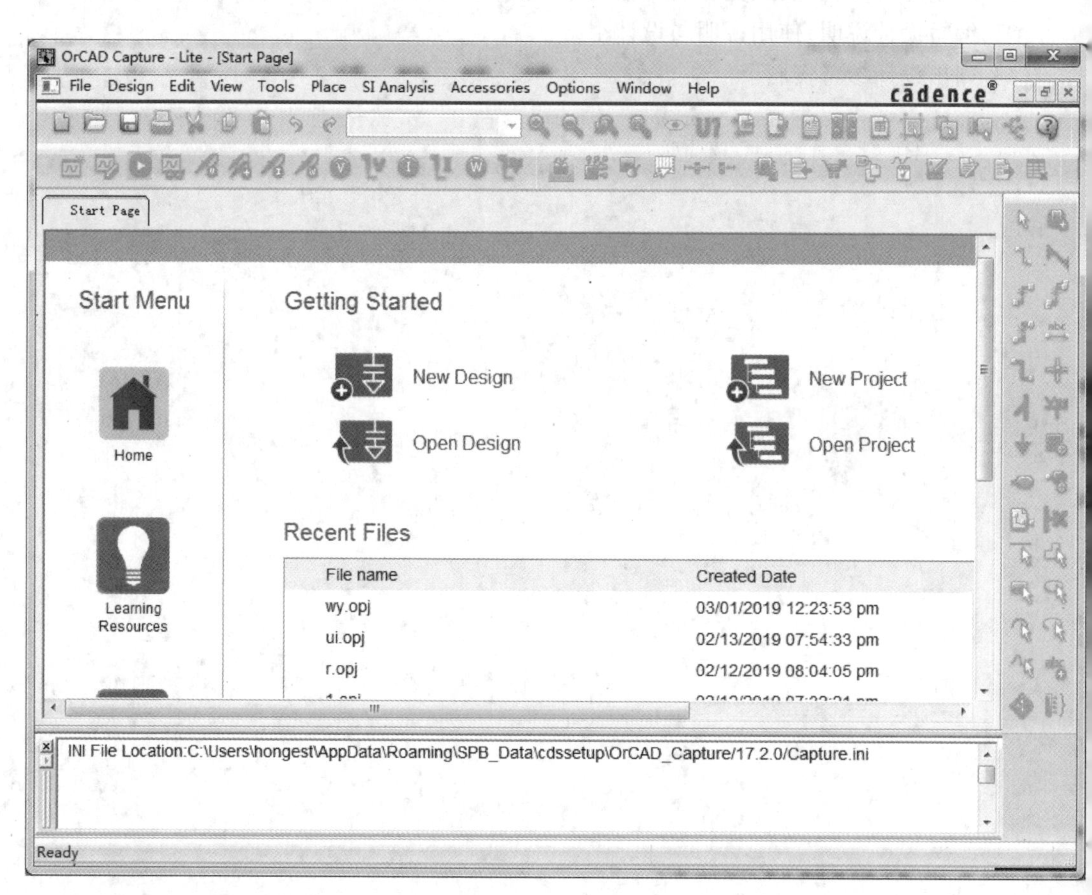

图 6.1　Capture CIS 主界面

② 在 Capture 主界面下,选择命令 New Project,屏幕显示 New Project 对话框,如图 6.2 所示。

图 6.2　New Project 对话框

③ 在 New Project 对话框中输入如下信息：

- Name 栏里填入设计项目名。
- 选择“PSpice Analog or Mixed A/D”。
- 单击“Browse”按钮，选择路径“E:\TEMP”。

单击“OK”按钮，进入图 6.3 所示的创建设计项目对话框。

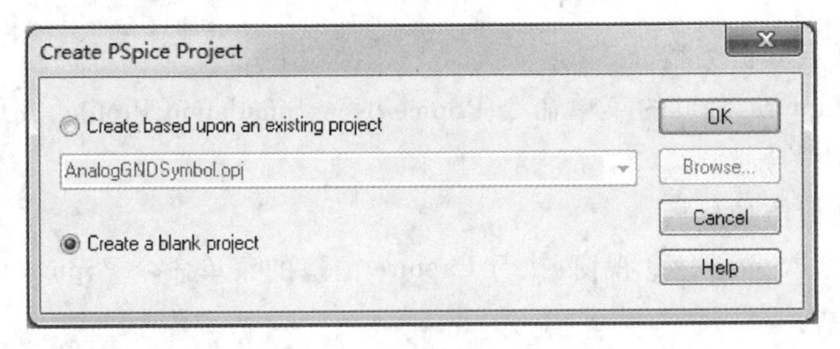

图 6.3　创建设计项目对话框

④ 选中“Create a blank project”，单击“OK”按钮，进入电路图编辑窗口，如图 6.4 所示。

(2) 绘制电路图

① 选取元器件符号：执行 Place/Part 命令，或单击专用绘图工具中的按钮。

② 调用接地符号：执行 Place/Ground 命令，或单击专用绘图工具中的按钮。

③ 连接线路：执行 Place/Wire 命令，或单击专用绘图工具中的按钮。

④ 设置节点别名：执行 Place/Net Alias 命令，或单击专用绘图工具中的按钮。

⑤ 编辑元件参数：双击元件参数，即可对其进行编辑修改。

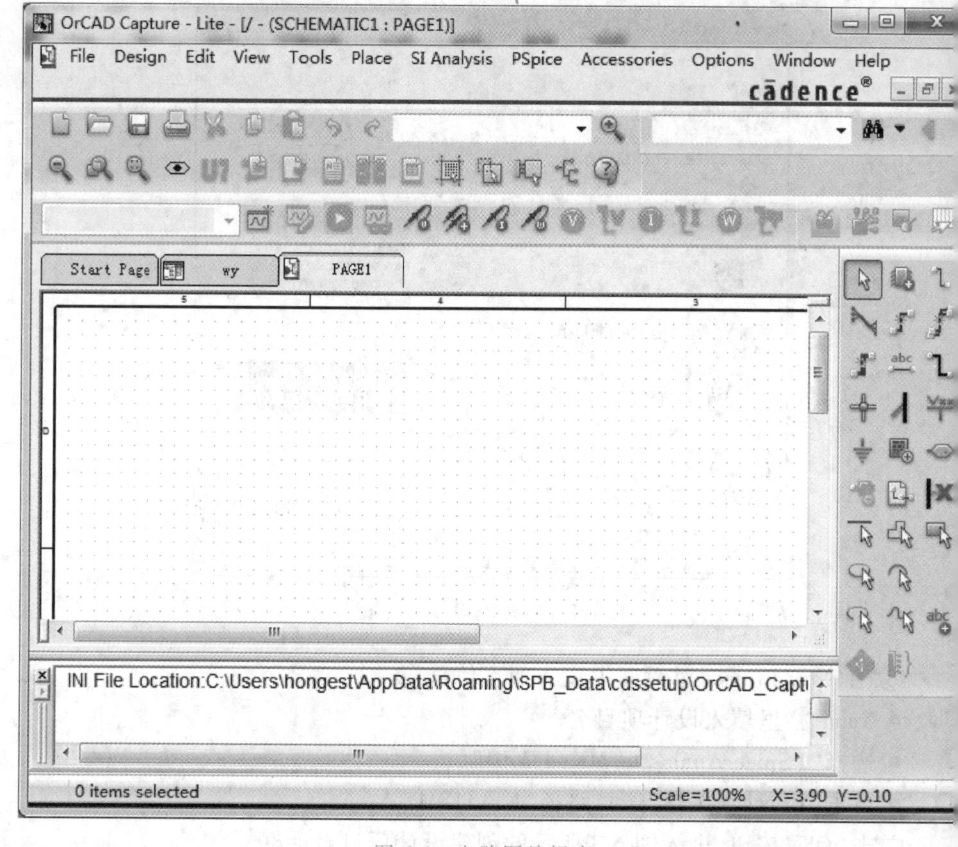

图 6.4　电路图编辑窗口

（3）确定分析类型

执行 Capture 窗口的菜单命令 PSpice/New Simulation Profile，或单击工具按钮。

（4）进行仿真分析

① 启动 PSpice A/D 视窗：执行 Capture 窗口的菜单命令 PSpice/Run，或单击工具按钮。

② 显示波形：执行 Probe 窗口中的菜单命令 Trace/Add Trace，或单击工具按钮。

以上是 OrCAD17.2 软件仿真步骤的简要介绍，在本章各实验项目中，还会通过实例解析的方式向同学们更直观地讲解习题的具体仿真过程。

6-2 视频：直流电路的仿真分析

6.1 直流电路的仿真分析

1. 实验目的

（1）掌握 OrCAD Capture 软件设计绘制电路原理图的方法。

（2）运用 OrCAD PSpice 软件对直流电路进行仿真分析。

2. 实验预习

（1）复习直流电路理论知识。

（2）了解 OrCAD17.2 软件的绘图及仿真方法。

（3）预习本节例题，了解 PSpice 直流工作点分析及直流扫描分析的设置方法。

3. 实例解析

OrCAD PSpice A/D 包括四种基本分析类型，分别为直流工作点分析（Bias Point）、直流扫描分析（DC Sweep）、交流扫描分析（AC Sweep）和瞬态分析（Time Domain）。下面通过具体实例介绍直流工作点及直流扫描的分析方法。

例 1：电路如图 6.5 所示，试求各节点电位、各支路电流和电阻消耗的功率。

解题步骤：

（1）绘图

① 在 Capture CIS 主界面下，单击 File/New/Project，进入 Capture 电路图编辑界面。

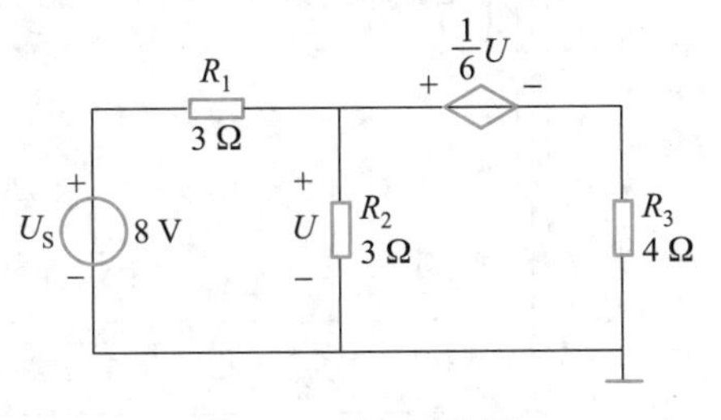

图 6.5　例 1 电路图

② 在 SOURCE 库中调用直流电压源 VDC，在 ANALOG 库中调用电阻 R 及受控源 E。

③ 放置接地符号：执行 Place/Ground 命令，或单击专用绘图工具中的⏚按钮，屏幕上弹出 Place Ground 对话框。在 SOURCE 库中选取“0”符号。

④ 连接线路。

⑤ 设置元器件参数值。其中受控源 E1 的设置方法如下：

- 双击 E1，屏幕弹出受控源的属性编辑器，如图 6.6 所示。
- 在“GAIN”栏键入 0.166。

	PSpiceOnly	Reference	Value	GAIN
⊞ SCHEMATIC1 : PAGE1	TRUE	E1	E	0.166

图 6.6　受控源属性编辑器

绘制好的电路图如图 6.7 所示。

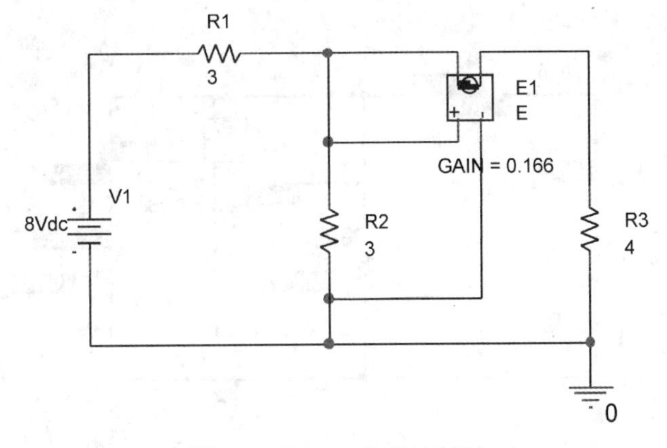

图 6.7　Capture 软件绘制图

（2）确定分析类型及设置分析参数

① 执行菜单命令 PSpice/New Simulation Profile，或单击工具按钮，在 New

Simulation 对话框中键入项目名称，单击“Create”按钮，进入 Simulation Settings 对话框，如图 6.8 所示。

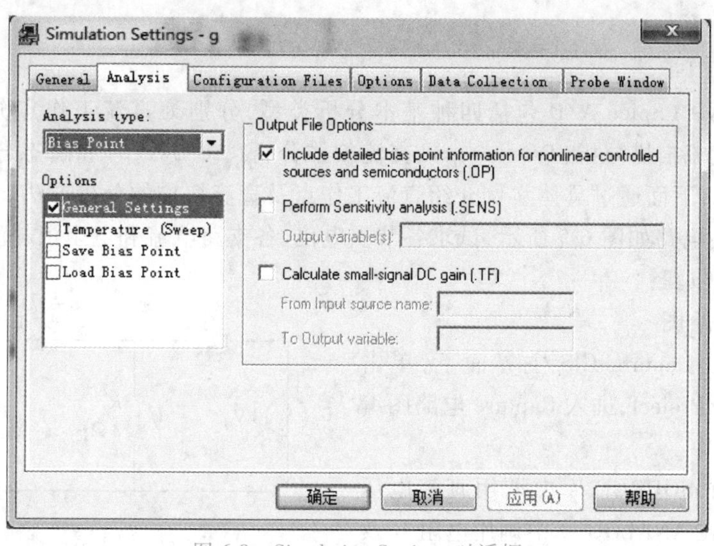

图 6.8　Simulation Settings 对话框

② Simulation Settings 中的各项设置：

- Analysis type 选择“Bias Point”；
- Options 选择“General Settings”；
- Output File Options 选择“Include detailed bias point information for nonlinear controlled sources and semiconductors(.OP)”。

设置完毕，单击“确定”按钮。

(3) 进行电路仿真

① 执行菜单命令 PSpice/Run，或单击工具按钮，调用 PSpice A/D 软件对该电路图进行仿真模拟。

② 关闭 PSpice A/D 视窗，在 Capture 界面依次单击工具按钮、、，则电路图上相应位置依次显示节点电压、支路电流及各元器件上的功率损耗，如图 6.9 所示。

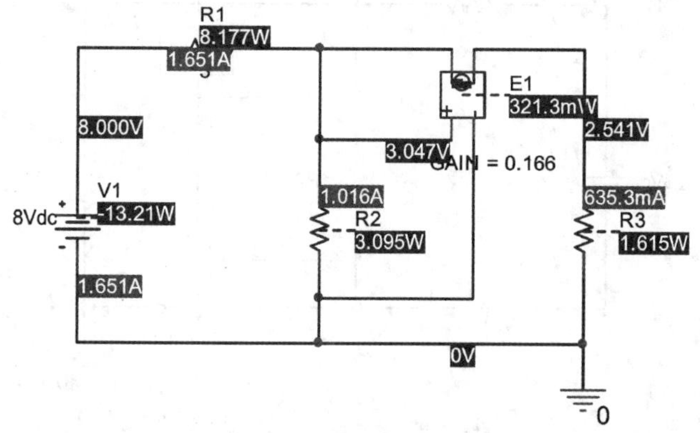

图 6.9　例 1 仿真结果

例 2：电路如图 6.10 所示，当直流电压源 U_S 从 0 V 连续变化到 10 V 时，求 $V(A)$、$V(B)$ 的变化曲线。

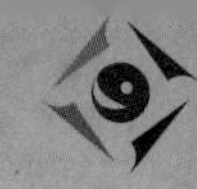

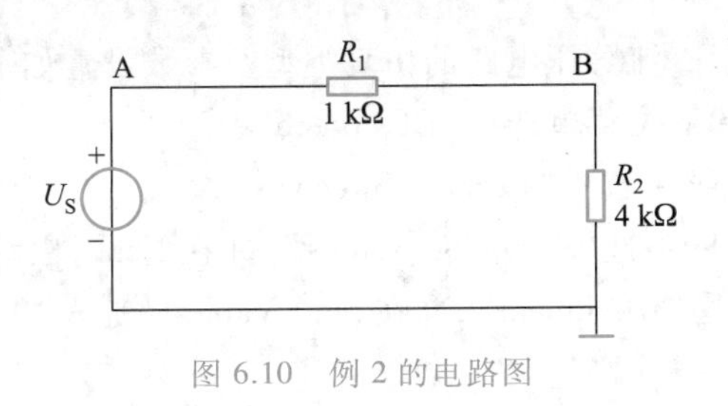

图 6.10　例 2 的电路图

解题步骤：

（1）绘图

应用 OrCAD/Capture 软件绘制的电路图如图 6.11 所示。其中放置节点电压探针的方法为：执行 Capture 窗口中的菜单命令 PSpice/Markers/Voltage Level，或单击工具按钮，光标即可携带一节点电压探针符号。在节点 A 和节点 B 上分别单击鼠标左键，即可在这两个节点上放置探针符号。单击鼠标右键，在弹出的快捷菜单中选择执行 End Mode 命令，即可结束放置探针符号的命令。

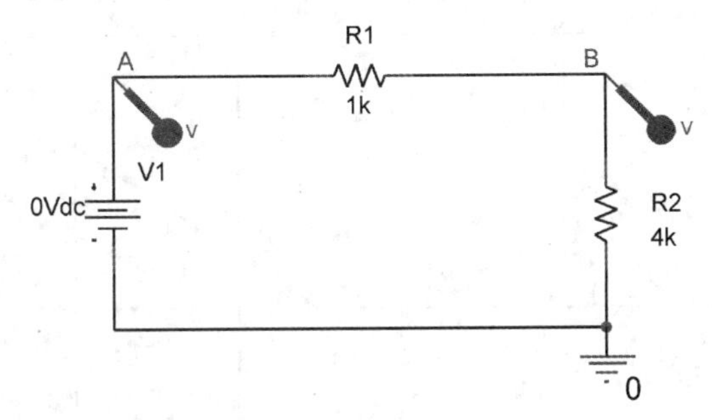

图 6.11　例 2 的 Capture 软件绘制图

（2）确定分析类型及设置分析参数

① 执行菜单命令 PSpice/New Simulation Profile，或单击工具按钮，在 New Simulation 对话框中键入项目名称，单击"Create"按钮，进入 Simulation Settings 对话框，如图 6.12 所示。

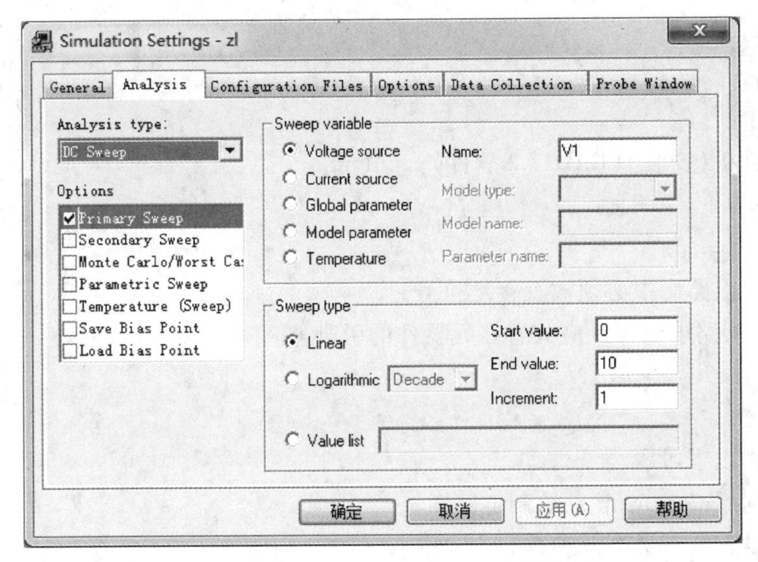

图 6.12　Simulation Settings 对话框

② 图 6.10 所示直流分压电路的仿真类型及参数设置如下(见图 6.12):

- Analysis type 下拉菜单选中“DC Sweep”;
- Options 下拉菜单选中“Primary Sweep”;
- Sweep variable 项选中“Voltage source”,并在 Name 栏键入“V1”;
- Sweep type 项选中“Linear”,并在 Start Value 栏键入“0”、End Value 栏键入“10”及 Increment 栏键入“1”。

以上各项填完之后,单击“确定”按钮,即可完成仿真分析类型及分析参数的设置。

另外,如果要修改电路的分析类型或分析参数,可执行菜单命令 PSpice/Edit Simulation Profile,或单击工具按钮,在弹出的对话框中做相应修改。

(3) 电路的模拟仿真

执行 Capture 窗口中的菜单命令 PSpice/Run,或单击工具按钮,即可在启动的 PSpice A/D 视窗中自动显示探针符号放置处的电压波形,如图 6.13 所示。

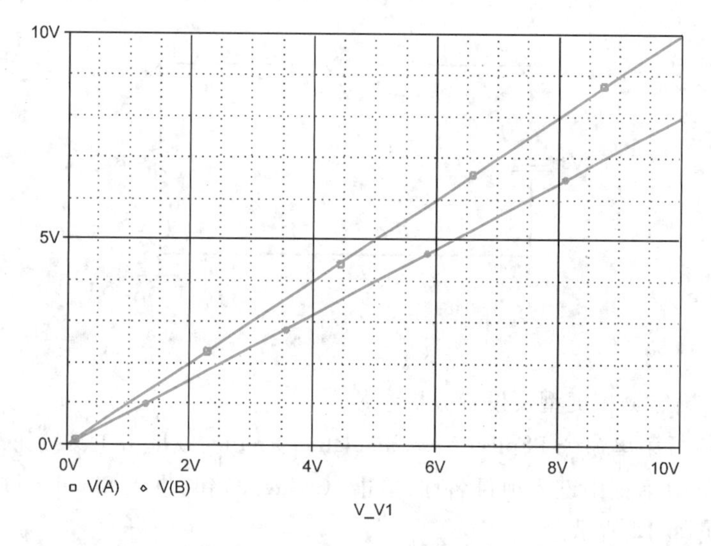

图 6.13 例 2 的仿真结果

4. 实验设备

计算机(安装 OrCAD17.2 软件) 1 台

5. 注意事项

(1) 电路图中必须放置接地符号。

(2) 支路电流探针应放置在元器件的引脚上。

6. 实验内容

仿真以下习题,要求:

- 利用 Capture 软件绘制电路图。
- 设置分析类型及参数。
- 运行 PSpice 软件进行仿真分析。

(1) 图6.14所示电路中直流电流源为1 A,直流电压源为1.5 V。求受控源两端的电压及吸收功率。

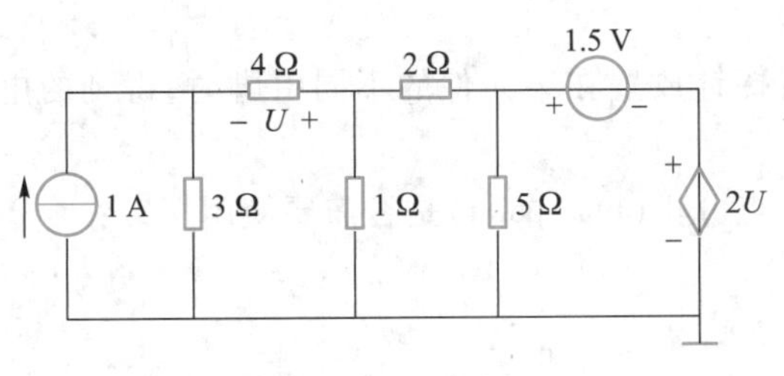

图6.14 习题1

结论:受控源两端电压为__________,吸收功率为__________。

(2) 图6.15中,直流电流源 I_S 由1 A连续变化到3 A时,求图中所示电流 I 的变化曲线。

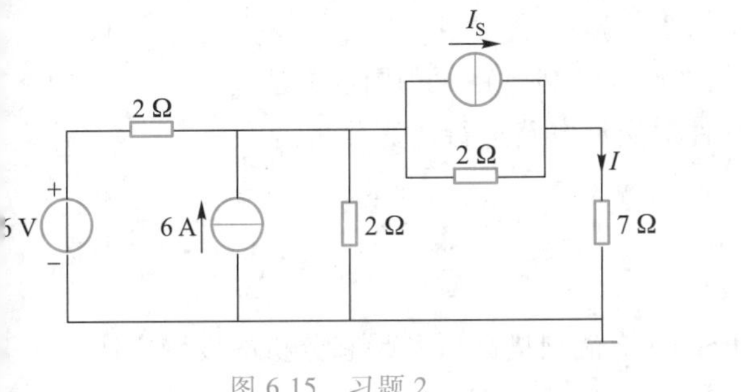

图6.15 习题2

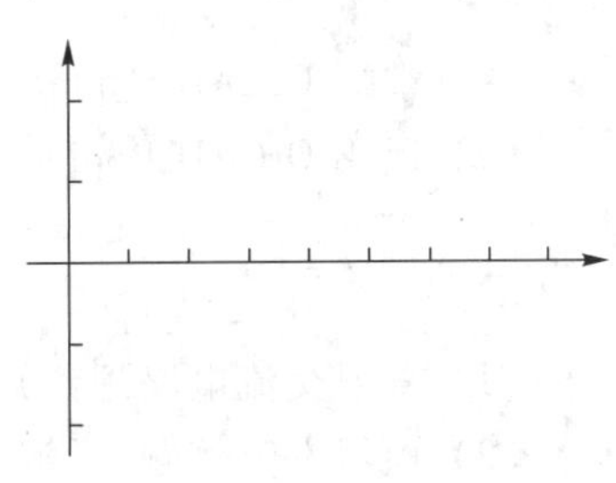

习题2仿真曲线

(3) 电路如图6.16所示,对直流电压源 U_s 在−10~10 V范围内进行连续扫描,求 $V(a)$ 的变化曲线。

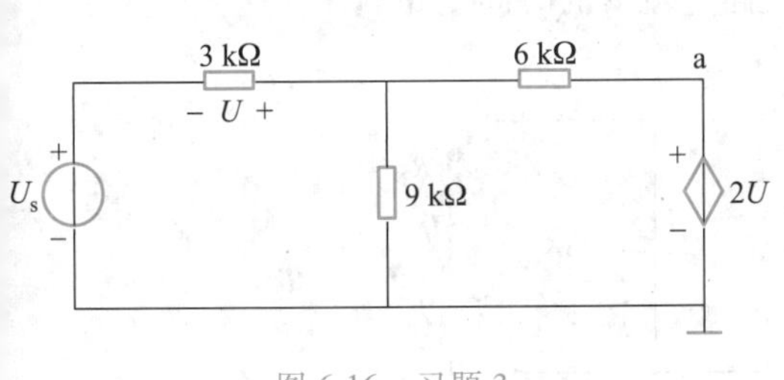

图6.16 习题3

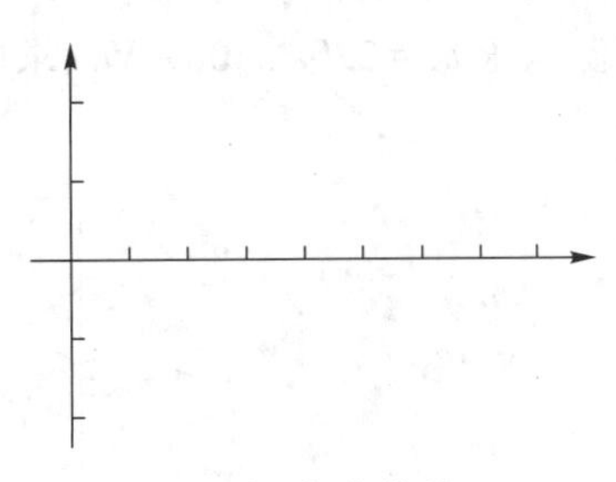

习题3仿真曲线

(4) 直流电路如图6.17所示,ab为有源二端网络的输出端,应用适当的仿真分析方法,求其戴维南等效电路,并用文字简述求解过程(利用何种方法得到开路电压及等效内阻)。

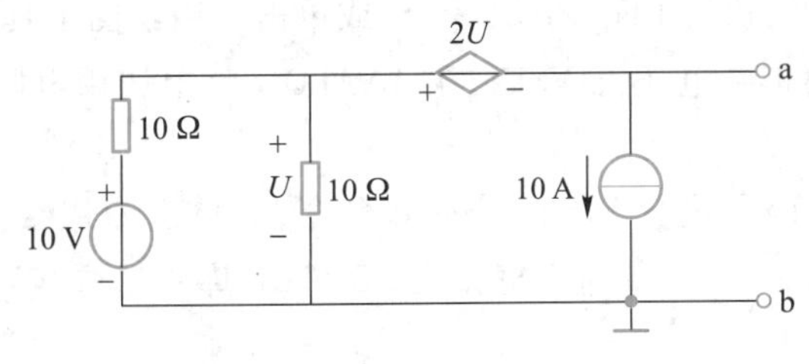

图6.17 习题4

结论：开路电压 U_{oc} 为__________，等效内阻 R_0 为__________。

7. 实验思考

（1）支路电流探针放置在某元件的不同引脚时，得到的电流仿真结果是否相同？

（2）直流工作点分析（bias point）是否需要使用探针？

8. 实验报告

运用 OrCAD PSpice A/D 软件模拟仿真电工习题，并按要求填好数据结果、绘制仿真波形。

6.2　交流电路的仿真分析

6-3 视频：交流电路的仿真分析

1. 实验目的

（1）掌握 OrCAD Capture 软件设计绘制电路原理图的方法。

（2）运用 OrCAD PSpice 软件对交流电路进行仿真分析。

2. 实验预习

（1）复习交流电路理论知识。

（2）预习本节例题，了解 PSpice 交流扫描分析及瞬态分析的设置方法。

3. 实例解析

通过以下具体实例介绍交流扫描分析及瞬态分析：

例 3：已知电路如图 6.18 所示，$R_1=50\ \Omega$，$R_2=100\ \Omega$，$L=0.4$ H，$C=5\ \mu$F，电压源电压 $u_S=220\sin500t$（V），求电感支路电流 i_L 的时间变化规律。

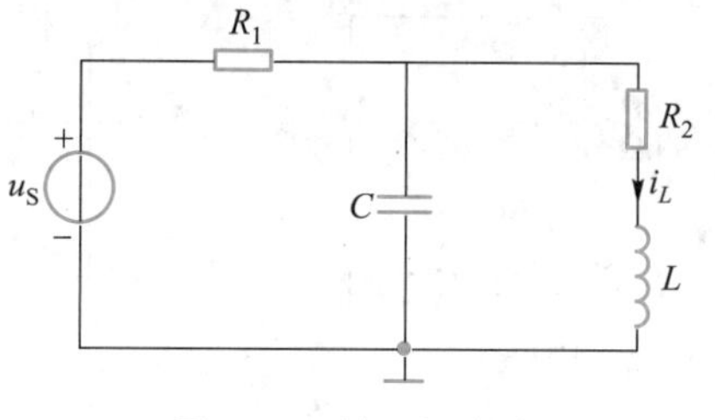

图 6.18　例 3 电路图

解题步骤：

（1）绘图

① 选取元器件：执行 Place/Part 命令，或单击专用绘图工具中的按钮。在 SOURCE 库中调用正弦电压源 VSIN，在 ANALOG 库中调用电阻 R、电容 C 及电感 L。

② 放置接地符号：执行 Place/Ground 命令，或单击专用绘图工具中的按钮，屏幕上弹出 Place Ground 对话框。在 SOURCE 库中选取“0”符号。

③ 连接线路。

④ 修改参数:双击正弦电压源 VSIN,在屏幕弹出的 VSIN 属性编辑器中,设置参数:VAMPL(振幅)= 220,VOFF(直流偏移电压)= 0,FREQ(频率)= 79.577,AC(交流分量)= 0,PHASE(初始相位)= 0(角度)。其余元器件参数按题意设定。

⑤ 添加支路电流探针。绘制好的电路图如图 6.19 所示。

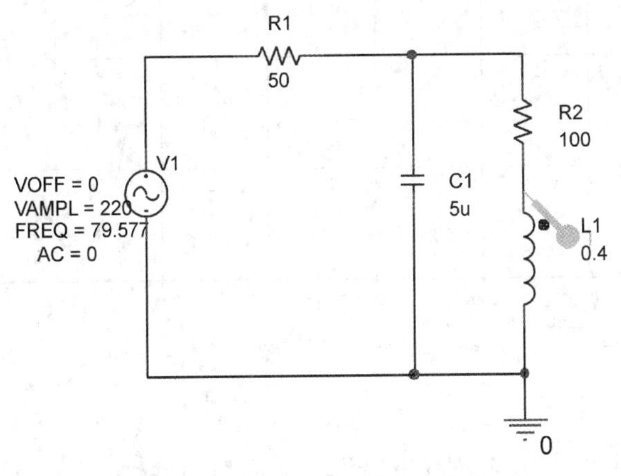

图 6.19　例 3Capture 软件绘制图

(2) 确定分析类型及设置分析参数

Simulation Settings 中的各项设置如图 6.20 所示。

- 在 Analysis type 中选择“Time Domain(Transient)”;
- 在 Options 中选择“General Settings”;
- 在 Run to time 中输入“30ms”, 在 Start saving data after 中输入“0”。

设置完毕,单击“确定”按钮。

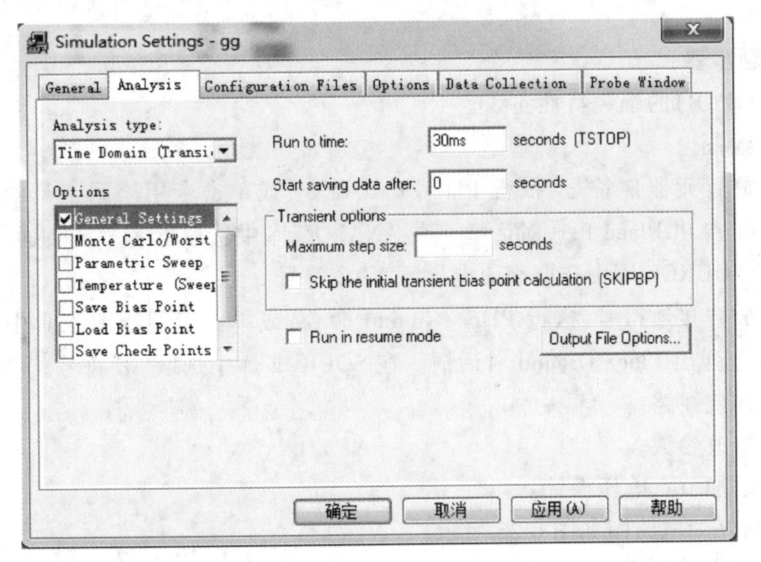

图 6.20　Simulation Settings 对话框

(3) 进行电路仿真

执行 Capture 窗口中的菜单命令 PSpice/Run,或单击工具按钮,即可在启

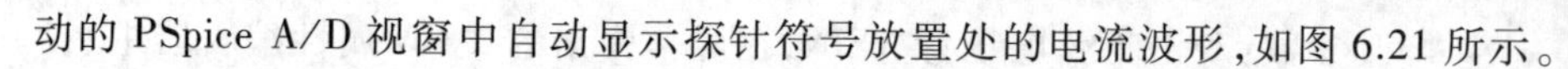
动的 PSpice A/D 视窗中自动显示探针符号放置处的电流波形，如图 6.21 所示。

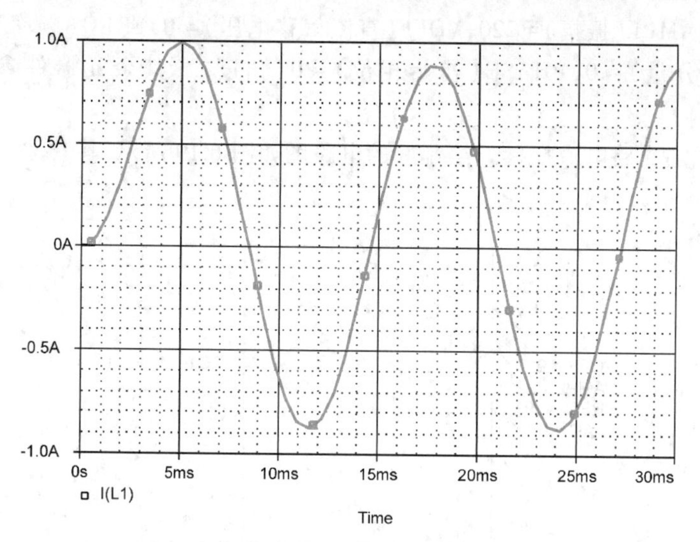

图 6.21　例 3 的仿真结果

例 4：对图 6.22 所示的 *RLC* 电路进行交流扫描分析，求 *V*(B) 的幅值及相位随频率变化的关系曲线。

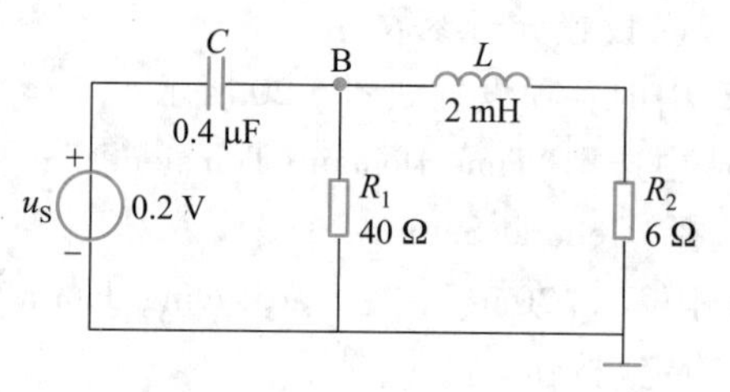

图 6.22　例 4 电路图

解题步骤：

（1）*V*(B) 的幅频特性曲线

1）绘图

① 放置元器件符号：执行 Place/Part 命令，或单击专用绘图工具中的按钮，屏幕上弹出 Place Part 对话框。在 ANALOG 库中选取电容 *C*、电感 *L*、电阻 *R* 符号；在 SOURCE 库中选取交流电压源 VAC 符号。

② 放置接地符号：执行 Place/Ground 命令，或单击专用绘图工具中的按钮，屏幕上弹出 Place Ground 对话框。在 SOURCE 库中选取"0"符号。

③ 连接线路。

④ 修改参数。

⑤ 添加节点电压探针。

绘制好的电路图如图 6.23 所示。

2）确定分析类型及设置分析参数

电路的仿真类型及参数设置如下：

① 在 Analysis type 下拉菜单选中"AC Sweep"。

② 在 Options 下拉菜单中选择"General Settings"。

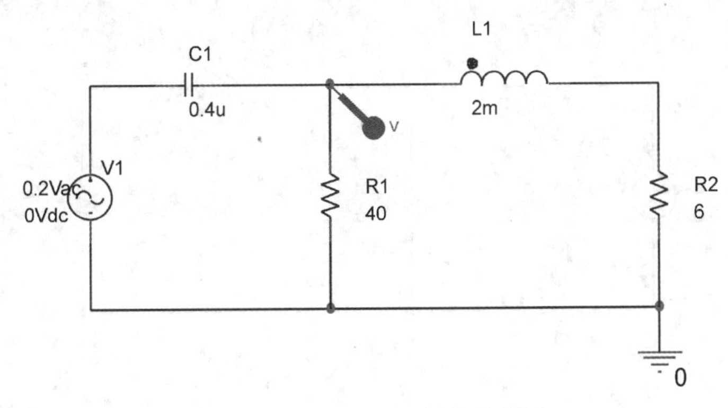

图 6.23　例 4 Capture 软件绘制图

③ 在 AC Sweep type 项中选择“Logarithmic/Decade”，并在 Start Frequency 栏输入“1k”、End Frequency 栏输入“100k”、Points/Decade 栏输入“10”。

注：交流扫描的频率按对数关系变化，变化范围为 1～100kHz，每十倍频取点数为 10。

3）进行电路仿真

执行 Capture 窗口中的菜单命令 PSpice/Run，或单击工具按钮，即可在启动的 PSpice A/D 视窗中自动显示探针符号放置处的电压波形，如图 6.24 所示。

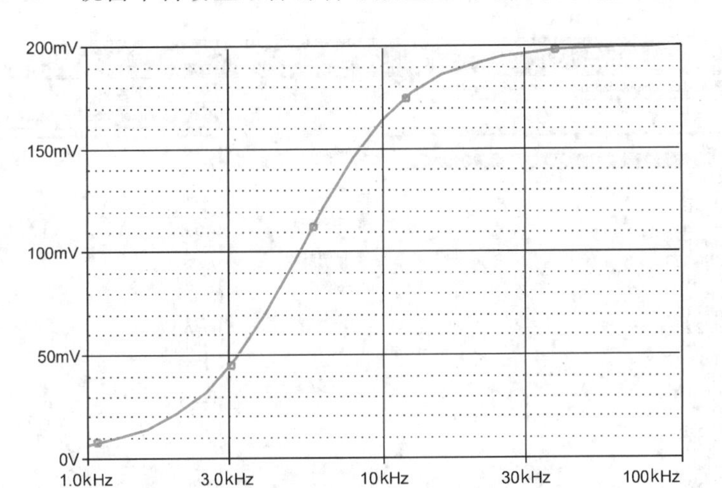

图 6.24　例 4 幅频特性曲线仿真结果

（2）V(B)的相频特性曲线

1）绘图，在图 6.23 上进行修改。

① 删除节点电压探针。

② 设置节点别名：执行 Place/Net Alias 命令，或单击专用绘图工具中的按钮，屏幕弹出 Place Net Alias 对话框。在 Alias 文本框键入节点名 B，移动光标至目标节点处，单击鼠标左键，则该处显示新设置的节点别名。

修改后的电路图如图 6.25 所示。

2）确定分析类型及设置分析参数

分析类型及参数设置与（1）相同，不必修改。

3）进行电路仿真

① 执行 Capture 窗口中的菜单命令 PSpice/Run，或单击工具按钮，启动

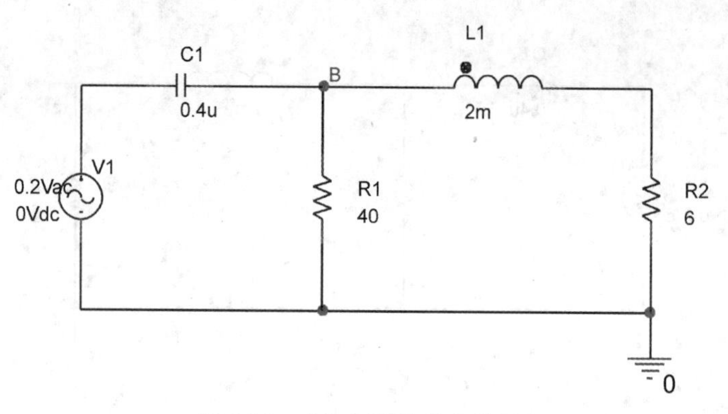

图 6.25　求取相频特性曲线图

PSpice A/D 视窗对电路进行模拟仿真。

② 执行 PSpice A/D 视窗的菜单命令 Trace/Add Trace，或单击工具按钮，屏幕上弹出 Add Traces 对话框。在该对话框右半部的函数类型列表单击选中相位函数 P()，再在左半部的输出变量列表单击选中 V(B)，则对话框下方的曲线表达式为 P(V(B))，如图 6.26 所示。

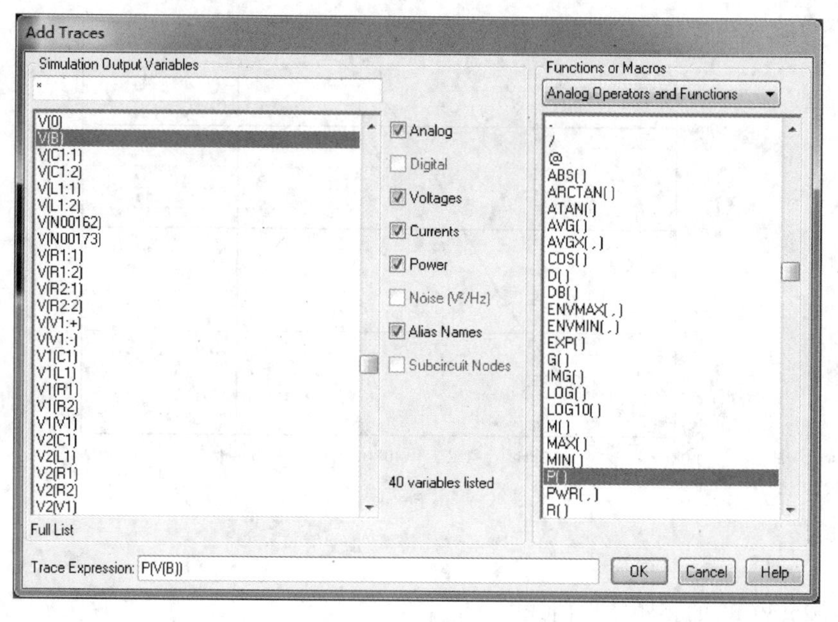

图 6.26　Add Traces 对话框

③ 单击“OK”按钮，PSpice A/D 视窗显示的曲线即为 V(B)的相频曲线，如图 6.27 所示。

4. 实验设备

计算机(安装 OrCAD17.2 软件)　　1 台

5. 注意事项

(1) 习题 2 中开关的选取：执行 Place/Part 命令，或单击专用绘图工具中的按钮，在 EVAL 库中选取“Sw_tClose”“Sw_tOpen”符号。

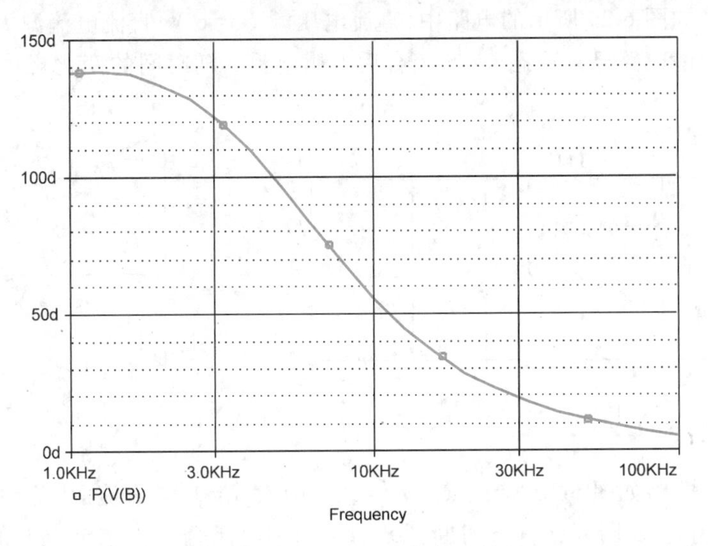

图 6.27 例 4 相频特性曲线仿真结果

（2）在习题 4 的交流扫描分析中，设置频率扫描范围以观察到完整变化曲线为基准，meg 为兆赫单位。

6. 实验内容

仿真以下习题，要求：

- 利用 Capture 软件绘制电路图；
- 设置分析类型及参数；
- 运行 PSpice 软件进行仿真分析。

（1）电路如图 6.28 所示，已知 $R_1=R_2=0.707\ \Omega$，$L=0.079\ 6\ \text{mH}$，$C_1=C_2=93.3\ \mu\text{F}$，$u_1(t)=5.66\sin 6\ 280t(\text{V})$，$i_1(t)=8\sin(6\ 280t+\pi/4)(\text{A})$，求电流 i_{C1} 及 i_L 随时间变化的波形曲线，并绘制下来。

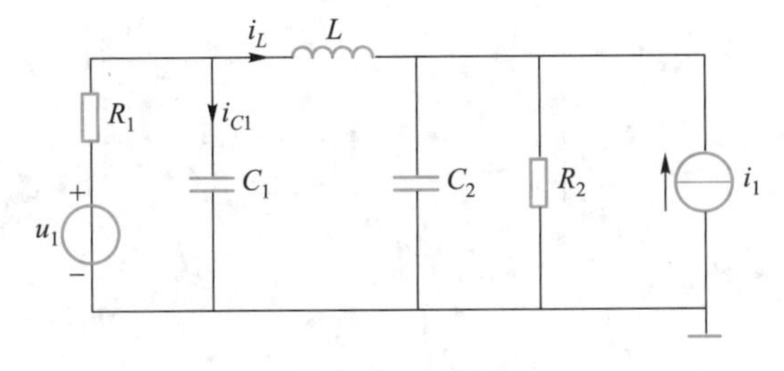

图 6.28 习题 1

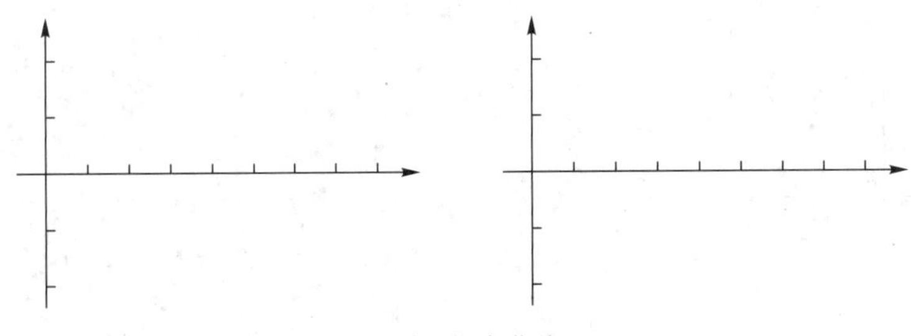

习题 1 仿真曲线

（2）如图 6.29 所示的电路中，直流电压源 $U_S=6$ V，直流电流源 $I_S=1$ A。开关 S 闭合前电路已达稳态，求 S 闭合后电感电流 i_L 随时间的变化规律，并绘制仿真波形。

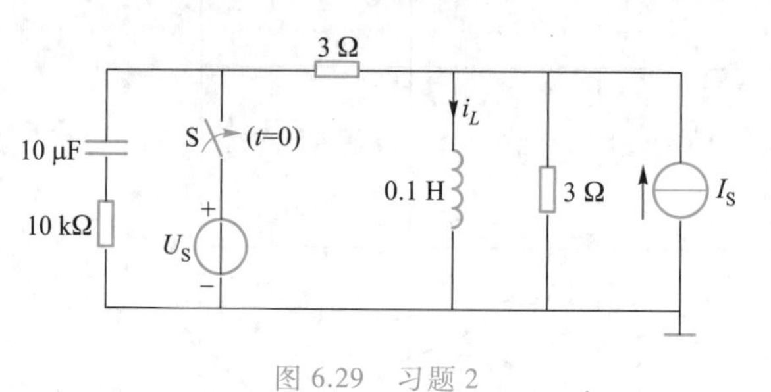

图 6.29　习题 2

习题 2 仿真曲线

（3）电路如图 6.30 所示，$R_1=R_2=R_3=10$ Ω，$L=1$ H，直流源 $U_S=10$ V。初始条件：S_1 闭合，S_2 断开；$t=0$ s 时断开 S_1，$t=0.1$ s 时闭合 S_2。求节点 b 的电压随时间变化的仿真曲线，并绘制下来。

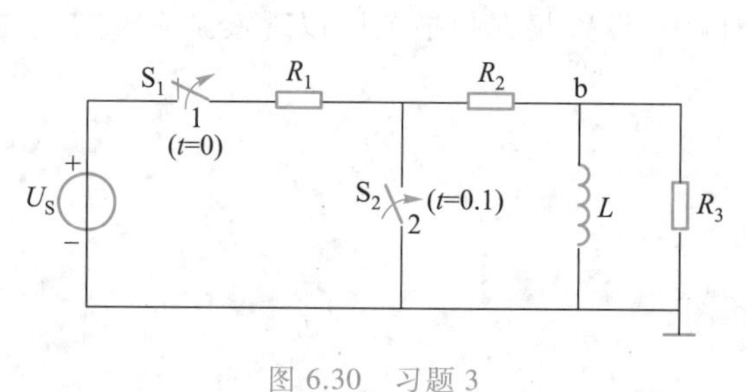

图 6.30　习题 3

习题 3 仿真曲线

（4）选频电路如图 6.31 所示，其中交流源 u_i 幅值为 3 V，$R_1=R_2=1$ kΩ，$C_1=C_2=100$ pF。试对该电路进行仿真分析，并绘制出 a 点电压的幅值及相位随频率变化的关系曲线。

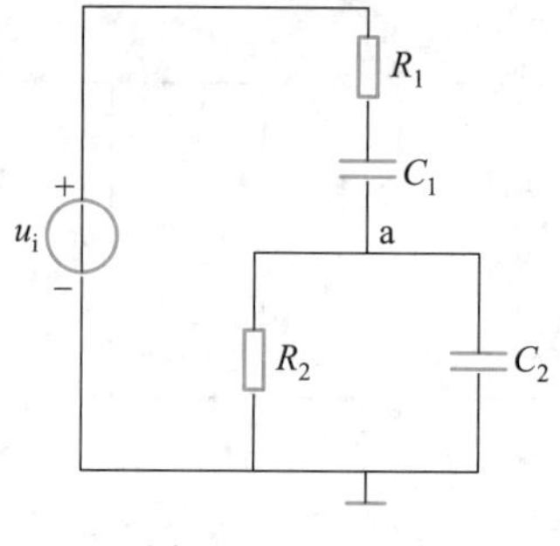

图 6.31　习题 4

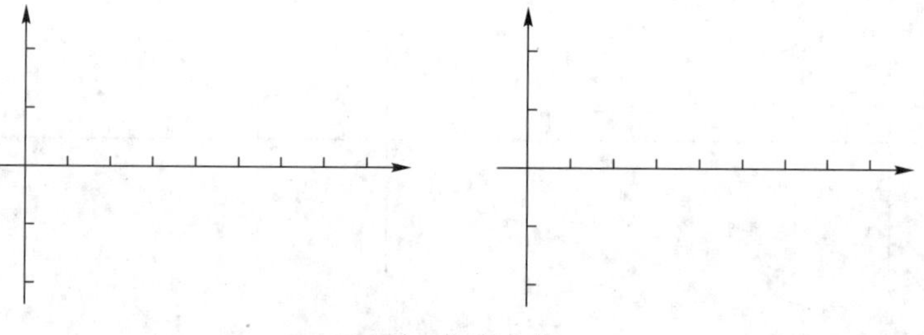

习题 4 仿真曲线

7. 实验思考

(1) 交流扫描分析使用交流源 VAC 还是正弦源 VSIN？为什么？

(2) 例 4 中，可否利用添加探针的方法来显示相频特性曲线？

(3) 设定电路的仿真分析参数时，如果扫描变量的扫描范围被设定过大或过小，会出现什么情况？

8. 实验报告

运用 OrCAD PSpice A/D 软件模拟仿真电工习题，并按要求填好数据结果、绘制仿真波形。

6.3 模拟电子电路的仿真分析

6-4 视频：模拟电子电路的仿真分析

1.实验目的

(1) 掌握 OrCAD Capture 软件设计绘制电路原理图的方法。

(2) 运用 OrCAD PSpice 软件对模拟电子电路进行仿真分析。

2. 预习要求

(1) 复习模拟电子电路相关理论知识。

(2) 通过学习例题，了解 PSpice 分析类型在模拟电子电路中的应用。

3. 实例解析

例 5：限幅放大器如图 6.32 所示，输入电压 u_i（直流信号源）的变化范围为 -6~6 V，与 3 V（直流信号源）电压共同作用于电路输入端，试求输出电压 u_o的仿真波形。

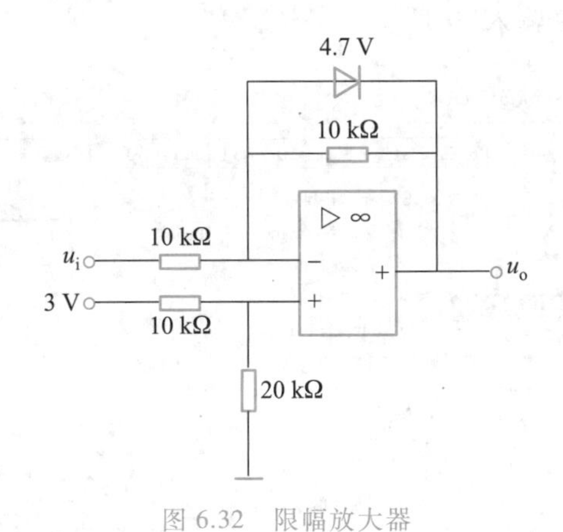

图 6.32 限幅放大器

解题步骤：

(1) 绘图

应用 OrCAD/Capture 软件绘制的电路图如图 6.33 所示。其中

① 稳压二极管 D1N750 从 EVAL 库中提取。

注意：μA741 同相输入端及反相输入端的方向。

② 运算放大器 μA741 从 EVAL 库中提取。

③ μA741 的工作电压接法：7 引脚接+12 V，4 引脚接 −12 V。

④ 所有电源负极接地（共地）。

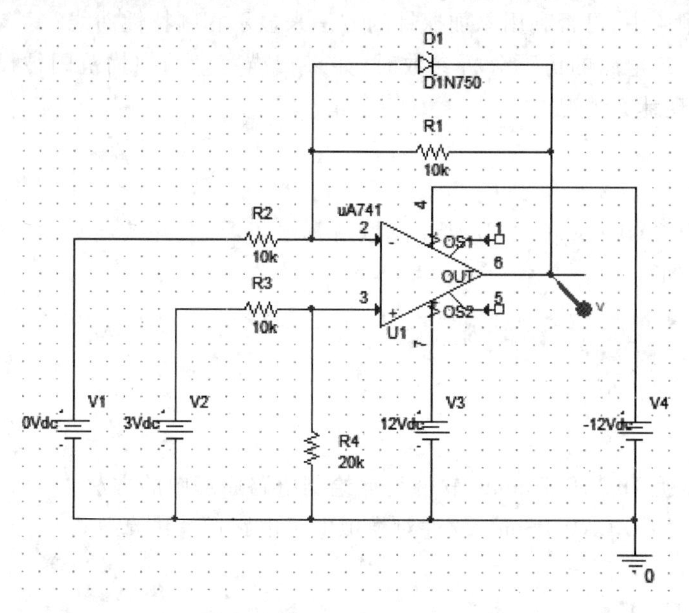

图 6.33　例 5Capture 软件绘制图

（2）确定分析类型及设置分析参数

Simulation Settings 中的各项设置如图 6.34 所示：

- Analysis type 下拉菜单选择“DC Sweep”；
- Options 下拉菜单选择“Primary Sweep”；
- Sweep variable 项选择“Voltage source”，并在 Name 栏输入“V1”；
- Sweep type 项选择“Linear”，并在 Start Value 栏输入“−6”、End Value 栏输入“6”及 Increment 栏输入“0.1”。

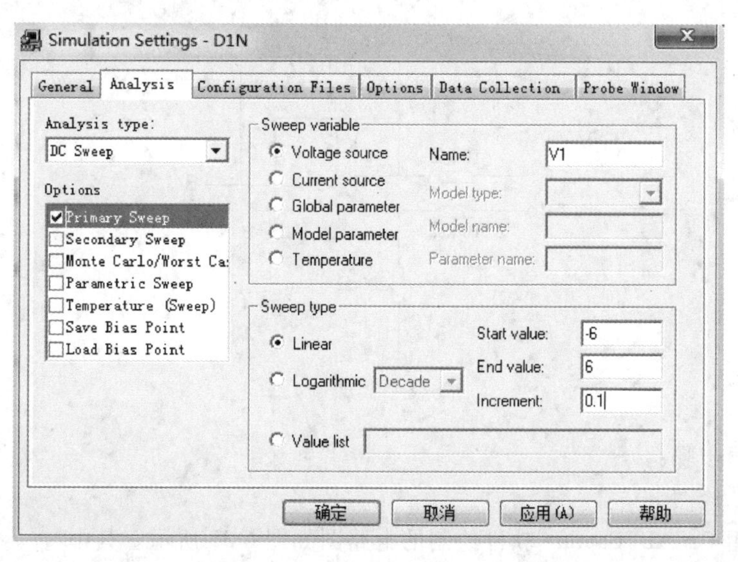

图 6.34　Simulation Settings 对话框

以上各项填完之后，单击“确定”按钮，即可完成仿真分析类型及分析参数的设置。

(3) 进行电路仿真

执行 Capture 窗口中的菜单命令 PSpice/Run，或单击工具按钮，启动 PSpice A/D 视窗对电路进行模拟仿真。打开的 PSpice A/D 视窗自动显示添加了节点电压探针的输出电压仿真波形，如图 6.35 所示。

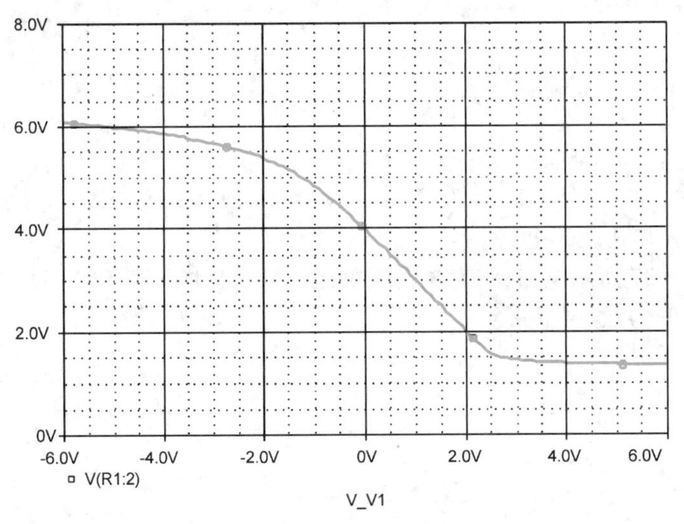

图 6.35 例 5 仿真结果

4. 实验设备

计算机(安装 OrCAD17.2 软件) 1 台

5. 注意事项

(1) 习题 1、习题 2 中，运算放大器从 EVAL 库中提取 μA741，并将其纵向翻转，令反相输入端在上；运算放大器必须设置工作电压±12 V。

(2) 习题 2 中，二极管在 EVAL 库中提取 D1N4148。

(3) 习题 3 中，二极管在 EVAL 库中提取 D1N4002。仿真前，必须给电容设置初始扰动。

设置方法：双击电容元器件，在打开的电容属性编辑器中，设置 IC=1。

仿真类型为时域分析，仿真终止时间单位为 ms。

(4) 习题 4 中，晶体管在 EVAL 库中提取 Q2N2222；正弦源 V1 在 SOURCE 库中提取 VSIN。

仿真类型为时域分析，仿真终止时间单位为 ms。

6. 实验内容

仿真以下习题，要求：

- 利用 Capture 软件绘制电路图。
- 设置分析类型及参数。
- 运行 PSpice 软件进行仿真分析。

（1）过零比较器电路

如图 6.36 所示电路，直流输入电压 u_i 在 −3～3 V 的范围内变化，仿真输出电压 u_o 的波形，并绘制下来。

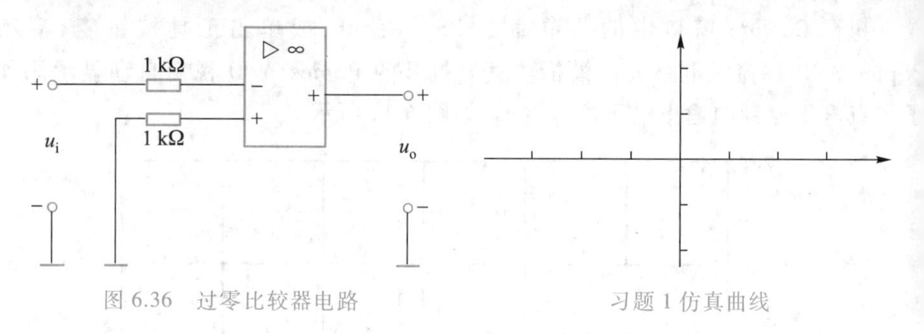

图 6.36　过零比较器电路　　　习题 1 仿真曲线

（2）窗口比较器电路

如图 6.37 所示电路，将直流输入电压 u_i 从 0 V 增大至 12 V，试求仿真输出电压 u_o 的波形，并绘制下来。

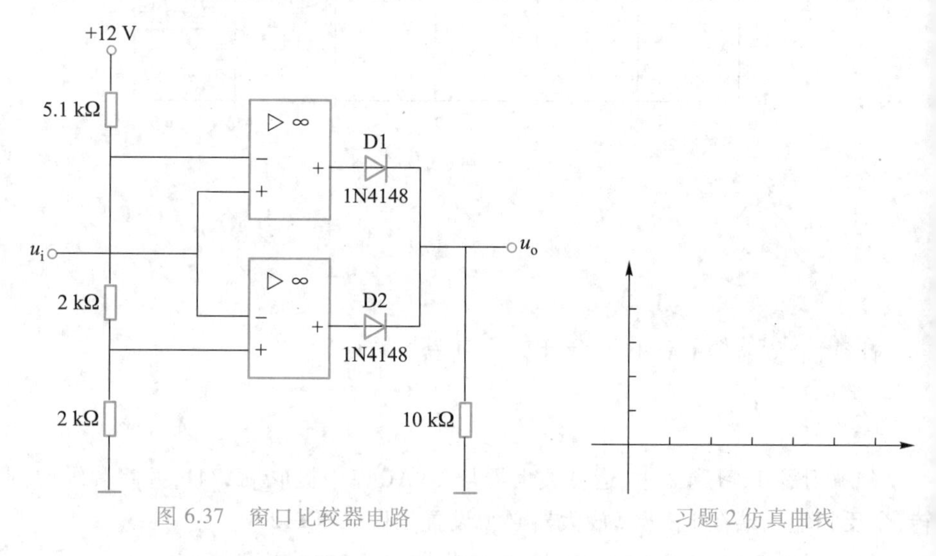

图 6.37　窗口比较器电路　　　习题 2 仿真曲线

（3）矩形波发生器电路

按图 6.38 绘制电路。仿真输出电压 u_o 的波形，并绘制下来。

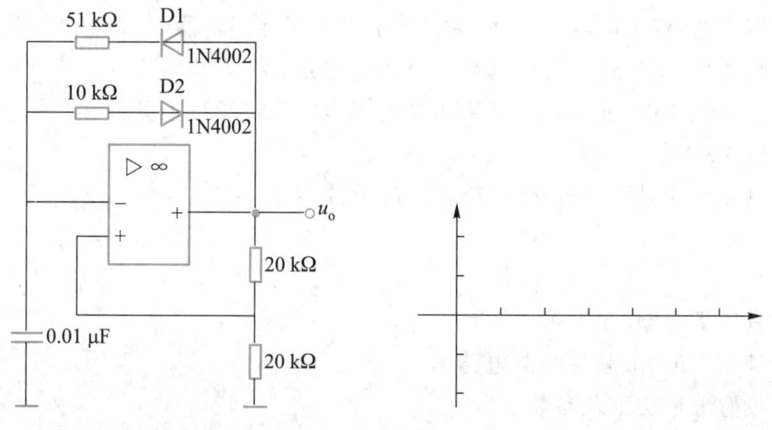

图 6.38　矩形波发生器电路　　　习题 3 仿真曲线

（4）单管交流放大电路

如图 6.39 所示电路，$u_i = 10\sin 6\ 280t$（mV），试求输出端电压仿真波形，并绘制下来。

提示：正弦电压源的设置如图 6.40 所示。

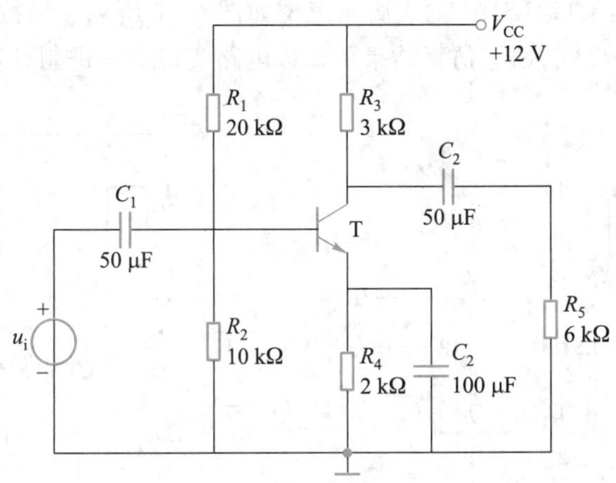

图 6.39　单管交流放大电路

Reference	Value	AC	DC	DF	FREQ	Location X-C	Location Y-Coo	PHASE	Sour	TD	VAMPL	VOFF
V1	VSIN	0	0	0	1k	600	150	0	VSIN.	0	10m	0

图 6.40　正弦源 VSIN 的属性设置

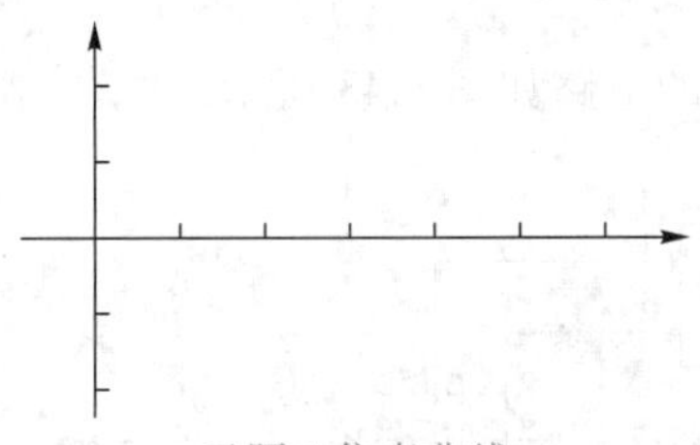

习题 4 仿真曲线

7. 实验思考

电压源 VSIN 与 VAC 有什么区别？通常分别应用于哪个分析类型的电路中？

8. 实验报告

（1）运用 OrCAD PSpice A/D 软件模拟仿真电子习题，并按要求填好数据结果、绘制仿真波形。

（2）利用电工学相关知识，验证仿真与计算结果的一致性。

6.4　数字电子电路的仿真分析

1. 实验目的

（1）掌握 OrCAD Capture 软件设计绘制电路原理图的方法。

（2）运用 OrCAD PSpice 软件对数字电子电路进行仿真分析。

6-5 视频：数字电子电路的仿真分析

2. 预习要求

（1）复习数字电路相关理论知识。

（2）了解数字电路的仿真分析方法。

3. 实例解析

例 6:计数器 CT74LS161 的引脚示意图如图 6.41 所示。如按图 6.42 所示的同步置数法电路接线,通过仿真结果可知该电路实现——进制计数。

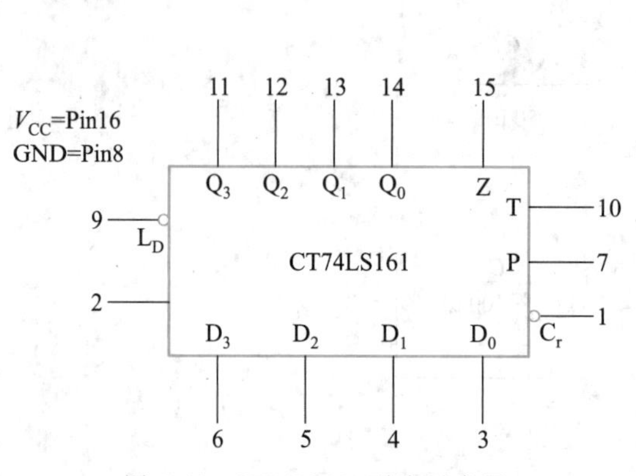

图 6.41　CT74LS161 引脚示意图

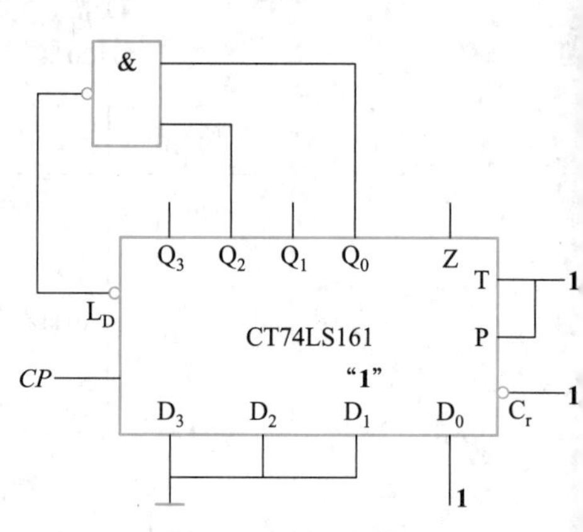

图 6.42　同步置数法

解题步骤:

（1）绘图

用 Capture 软件绘制的电路如图 6.43 所示。

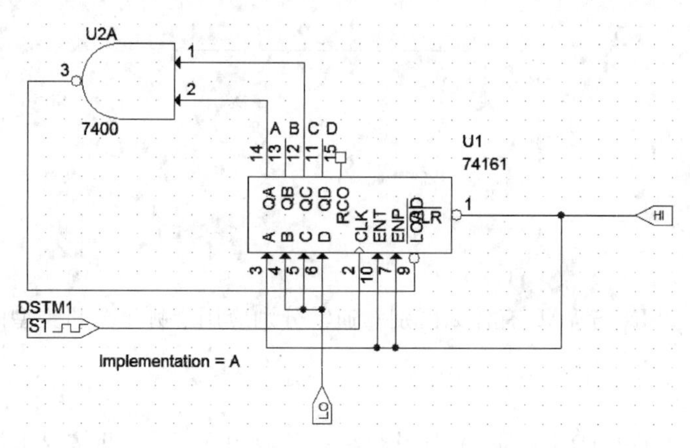

图 6.43　例 6Capture 软件绘制图

① 执行 Place/Part 命令,或单击专用绘图工具中的按钮。在 EVAL 库中调用计数器 74161 和**与非**门 7400,在 SOURCSTM 库中调用激励源 DigStim1。

② 执行 Place/Ground 命令,或单击专用绘图工具中的按钮,在 SOURCE 库中选取数字电路的高电平"$ D_HI"和低电平"$ D_LO"符号。

③ 计数器输出端设置节点别名 ABCD。

④ 设置激励源:以鼠标左键选中 DSTM1,单击鼠标右键,在打开的命令菜单中选中 Edit PSpice Stimulus,屏幕弹出激励源编辑对话框。在其中键入激励源名称"A",并选择数字时钟属性,如图 6.44 所示。单击"OK"按钮后,弹出如图 6.45 所示的时钟属性对话框,在其中设置好频率后,单击"OK"按钮。激励源编辑视

窗显示设置好的激励源波形，如图 6.46 所示。存盘后关闭该窗口。

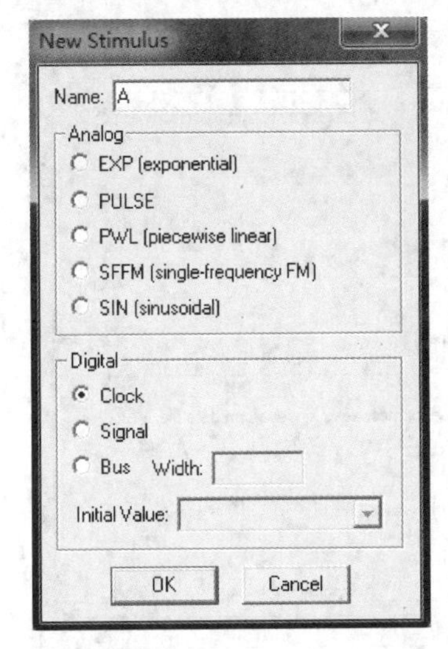

图 6.44 激励源编辑对话框

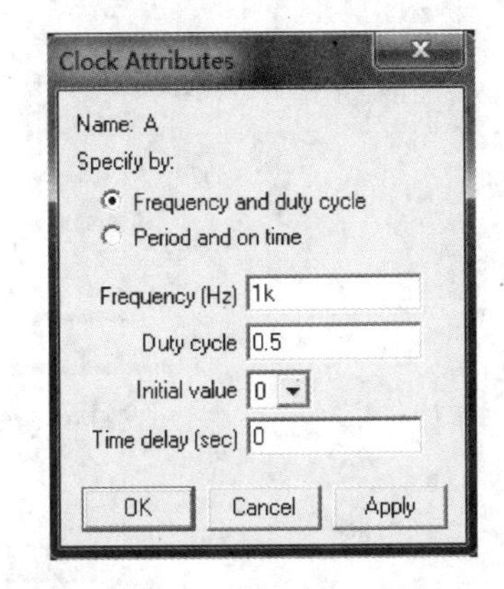

图 6.45 时钟属性对话框

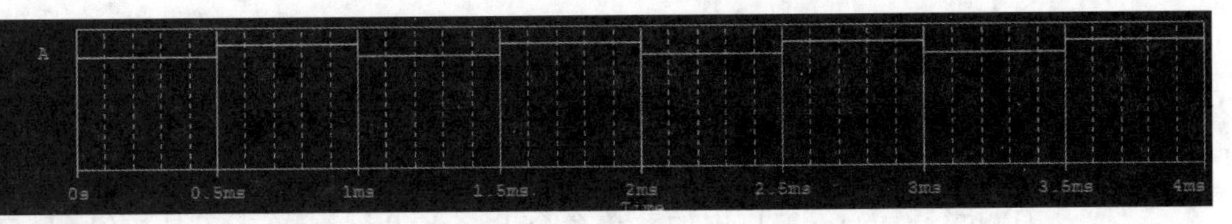

图 6.46 激励源波形

（2）确定分析类型及设置分析参数

Simulation Settings 中的各项设置（参见图 6.47）：

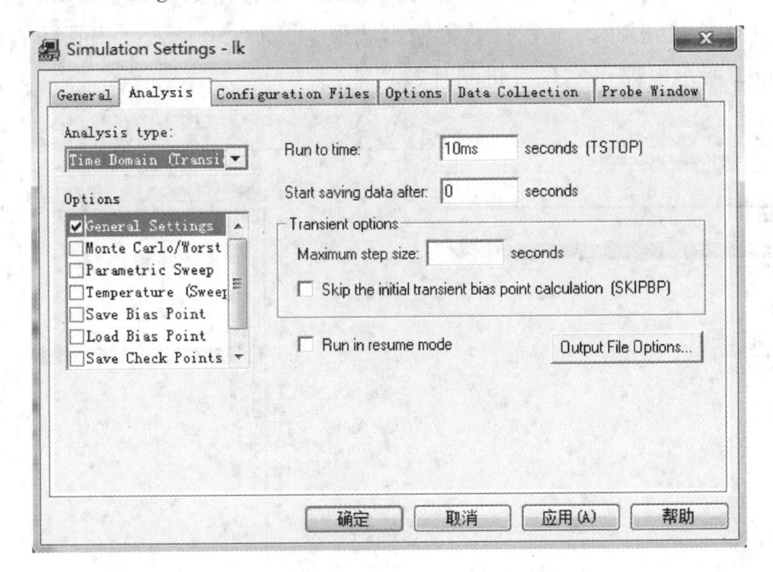

图 6.47 Simulation Settings 对话框

- 在 Analysis type 栏中选择“Time Domain(Transient)”；
- 在 Options 选择栏中“General Settings”；
- 在 Run to time 栏中输入“10ms”，Start saving data after 中输入“0”；

● 单击对话框上方的"Options"标签页，打开的对话框如图 6.48 所示；

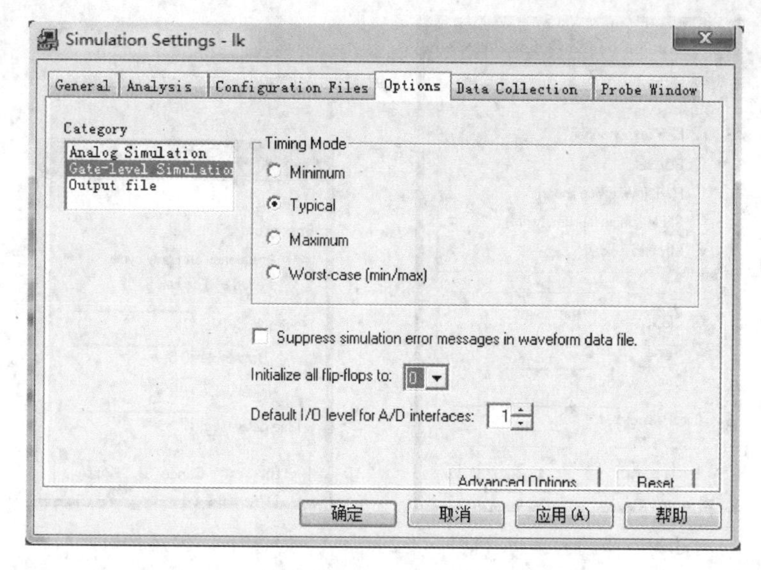

图 6.48 Options 标签页

● 选择 Category/Gate-level Simulation，在"Initialize all flip-flops to"中设置为"0"。设置完毕，单击"确定"按钮。

(3) 进行电路仿真

① 执行 Capture 窗口中的菜单命令 PSpice/Run，或单击工具按钮，启动 PSpice A/D 视窗对电路进行模拟仿真。

② 执行 PSpice A/D 视窗的菜单命令 Trace/Add Trace，或单击工具按钮，打开 Add Traces 对话框，如图 6.49 所示。在该对话框中依次选中 DCBA{DCBA}后，单击"OK"按钮，屏幕显示计数器输出波形，如图 6.50 所示。根据仿真结果可知，图 6.42 所示电路可实现五进制计数功能。

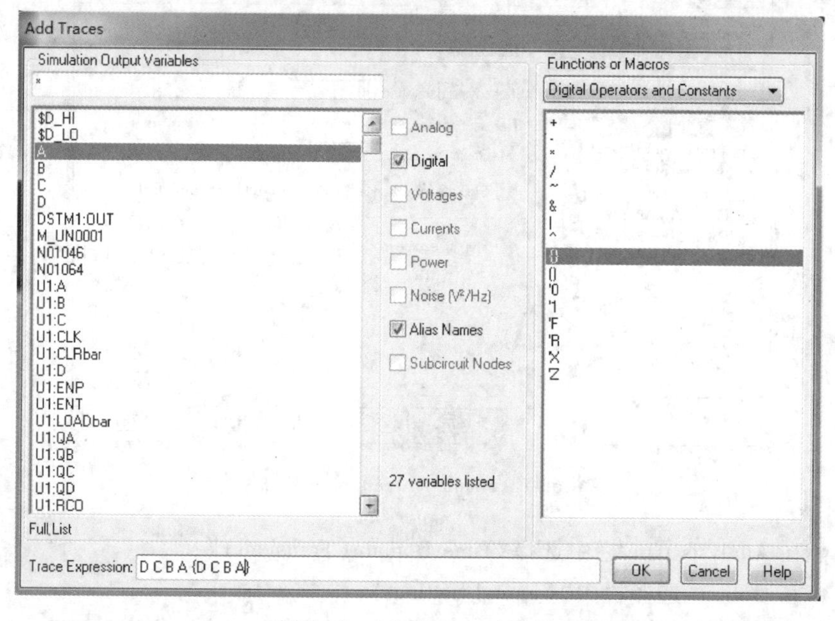

图 6.49 Add Traces 对话框

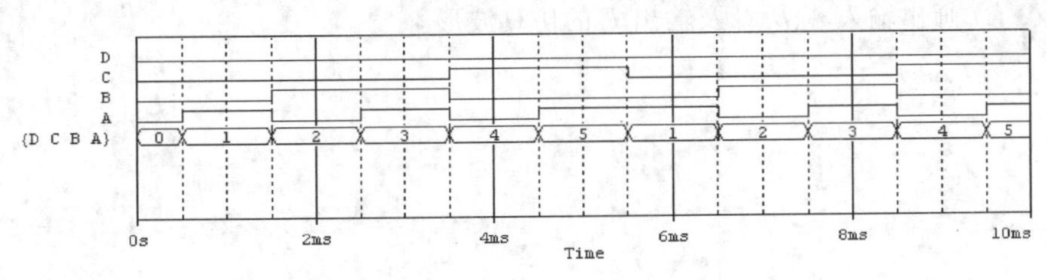

图 6.50　例 6 仿真结果

4. 实验设备

计算机(安装 OrCAD17.2 软件)　　1 台

5. 注意事项

(1) 习题 1 中,四二输入**与**门 7408、三三输入**与非**门 7410、三三输入**或非**门 7427 从 EVAL 库中提取。

(2) 习题 2 中,**非**门 7404 从 EVAL 库中提取;双击电容,将其属性参数中的 IC 项设置为 0.1。

(3) 习题 3 中,CT74LS161 从 EVAL 库中提取。各引脚功能如下:

1 引脚:异步清零端

2 引脚:脉冲输入端(接激励源)

3、4、5、6 引脚:数据输入端

7、10 引脚:计数使能端(同时为 **1** 表示记数;至少一个为 **0** 表示保持)

9 引脚:同步置数端

11、12、13、14 引脚:输出端

15 引脚:进位端

6. 实验内容

仿真以下习题,要求:

- 利用 Capture 软件绘制电路图。
- 设置分析类型及参数。
- 运行 PSpice 软件进行仿真分析。

(1) 分析图 6.51 所示组合逻辑门电路的逻辑功能

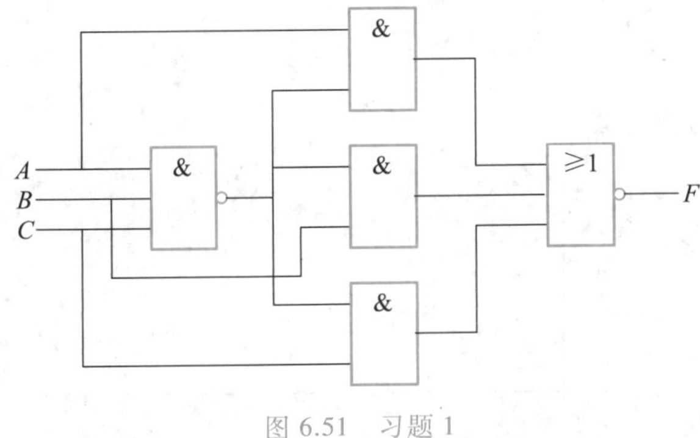

图 6.51　习题 1

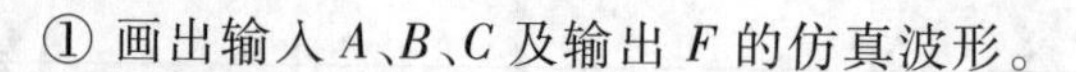

① 画出输入 A、B、C 及输出 F 的仿真波形。

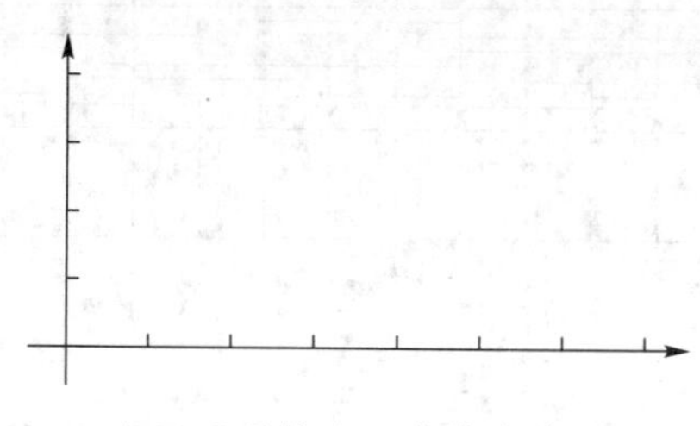

A、B、C 及输出 F 的仿真波形

② 根据仿真波形列真值表,并分析其逻辑功能。

(2) 环型多谐振荡器电路如图 6.52 所示,其中 $R_1=10\ \Omega$ 为限流电阻,R 和 C 组成延时环节。改变 R 和 C 的数值,求相应的输出波形周期,将结果填入表 6.1 中。

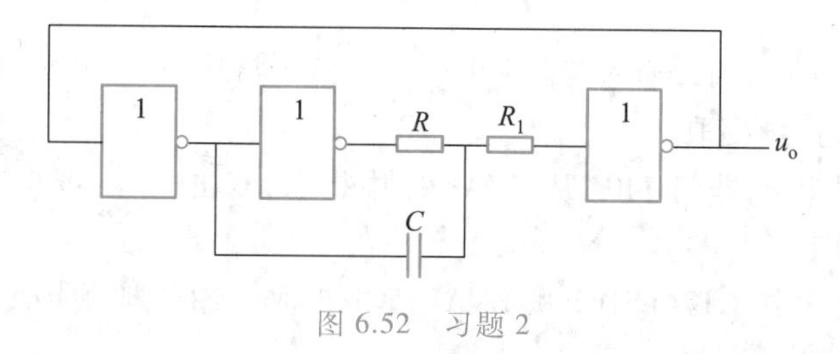

图 6.52　习题 2

表 6.1　输出波形周期

R/Ω	$C/\mu F$	$T/\mu s$
1 000	0.01	
1 000	0.1	
500	0.01	
500	0.1	

(3) 集成中规模同步计数器 CT74LS161 的应用

图 6.41 为 CT74LS161 的引脚示意图,解答如下问题。

① 用复位(异步清除)法实现 CT74LS161 十进制计数,画出电路接线图并绘制输出 $Q_3Q_2Q_1Q_0$ 的仿真波形。

电路接线图:

$Q_3Q_2Q_1Q_0$ 的仿真波形:

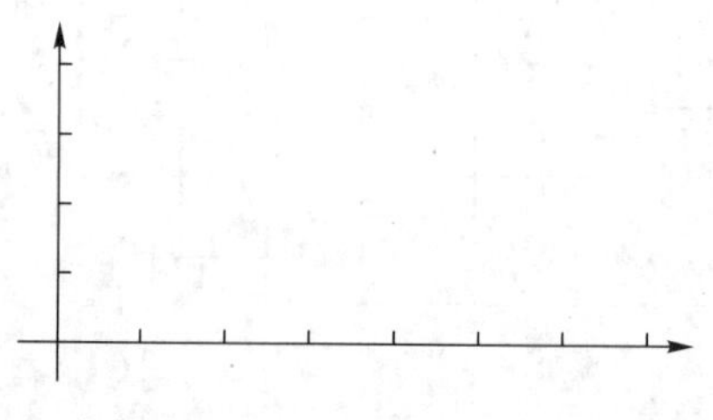

复位法十进制计数器的仿真波形

② 利用进位输出端 Z 实现 CT74LS161 十进制计数,画出电路接线图并绘制输出 $Q_3Q_2Q_1Q_0$的仿真波形。

电路接线图:

$Q_3Q_2Q_1Q_0$的仿真波形:

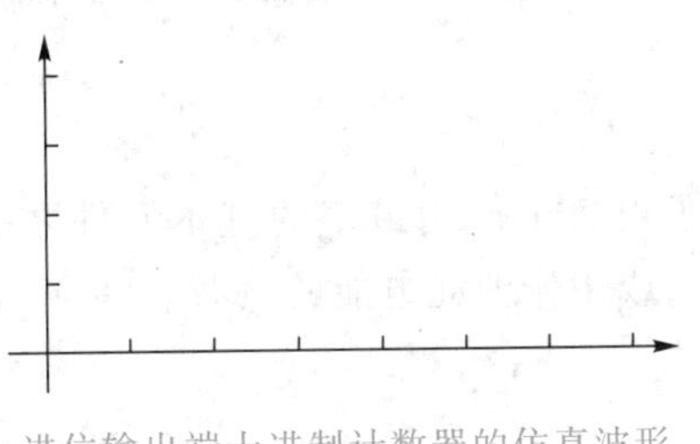

进位输出端十进制计数器的仿真波形

7. 实验思考

数字电子电路的仿真通常使用哪种分析类型?

8. 实验报告

(1) 运用 OrCAD PSpice A/D 软件模拟仿真电子习题,并按要求填好数据结果、绘制仿真波形。

(2) 利用电工学相关知识,验证仿真与计算结果的一致性。

第 7 章　电工学实验常用元件及仪器

7.1　常用元器件的简介

7.1.1　电阻器

电阻器是电气、电子设备中使用最多的基本元件之一。主要用于控制和调节电路中的电流和电压,或用作消耗电能的负载。

1. 种类

电阻器的种类有很多,通常分为三大类:固定电阻、可变电阻、特种电阻。在电子产品中,以固定电阻应用最多。

2. 参数

电阻器的参数主要有容许误差、标称阻值、标称功率、温度系数、最大工作电压、噪声等。一般在选用电阻器时,仅考虑其中的容许误差、标称阻值及标称功率三项参数,其他各项参数只在特殊情况下才考虑。

(1) 容许误差

电阻器的容许误差是指电阻器的实际阻值相对于标称阻值的最大容许误差范围。容许误差越小,电阻器的精度越高。电阻器常见的容许误差有±5%、±10%和±20%三个等级。

(2) 标称值

电阻器的标称值即电阻器表面所标注的阻值。电阻器常见的标称值有 E24、E12 和 E6 系列,分别对应不同的精度等级。表 7.1 为电阻器常见的三种系列标称值及容许误差。

表 7.1　E24/ E12/ E6 系列标称值

系列	容许误差	标称值/Ω
E24	±5%	1.0　1.1　1.2　1.3　1.5　1.6　1.8　2.0 2.2　2.4　2.7　3.0　3.3　3.6　3.9　4.3 4.7　5.1　5.6　6.2　6.8　7.5　8.2　9.1
E12	±10%	1.0　1.2　1.5　1.8　2.2　2.7 3.3　3.9　4.7　5.6　6.4　8.2
E6	±20%	1.0　1.5　2.2　3.3　4.7　6.8

(3) 额定功率

电阻器的额定功率指电阻器在直流或交流电路中,长期连续工作所允许消耗

的最大功率。有两种标识方法:2 W 以上的电阻,直接用数字印在电阻体上;2 W 以下的电阻,以自身体积大小来表示功率。电阻器额定功率系列如表7.2所示。

表7.2　电阻器额定功率系列

线绕电阻额定功率/W	非线绕电阻额定功率/W
0.05　0.125　0.25　0.5　1　2　4　8　12　16	0.05　0.125　0.25　0.5　1　2　5
25　40　50　75　100　150　250　500	10　25　50　100

3. 型号

(1) 型号命名方法

电阻器的型号由四部分组成。

第一部分是元件的主称,用一个字母表示。例如R表示电阻,W表示电位器。

第二部分是元件的主要材料,一般用一个字母表示。例如X表示线绕,Y表示氧化膜。

第三部分是元件的主要特征,一般用一个数字或一个字母表示。例如1表示普通,7表示精密,G表示功率型。

第四部分是元件的序号,一般用数字表示。表示同类产品中不同品种,以区分产品的外形尺寸和性能指标等。

(2) 型号命名示例

RJ71——精密金属膜电阻器

RX11——通用线绕电阻器

4. 阻值及误差的识别

电阻器的阻值和允许偏差的标注方法有直标法、色标法和文字符号法。最常用为色标法。色标的含义如表7.3所示。

表7.3　色标的含义

颜色	左第一位	左第二位	左第三位	右第二位	右第一位
棕	1	1	1	10^{1}	±1%
红	2	2	2	10^{2}	±2%
橙	3	3	3	10^{3}	—
黄	4	4	4	10^{4}	—
绿	5	5	5	10^{5}	±0.5%
蓝	6	6	6	10^{6}	±0.2%
紫	7	7	7	10^{7}	±0.1%
灰	8	8	8	10^{8}	—
白	9	9	9	10^{9}	—
黑	0	0	0	10^{0}	—
金	—	—	—	10^{-1}	±5%
银	—	—	—	10^{-2}	±10%
无色	—	—	—	—	±20%

色标法一般有两种表示法：一种是阻值为三位有效数字，共五个色环；另一种是阻值为两位有效数字，共四个色环。右侧最后一环表示误差等级，右侧第二位表示倍率 i，即在有效数字后面乘 10^i。误差等级有时也用字母表示，不加者表示误差等级为±20%。图 7.1 为色标法示例，图(a)为一个四环电阻器，色环顺序从左到右依次是黄紫橙银，表示阻值为 47 kΩ±10%；图(b)为一个五环电阻器，色环顺序从左到右依次是棕紫绿金棕，表示阻值为 17.5 Ω±1%。

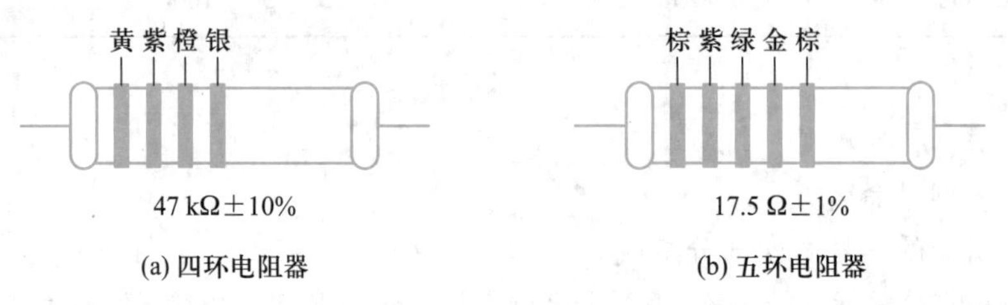

图 7.1　色标法示例

7.1.2　电位器

电位器是一种阻值连续可调的可变电阻器，具有两个固定端和一个滑动端。

1. 种类

电位器的种类很多，按制造材料划分，可分为线绕电位器和非线绕电位器。前者额定功率大(可达数十瓦以上)，寿命长，但其制作成本高，阻值范围小(通常 100 Ω ~ 100 kΩ)。后者阻值范围大(数欧到数兆欧)，功率一般有 0.1 W、0.125 W、0.25 W、0.5 W、1 W 和 2 W 几种。

2. 参数

电位器主要技术参数有三项：标称值、额定功率和阻值变化规律。

(1) 标称值

电位器的标称值系列与电阻器的标称值相同，可参见表 7.1。

(2) 额定功率

电位器的额定功率是两个固定端之间允许消耗的最大功率。额定功率系列值如表 7.4 所示。

表 7.4　电位器额定功率系列值

额定功率系列/W	线绕电位器/W	非线绕电位器/W
0.025	—	
0.05	—	
0.1	—	
0.25	0.25	0.25
0.5	0.5	0.5
1.0	1.0	1.0
1.6	1.6	—

续表

额定功率系列/W	线绕电位器/W	非线绕电位器/W
2	2	2
3	3	3
5	5	—
10	10	—
16	16	—
25	25	—
40	40	—
63	63	—
100	100	—

（3）阻值变化规律

电位器的阻值变化规律是指电位器的滑动片触点在旋转时，其阻值随旋转角度而发生的变化关系。变化规律有三种不同形式，分别用字母X、D、Z表示，如图7.2所示。

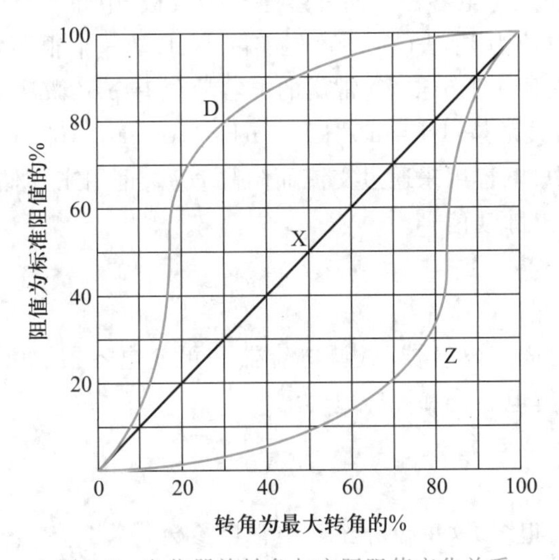

图7.2　电位器旋转角与实际阻值变化关系

X型为直线型，其阻值按角度均匀变化。它适于作分压、调节电流等，如在电视机中作场频调整。

D型为对数型，其阻值按旋转角度按对数关系变化（即阻值变化开始快，以后缓慢），这种方式多用于仪器设备的特殊调节。在电视机中采用这种电位器调整黑白对比度，可使对比度更加适宜。

Z型为指数型，其阻值按旋转角度按指数关系变化（阻值变化开始缓慢，以后变快），它普遍使用在音量调节电路里。由于人耳对声音响度的听觉特性接近对数关系，当音量从零开始逐渐变大的一段过程中，人耳对音量变化的听觉最灵敏，当音量大到一定程度后，人耳听觉逐渐变迟钝。所以音量调整一般采用指数式电位器，使声音变化听起来显得平稳、舒适。

电路中进行一般调节时，采用价格低廉的碳膜电位器；在进行精确调节时，宜采用多圈电位器或精密电位器。

3. 型号

电位器常用型号及含义如表 7.5 所示。

表 7.5 电位器型号及含义

型号	含义
WT	碳膜电位器
WH	合成膜电位器
WJ	金属膜电位器
WS	实心电位器
WX	线绕电位器

7.1.3 电容器

顾名思义，电容器就是“储存电荷的容器”。尽管电容器品种繁多，但它们的基本结构和原理是相同的。两片相距很近的金属中间被某绝缘物质（固体、气体或液体）隔开，就构成了电容器。两片金属称为极板，中间的物质叫作介质。

电容的基本单位为 F[法(拉)]。但实际上，F 是一个很不常用的单位，因为电容器的容量往往比 1 F 小得多，常用的电容单位有 μF（微法）、nF（纳法）和 pF（皮法）等，它们的关系是：$1\ F=10^6\ \mu F$，$1\ \mu F=10^3\ nF=10^6\ pF$。

在电子线路中，电容用来通过交流而阻隔直流，也用来存储和释放电荷以充当滤波器，平滑输出脉动信号。

1. 种类

电容器可分为固定电容器、微调电容器和可变电容器。常见的是固定电容器，最多见的是电解电容器和瓷介电容器。

2. 参数

电容器的参数很多，这里仅介绍几个常用参数。

（1）容许误差

固定电容器的容许误差用百分数或误差等级表示，可分为九级，即±0.5%（005 级）、±1%（01 级）、±2%（0 级）、±5%（Ⅰ级）、±10%（Ⅱ级）、±20%（Ⅲ级）、+20%～-10%（Ⅳ级）、+30%～-20%（Ⅴ级）和+1%～-1%（Ⅵ级）。

（2）标称值

电容器的标称值与电阻器的标称值相同，可参见表 7.1。

（3）额定工作电压

电容器的额定工作电压是指按技术指标规定长期连续工作时，电容器两端所能承受的最大安全电压，一般以直流电压在电容器上标出。

（4）绝缘电阻

电容器的绝缘电阻是指电容器两极间的电阻，又称漏电电阻。

电容器的绝缘电阻的大小取决于构成介质的质量和厚度，绝缘电阻越小，两极间产生的漏电电流越大，引起电容器发热，最终导致电容器热击穿。因此，选用绝缘电阻较大的好。

(5) 电容温度系数

温度、湿度和压力等对电容器的容量都会产生影响。其中温度的影响最大，常用电容器的电容温度系数表示。

3. 容量及误差的识别

(1) 电容器容量的识别

① 直接表示法。是用代表数量的字母 m(10^{-3})、μ(10^{-6})、n(10^{-9})和 p(10^{-12})加上数字组合表示的方法。例如，4n7 表示 4.7×10^{-9} F = 4 700 pF；33n 表示 33×10^{-9} F = 0.33 μF；4p7 表示 4.7 pF 等。有时用无单位的数字表示容量，当数字大于 1 时，其单位为 pF；当数字小于 1 时，其单位为 μF。例如，3 300 表示 3 300 pF；0.022 表示 0.022 μF。

② 数码表示法。一般用三位数字来表示容量的大小，单位为 pF。前两位为有效数字，后一位表示倍率 i，即在有效数字后面乘 10^i，如 223 表示 22×10^3 = 22 000 pF。需注意的是如果第三位是 9，即 $i=9$，则表示有效数字后面乘 10^{-1}，如 479 表示 47×10^{-1} = 4.7 pF。

③ 色码表示法。这种表示法与电阻器的表示法类似。一般有三条色码，通常由顶端开始向下排列。前两条色码表示有效数字，第三条色码表示倍率，单位为 pF。例如，棕黑红表示 1 000 pF。有时前两条色码为同一种颜色，则被涂成一条较宽的色码；红红橙，前两条红色码被一条较宽的色码代替，为红(宽)橙(窄)两条色码，表示 22 000 pF。

(2) 电容器误差的识别

① 直接表示法。将电容器的绝对误差直接标出，如 8.2±0.4 pF，表示该电容器的容量在(8.2−0.4) pF~(8.2+0.4) pF 之间。

② 字母表示法。字母表示法是用字母表示误差范围的方法。各字母含义如表 7.6 所示。

表 7.6　电容器误差的字母含义

字母	W	B	C	D	F	G	J	K	M	N
误差%	±0.05	±1	±0.25	±0.5	±1	±2	±5	±10	±20	±30

字母	Q	T	S	Z	R
误差%	−10~+30	−10~+50	−20~+50	−20~+80	−10~+100

7.1.4　二极管

二极管有两个电极，并且分为正负极，一般把极性标示在二极管的外壳上。大多数用一个不同颜色的环来表示负极，有的直接标上“−”号。

二极管最明显的性质就是它的单向导电特性，这是因为它的内部具有一个 PN 结。用万用表测量二极管的阻值时，如果将红表笔接二极管的负极，黑表笔接二极管的正极，测得的阻值较小，为二极管正向电阻。如果将黑表笔接二极管负极，红表笔接二极管正极，测得的阻值较大，为二极管反向电阻。

1. 种类

二极管有多种类型：按材料，可分为锗二极管、硅二极管、砷化镓二极管；按结构，可分为点接触型二极管和面接触型二极管；按用途，又可分为整流二极管、检波二极管、稳压二极管、光电二极管和开关二极管等。

点接触型二极管的工作频率高，不能承受较高的电压和通过较大的电流，多用于检波、小电流整流或高频开关电路。面接触型二极管的工作电流和能承受的功率都较大，但适用的频率较低，多用于整流、稳压、低频开关电路等方面。

2. 参数

二极管的主要参数有正向整流电流、反向电流、最高反向工作电压、最大峰值电流、正向压降等。

(1) 正向整流电流 I_F

也称正向直流电流，是指在电阻负载条件下的单向脉动电流的平均值，手册一般给出的是额定正向整流电流。I_F 的大小随二极管的品种而异，小的十几毫安，大的几千安。

(2) 反向电流 I_R

也称反向漏电流，是指在二极管加反向电压（不超过最高反向工作电压）时，流过二极管的电流。I_R 一般在微安级以下，大电流二极管一般也在毫安级以下。

(3) 最高反向工作电压 U_{RM}

也称最大反向耐压，是指为防止击穿而规定的二极管反向电压极限值。U_{RM} 一般为击穿电压的 $\frac{1}{2}\sim\frac{2}{3}$。通常，$U_{RM}$ 在型号中用后缀字母表示，也有用色环表示。

(4) 最大峰值电流 I_{FSM}

它是指瞬间流过二极管的最大正向单次峰值电流。I_{FSM} 一般比 I_F 大几十倍。

(5) 正向压降 U_F

它是指在规定的正向电流条件下，二极管的正向电压降。U_F 反映了二极管正向导电时正向电阻的大小和损耗的大小。

常用二极管的主要参数如表 7.7 所示。

表 7.7 常用二极管的主要参数

型号＼参数	额定正向整流电流 I_F/A	最大峰值电流 I_{FSM}/A	正向压降 U_F/V	反向电流 I_R/μA	最高反向工作电压 U_{RM}/V
1N4001	1	30	1.1	5	50
1N4002					100
1N4003					200
1N4004					400
1N4005					600
1N4006					800
1N4007					1 000

续表

参数 型号	额定正向整流电流 I_F/A	最大峰值电流 I_{FSM}/A	正向压降 U_F/V	反向电流 I_R/μA	最高反向工作电压 U_{RM}/V
1N5391					50
1N5392					100
1N5393					200
1N5394					300
1N5395	1.5	50	1.4	10	400
1N5396					500
1N5397					600
1N5398					800
1N5399					1 000
PS200					50
PS201					100
PS202					200
PS204	2	200	1.2	15	400
PS206					600
PS208					800
PS2010					1 000
1N5400					50
1N5401					100
1N5402					200
1N5403					300
1N5404	3	200	1.2	10	400
1N5405					500
1N5406					600
1N5407					800
1N5408					1 000
P600A					50
P600B					100
P600D					200
P600G	6	400	0.9	25	400
P600J					600
P600K					800
P600L					1 000
1N4148	0.1				100

7.1.5　晶体管

晶体管具有三个电极，其最主要的功能是电流放大和开关作用。二极管是由一个 PN 结构成的，而晶体管由两个 PN 结构成，共用的一个电极为晶体管的基极（用字母 B 表示），其他两个电极分别为集电极（用字母 C 表示）和发射极（用字母 E 表示）。晶体管分为 NPN 和 PNP 型两种类型。图 7.3 为晶体管的电路符号，图（a）为 NPN 型晶体管，图（b）为 PNP 型晶体管。箭头所指的方向是电流的方向。

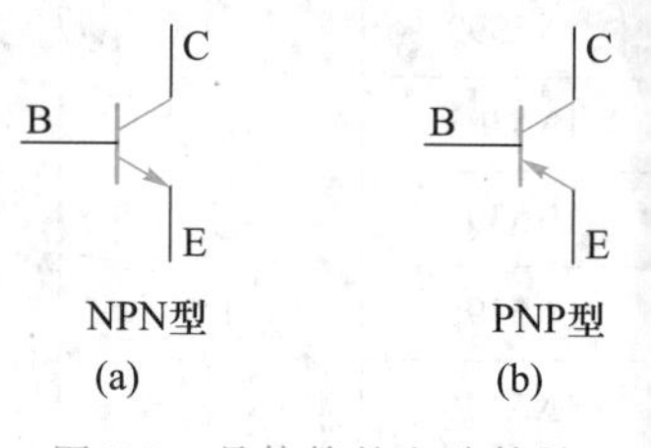

图 7.3　晶体管的电路符号

1. 种类

晶体管的种类很多，按使用的半导体材料不同，可分为锗晶体管和硅晶体管两类。国产锗晶体管多为 PNP 型，硅晶体管多为 NPN 型；按制作工艺不同，可分为扩散管、合金管等；按功率不同，可分为小功率管、中功率管和大功率管；按工作频率不同，可分为低频管、高频管和超高频管；按用途不同，又可分为放大管和开关管等。

电子制作中常用的晶体管有 90××系列，包括低频小功率硅管 9013（NPN）、9012（PNP），低噪声管 9014（NPN），高频小功率管 9018（NPN）等。它们的型号一般都标在塑壳上，而样子都一样，都是 TO-92 标准封装。在老式的电子产品中还能见到 3DG6（低频小功率硅管）、3AX31（低频小功率锗管）等，它们的型号也都印在金属的外壳上。我国生产的晶体管有一套命名规则，电子工程技术人员和电子爱好者应该了解晶体管符号的含义。

符号的第一部分“3”表示晶体管。符号的第二部分表示器件的材料和结构：A——PNP 型锗材料；B——NPN 型锗材料；C——PNP 型硅材料；D——NPN 型硅材料。符号的第三部分表示功能：U——光电管；K——开关管；X——低频小功率管；G——高频小功率管；D——低频大功率管；A——高频大功率管。另外，3DJ 型为场效晶体管，BT 打头的表示半导体特殊元件。

2. 参数

晶体管的参数很多，对于不同的晶体管，其参数的侧重点有所不同，现将晶体管的主要参数分为极限参数、直流参数和交流参数分别介绍如下。

（1）极限参数

P_{CM}——集电极最大允许功率损耗。

I_{CM}——集电极最大允许电流。

T_{JM}——最大允许结温。

R_{T}——热阻。

（2）直流参数

1）U_{CE}——集电极-发射极之间的电压。

U_{CEO}——第三电极基极开路时集电极-发射极之间的电压。

U_{CES}——BE 短路时集电极-发射极之间的电压。

$U_{(BR)CEO}$——第三电极基极开路时集电极-发射极之间的击穿电压。

$U_{CE(sat)}$——集电极-发射极之间的饱和压降。

2) U_{CBO},$U_{(BR)CBO}$。

3) U_{EBO},$U_{BE(sat)}$,$U_{(BR)EBO}$。

以上两组参数含义与1)类似。

4)I_{CBO}——发射极开路,C-B之间的反向饱和电流。

5)I_{CEO}——基极开路,C-E之间的反向饱和电流(穿透电流)。

6)$H_{FE}(\beta)$——共发射极接法短路电流放大系数,也称直流β。

(3) 交流参数

f_α——共基极接法的截止频率。

f_β——共发射极接法的截止频率。

h_{ie}——共发射极接法的输入电阻。

h_{fe}——共发射极接法的短路交流电流放大系数。

h_{re}——共发射极接法的交流开路电压反馈系数。

h_{oe}——共发射极接法的交流开路输出导纳。

f_T——特征频率。

N_F——噪声系数。

K_P——功率增益。

C_{ob}——共基极接法的输出电容。

$r_{bb'}$——基区扩散电阻(基区本征电阻)。

常用晶体管的主要参数如表7.8所示。

表7.8　常用晶体管主要参数

<table>
<tr><th rowspan="2">参数
型号</th><th colspan="2">极限参数</th><th colspan="5">直流参数</th><th colspan="2">交流参数</th><th rowspan="2">极性</th></tr>
<tr><th>P_{CM} /mW</th><th>I_{CM} /mA</th><th>$U_{(BR)CBO}$ ≥ /V</th><th>$U_{(BR)CEO}$ ≥ /V</th><th>I_{CBO} ≤ /μA</th><th>$U_{CE(sat)}$ ≤ /V</th><th>H_{FE}</th><th>f_T ≥ /MH$_Z$</th><th>C_{ob} ≤ /pF</th></tr>
<tr><td>CS9011</td><td rowspan="6">310</td><td rowspan="6">100</td><td rowspan="6">20</td><td rowspan="6">18</td><td rowspan="6">0.05</td><td rowspan="6">0.3</td><td>28</td><td rowspan="6">150</td><td rowspan="6">3.5</td><td rowspan="6">NPN</td></tr>
<tr><td>CS9011E</td><td>39</td></tr>
<tr><td>CS9011F</td><td>54</td></tr>
<tr><td>CS9011G</td><td>72</td></tr>
<tr><td>CS9011H</td><td>97</td></tr>
<tr><td>CS9011I</td><td>132</td></tr>
<tr><td>CS9012</td><td rowspan="5">600</td><td rowspan="5">500</td><td rowspan="5">25</td><td rowspan="5">25</td><td rowspan="5">0.5</td><td rowspan="5">0.6</td><td>64</td><td rowspan="5">150</td><td rowspan="5"></td><td rowspan="5">PNP</td></tr>
<tr><td>CS9012E</td><td>78</td></tr>
<tr><td>CS9012F</td><td>96</td></tr>
<tr><td>CS9012G</td><td>118</td></tr>
<tr><td>CS9012H</td><td>144</td></tr>
</table>

续表

参数 型号	极限参数		直流参数					交流参数		极性
	P_{CM} /mW	I_{CM} /mA	$U_{(BR)CBO}$ ≥ /V	$U_{(BR)CEO}$ ≥ /V	I_{CBO} ≤ /μA	$U_{CE(sat)}$ ≤ /V	H_{FE}	f_T ≥ /MH_Z	C_{ob} ≤ /pF	
CS9013	400	500	25	25	0.5	0.6	64	150		NPN
CS9013E							78			
CS9013F							96			
CS9013G							118			
CS9013H							144			
CS9014	300	100	20	18	0.05	0.3	60	150		NPN
CS9014A							60			
CS9014B							100			
CS9014C							200			
CS9014D							400			
CS9015	310	100	20	18	0.05	0.5	60	50	6	PNP
CS9015A	600					0.7	60	100		
CS9015B							100			
CS9015C							200			
CS9015D							400			
CS9016	310	25	20	20	0.05	0.3	28	500		NPN
CS9016D							28			
CS9016E							39			
CS9016F							54			
CS9016G							72			
CS9016H							97			
CS9017	310	100	15	12	0.05	0.5	28	600	2	NPN
CS9017D							28			
CS9017E							39			
CS9017F							54			
CS9017G							72			
CS9018	310	100	15	12	0.05	0.5	28	700		NPN
CS9018D							28			
CS9018E							39			
CS9018F							54			
CS9018G							72			

7.2 常用仪器仪表的使用

7-1 视频：FLUKE 190-104测试仪

7.2.1 FLUKE 190-104型测试仪

FLUKE 190-104型ScopeMeter测试仪覆盖数字存储示波器、数字万用表及功率表的功能，可以捕获被测信号、计算参数、存储测量值和显示信号波形，也可以进行直流电流、电压、交流电流、电压、有功功率、相位、频率和周期等参数的测量。FLUKE190测试仪功能强大，本教程主要对其实验室常用的基本功能做简要介绍。

1. 面板介绍

测试仪面板如图7.4所示。

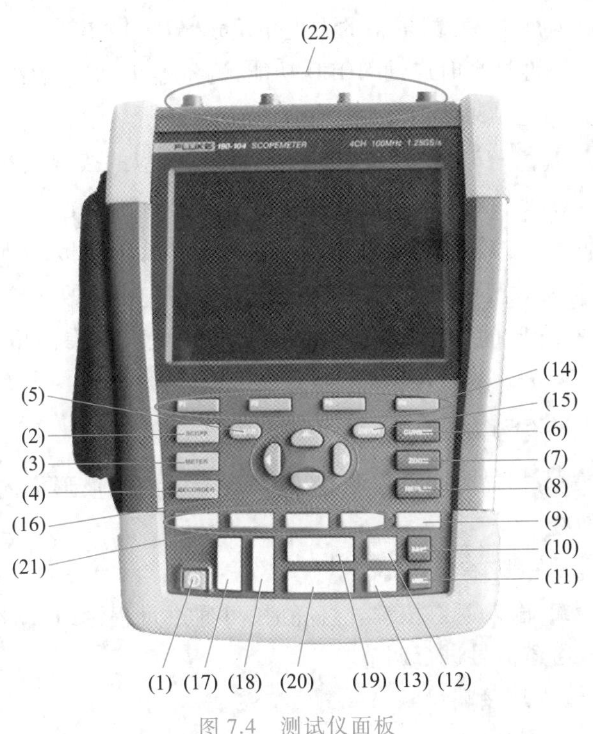

图7.4　测试仪面板

(1) ⓘ电源开/关按键。测试仪以其上一次的设置配置开机。如果要将测试仪重置为出厂设置值，请按照下列步骤操作：

ⓘ	关闭测试仪。
USER	按住USER（用户）键。
ⓘ	按一下电源开关键。

测试仪电源打开，并发出两下声响，表示重置已完成。

(2) SCOPE：示波器按键。

(3) METER：万用表按键。

(4) RECORDE：记录器按键。

(5) CLEAR：关闭菜单或隐藏按键标签，再按一次重新显示按键标签。

(6) CURSOR :光标测量按键。

(7) ZOOM :放大波形按键。

(8) REPLAY :回放波形按键。运行示波器模式时,测试仪会自动存储最近的100 个屏幕显示。使用 REPLAY 菜单中的功能,可以浏览以前存储的屏幕显示。

(9) TRIGGER :触发按键。按键灯亮时信号被触发;按键灯灭时信号未被触发;按键闪烁表示在 Single Shot(单脉冲)或 On Trigger(触发时)扫迹更新时等待触发。在屏幕的底部将显示触发参数。当找到一个有效的触发信号时,触发键将亮起,触发参数以黑色显示。没有触发时,触发参数显示为灰色。

(10) SAVE :保存按键。

(11) USER :用户按键。使用此键可更改信息语言,调节对比度与背景光亮度,更改日期和时间,设置电源关闭定时器,更改自动设置选项。

(12) MANUAL/AUTO :按键灯亮时为手动测量模式,屏幕的右上角出现 MANUAL 标识;按键灯灭时为自动测量模式,屏幕的右上角出现 AUTO 标识。

(13) HOLD/RUN :按键灯亮时启动 HOLD 功能,测量停止,屏幕被冻结,按键灯灭时运行 RUN 功能,测量结果实时更新。

(14) F1 ~ F4 :功能键,使用此键可以打开对应的按键标签和菜单。

(15) ENTER :回车按键。按键标签和菜单的选择确认键。

(16) :箭头按键。使用箭头键选中标签和菜单项目,按回车键确认。

(17) RANGE :灵敏度量程按键。调整 RANGE 按键可以改变输入端口灵敏度,可调节屏幕显示波形的大小,同时,波形纵向每格所代表的电压值也会随之改变。

(18) MOVE :上移/下移按键。

(19) TIME :扫描时间量程调整按键。按动此键,波形横向每格所代表的时间值会随之改变。

(20) MOVE :左移/右移按键。

(21) A ~ D :输入通道按键。灯亮时,可通过量程键、移动按键,以及 F1~F4 功能键,对该通道信号进行调节。

(22) 信号输入连接端口。

2. 使用说明

(1) 输入端口连接:测试仪有 4 个安全 BNC 插口信号输入端,在测试仪的顶部,如图 7.5 所示。测量时将电压或电流测试线接入 BNC 插口,隔离的输入端口结构允许使用每个输入端口进行独立的浮动测量。

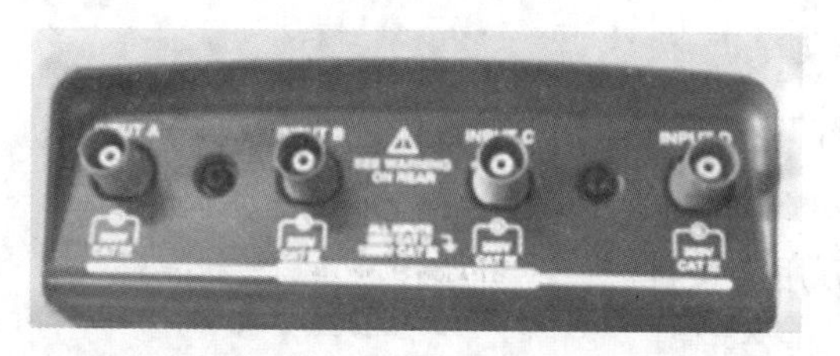

图 7.5　信号输入端

（2）选择输入通道并进行参数设置：按所需通道的按键（A ~ D）进行设
置。例如，用通道 A 进行交流电压测量，按 SCOPE 键，进入示波器模式，按 A 选
择通道 A，出现图 7.6 所示界面。

① 耦合方式选择：按 F2 功能键可以选择耦合方式。设为直流（DC）表示测
量输入信号的交流和直流成分，在屏幕的左下方显示直流（DC）耦合图标 A⎓。
设为交流（AC）表示仅测量输入信号的交流成分，屏幕的左下方显示交流耦合图
示 A~。

② 调整探针（测试线）类型设置：按 F3 功能键，可以选择探头类型和衰减系
数，输入端口 A 电压探头设置界面如图 7.7 所示。为了获得正确的测量结果，测
试仪探针类型的设置必须与所连接探针的类型对应。实验室电压测试线的衰减
通常为 1 : 1；电流探头设置界面如图 7.8 所示，需根据电流钳表的参数设置敏感
度，FLUKE i30s 电流钳表敏感度选择 100 mV/A。

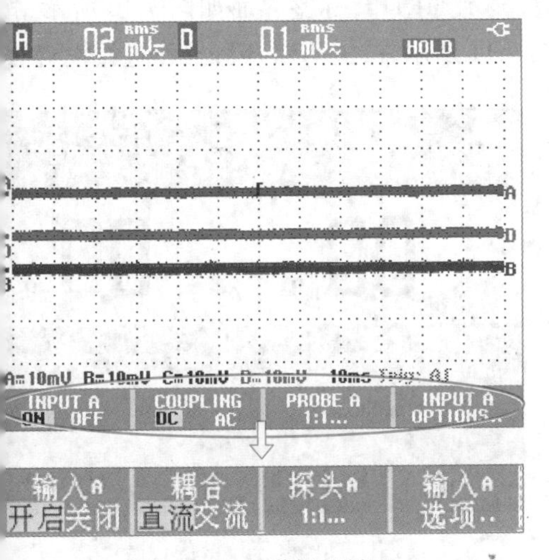

图 7.6　A 通道标签界面

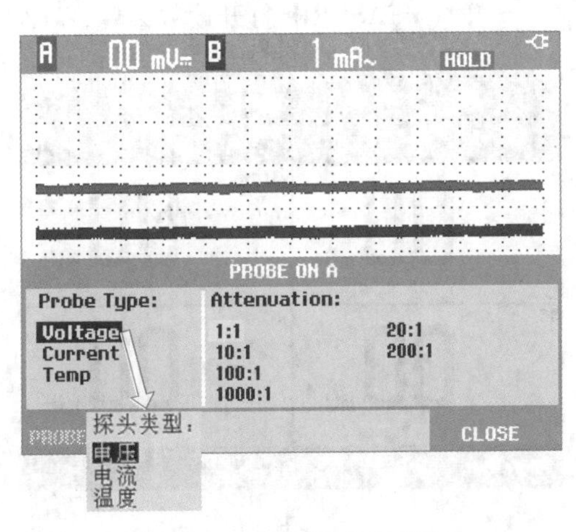

图 7.7　电压探头设置界面

③ 带宽限制选择：按 F4 可以设置输入信号的带宽限制，设置界面如图 7.9
所示。要抑制波形上的高频噪声，可以将工作带宽限制为 20 kHz，即被测信号
含有的大于 20 kHz 的高频分量被阻隔。该功能可使被测信号的波形显示平滑。

同理可对其他通道进行同样的设置。

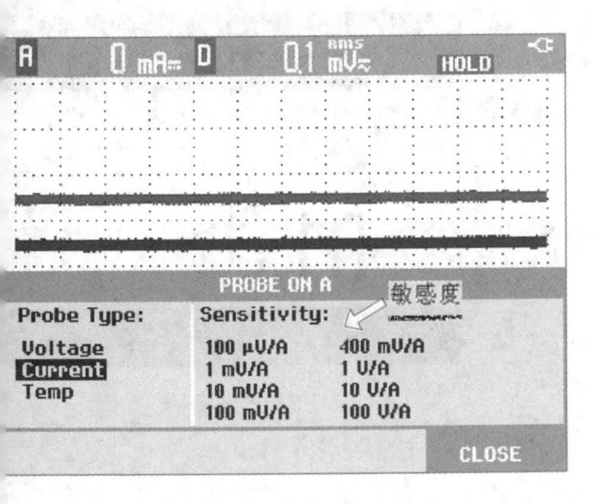

图 7.8　电流探头设置界面

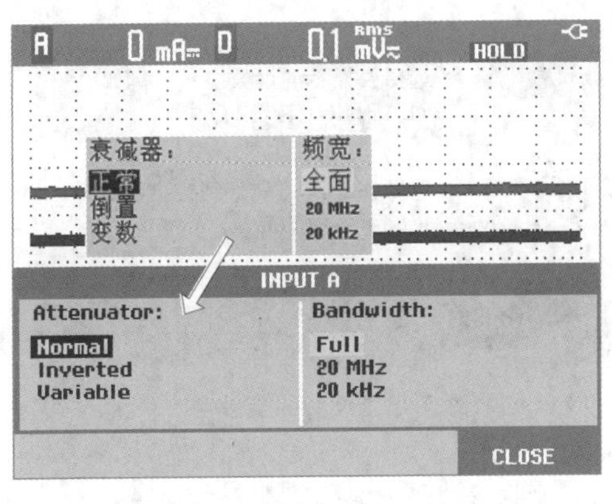

图 7.9　带宽限制设置界面

(3) 进行自动测量

按MANUAL AUTO键可以进行自动测量,此时屏幕的右上角出现 AUTO 字符。该功能可优化位置、量程、时基及触发,并确保所有波形的稳定显示。如果信号发生改变,设置会进行自动调整,以保持最佳的显示效果。

1) 自动 METER(万用表)模式测量。

测试仪提供了自动万用表测量方法。测试结果以数字形式在屏幕上显示最多可以同时显示 4 个测量数据。这些读数可以单独选择,也可以在输入端口 A、B、C 或 D 的波形上进行测量。在 METER 模式下,屏幕不显示波形,20 kHz 带宽限制始终打开。

为了正确显示测量结果,测量之前还要对测量结果记录参数进行设置。

例 1:通道 A 测量直流电压,通道 B 测量直流电流,测量结果记录设置操作步骤如下:

在自动测量模式下,按"METER"键,显示 METER 标签界面如图 7.10 所示,按 F1(MEASURE)打开读数菜单,界面如图 7.11 所示,按图 7.12 步骤操作进行设置。

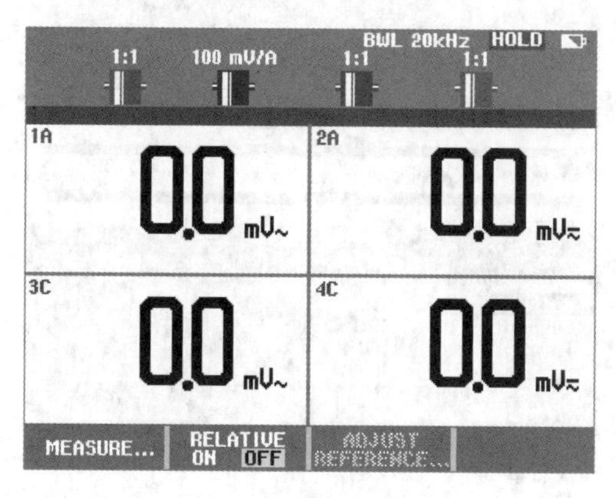

图 7.10 METER 界面

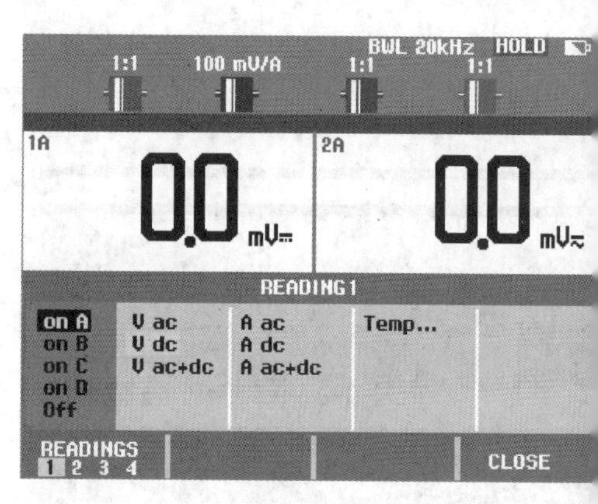

图 7.11 电压读数的设置

设置读数 1 记录输入端口 A 的直流电压值,电压自动测量结果屏幕如图 7.13所示。同理,可设置读数 2 记录输入端口 B 测量的直流电流值,电流设置界面如图 7.14 所示,电流自动测量结果屏幕如图 7.15 所示。

图 7.12 读数设置步骤

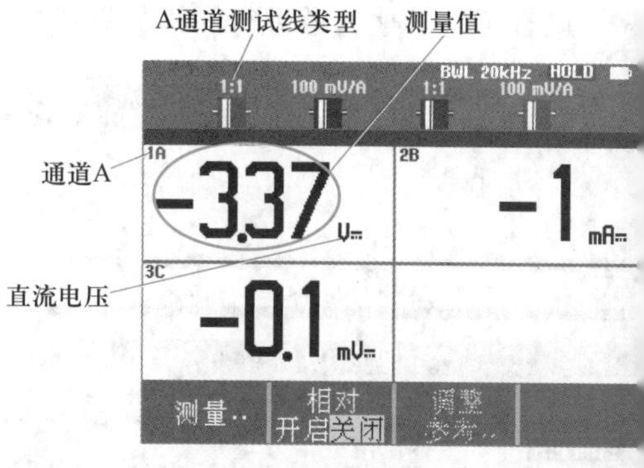

图 7.13 METER 测量结果

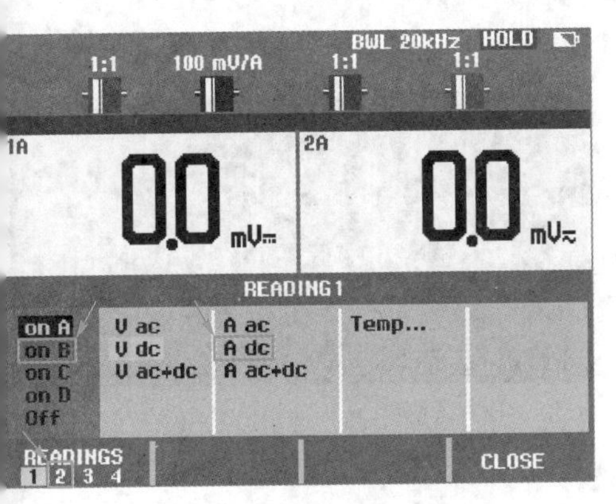

图 7.14　电流读数的设置

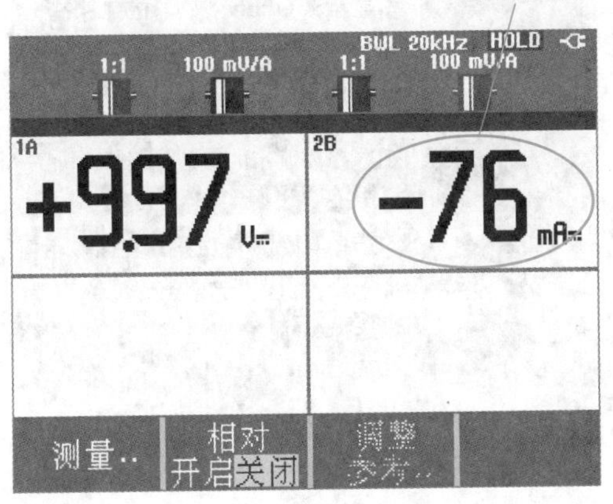

图 7.15　电流测量结果

2）示波器模式测量。

测试仪提供了广泛多样的示波器测量方法。除在屏幕上可以显示各通道的波形测量结果外，还可以在屏幕上方显示 4 个数值测量结果，用 READING 1…4（读数 1～读数 4）表示。这些读数可以单独选择，也可以在输入端口 A、B 、C 或 D 的波形上进行测量。

例 2：选择读数 1 记录通道 A 信号的交流电压测量值，读数 2 记录通道 A 信号的频率测量值，读数 3 记录通道 B 信号的峰-峰值测量值，读数 4 记录通道 A 信号的峰-峰值测量值，测量结果记录设置操作步骤如下：

在自动测量模式下，按“SCOPE”键，显示 SCOPE 标签界面如图 7.16 所示，按 F2（READING）打开读数菜单，如图 7.17 所示，按图 7.18 步骤操作进行设置。

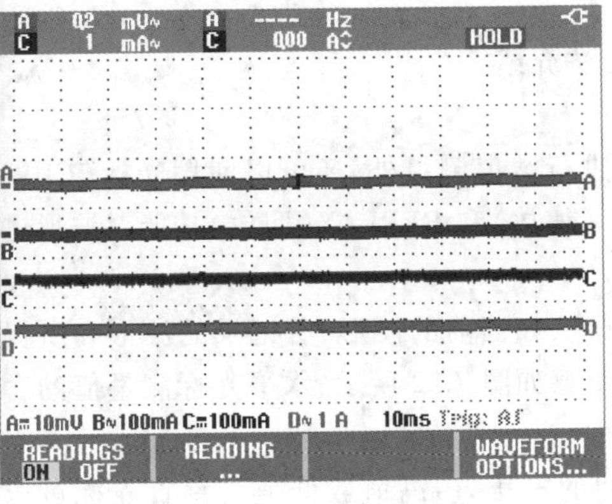

图 7.16　SCOPE 界面

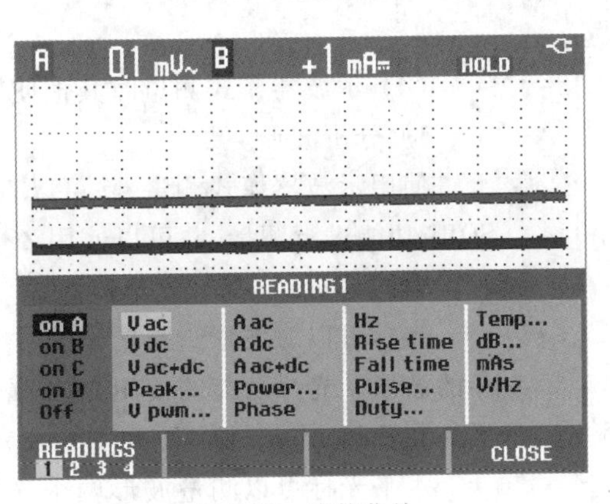

图 7.17　读数菜单

同理，可参考图 7.19、图 7.20 进行读数 2～4 测量值的设置。

示波器自动测量结果如图 7.21 所示。图中可在屏幕右侧看见波形指示符 A 和 B，屏幕左边的零位图标 A-和 B-，指示输入端口 A 和 B 波形的低电位。在波形底行显示量程、时基和触发信息。

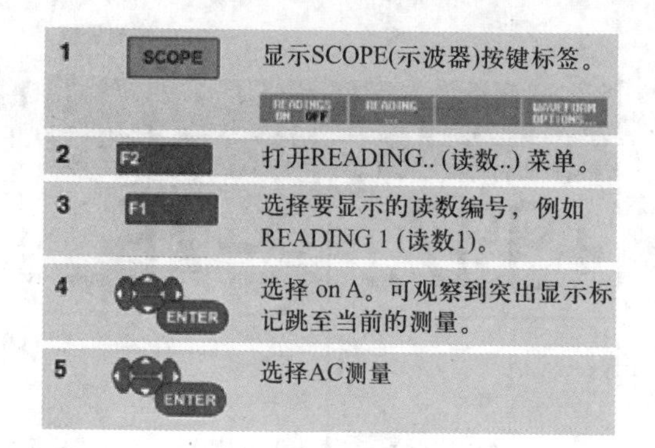

图 7.18　设置步骤

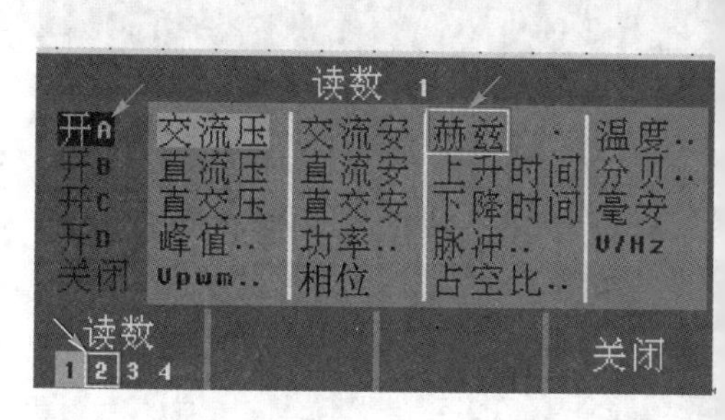

图 7.19　读数 2 设置

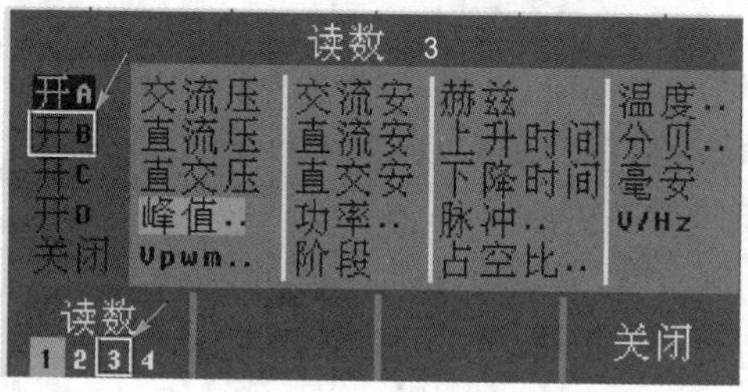

图 7.20　读数 3 设置

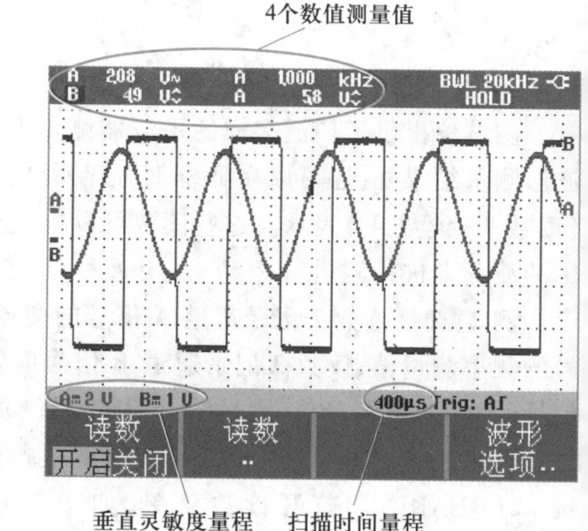

图 7.21　测量结果

（4）示波器模式测量时其他使用方法介绍

1）分析波形。

使用示波器模式测量，除可以直接进行数值测量外，还可以使用光标（CURSOR）功能进行测量，并可以使用 ZOOM（缩放）和 REPLAY（回放）功能对波形进行详细的分析。

光标可以对波形进行精确的数字测量，如当前的波形、所记录的波形和所保存的波形。光标功能的使用方法、操作步骤如图 7.22 所示，水平光标测量值的含义如图 7.23 所示。

水平光标可以测量波形两个光标间的电压差、高值或低值。垂直光标可以进行时间测量（T，1/T）、mVs-mAs-mWs 测量，或者光标间扫迹部分的有效值（RMS）测量。如图 7.24 所示的屏幕上显示两个光标间的时间差以及两个标记间的电压差。其中，mVs-mAs-mWs 测量时，对 mVs，选择探针类型“电压”；对 mAs，选择探针类型“电流”；对 mWs，选择数学函数 x，并给一个通道选择探针类型“电压”，另一通道选择“电流”。

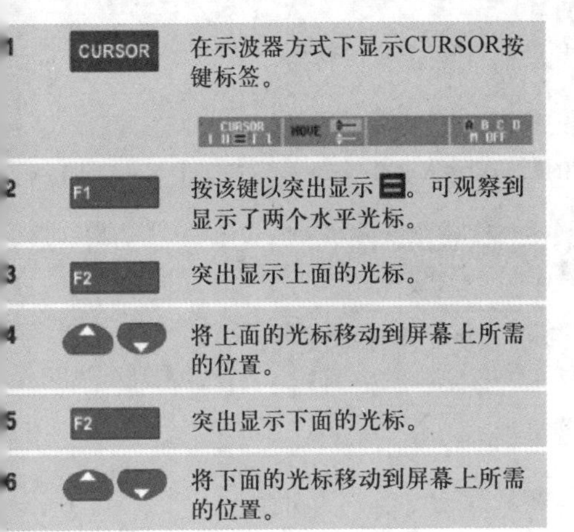

图 7.22　光标的设置

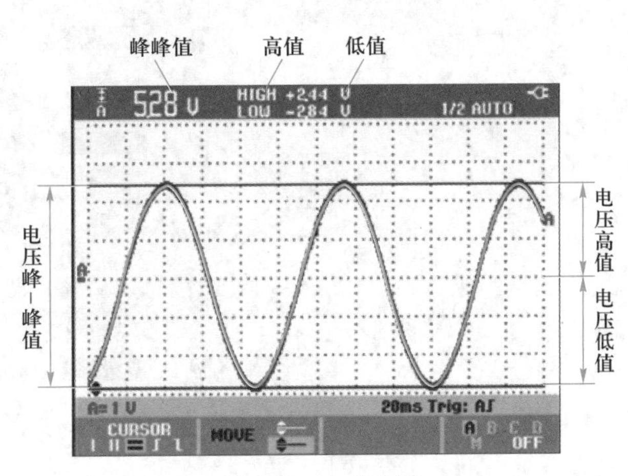

图 7.23　水平光标

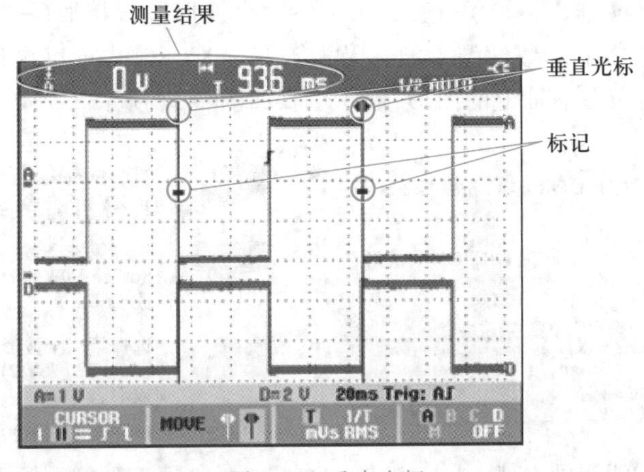

图 7.24　垂直光标

光标测量还可以测量上升时间和下降时间，如图 7.25 所示。读数显示从扫迹幅度 10%升到 90%的上升时间。

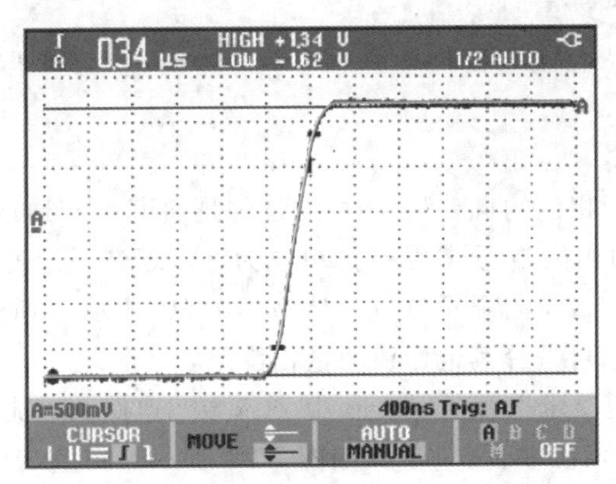

图 7.25　光标测量上升时间

2）反转所显示波形的极性。

示波器模式下，可以反转所显示波形的极性。要反相显示输入端口 A 的波形，可按图 7.26 操作。

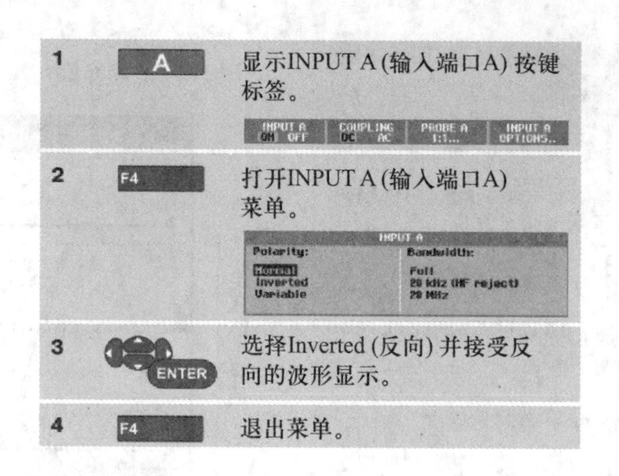

图 7.26　反相显示波形

3）测试仪数学函数+、-、x、XY-模式的使用。

使用数学函数+、-、x、XY-模式，可以将两个波形进行相加(+)、相减(-)，或相乘(×)。屏幕将显示数学结果波形及源波形。XY-模式可以提供一个输入在纵轴上，另一输入在横轴上的图形，操作步骤如图 7.27 所示。

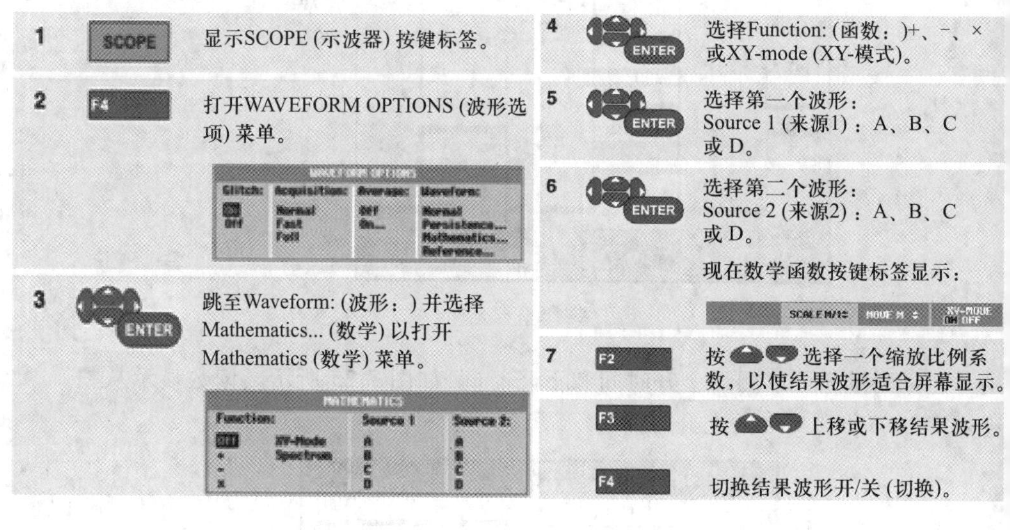

图 7.27　XY-模式

4）测试仪进行相位的自动测量时，测量的是通道 A 与通道 B 或通道 C 与通道 D 两信号之间的相位差，测量结果的单位为度。若选择通道 A，则数值结果记录的相位差为 $\psi_A-\psi_B$，屏幕显示 A>B。当 $\psi_A-\psi_B>0$，表示 A 通道的信号超前于 B 通道的信号。同理，可选择其他通道测量相位差。

例 3：若 C 通道显示电容电压波形，D 通道显示电路的电流波形，要测量电容电压与电流之间的相位差，测量步骤如图 7.28 所示。测量结果如图 7.29 所示，其中 $\psi_C-\psi_D=-86°$，表示电容电压滞后电流 86°。

3. 注意事项

（1）使用时先将电源适配器插入交流电插座，然后再将其与测试仪连接。

（2）不要在端子之间，或任何端子与接地之间使用超过额定值的电压。

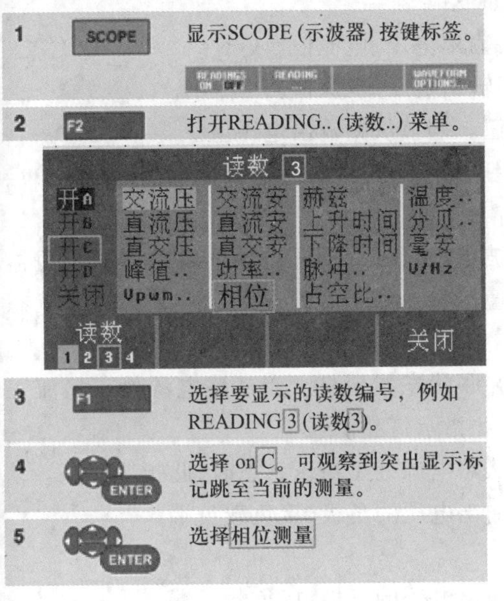

图 7.28　相位差的设置

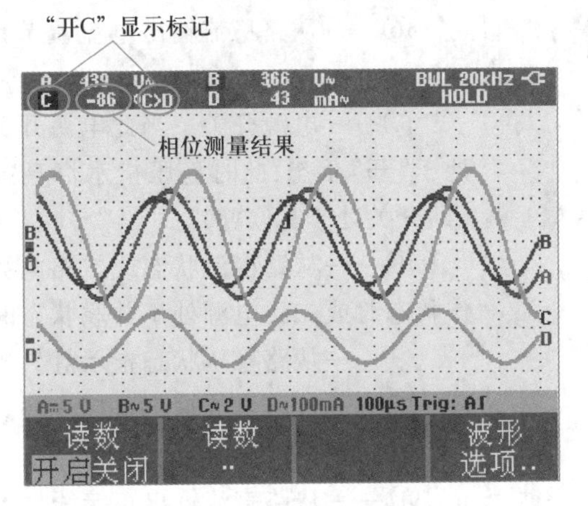

图 7.29　相位差测量结果

（3）务必依照规定使用测试仪,否则可能会破坏测试仪提供的保护措施。

（4）仪器不使用时,不要长时间给电池充电。

7.2.2　DF1731SB3AD 三路直流稳压电源

1. 面板介绍

DF1731SB3AD 三路直流稳压电源的面板如图 7.30 所示。

7-2 视频：DF1731SB3AD 三路直流稳压电源

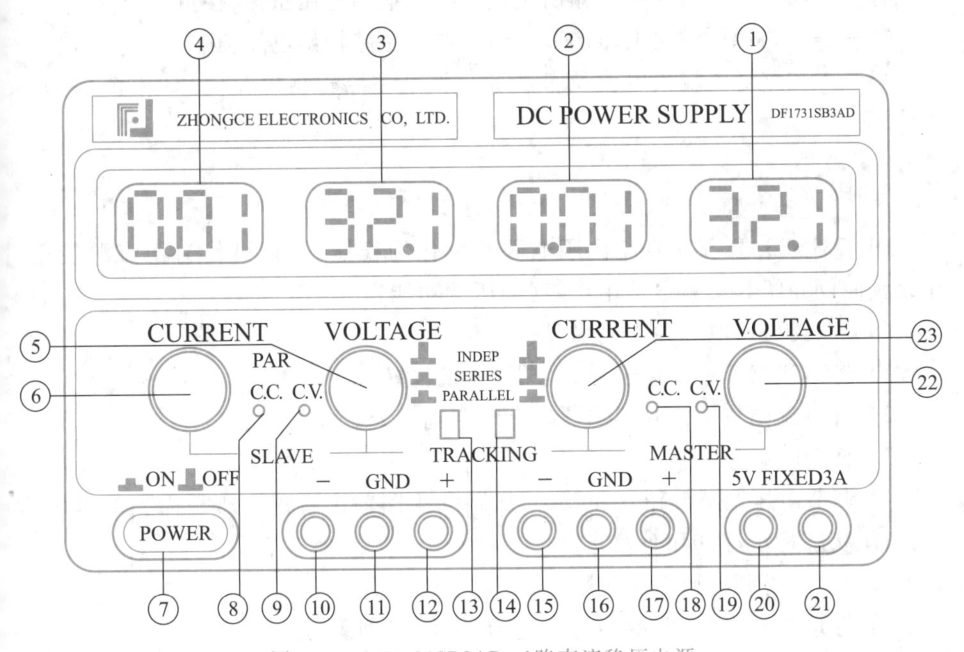

图 7.30　DF1731SB3AD 三路直流稳压电源

面板上各部件的名称及功能说明如下：

①、②——数字显示屏。显示主路输出电压、电流值。

③、④——数字显示屏。显示从路输出电压、电流值。

⑤——从路稳压输出电压调节旋钮。调节从路输出电压值。

⑥——从路稳流输出电流调节旋钮。调节从路输出电流值（即限流保护点调节）。

⑦——电源开关。当此电源开关被置于“ON”（即开关处于▃位置）时，机器处于“开”状态，此时稳压指示灯亮或稳流指示灯亮。反之，机器处于“关”状态（即开关处于▙位置）。

⑧——从路稳流状态或二路电源并联状态指示灯。当从路电源处于稳流工作状态时或二路电源处于并联状态时，此指示灯亮。

⑨——从路稳压状态指示灯。当从路电源处于稳压状态时，此指示灯亮。

⑩——从路直流输出负接线柱。输出电压的负极，接负载负端。

⑪、⑯——机壳接地端。

⑫——从路直流输出正接线柱。输出电压的正极，接负载正端。

⑬、⑭——二路电源独立、串联、并联控制开关。

⑮——主路直流输出负接线柱。输出电压的负极，接负载负端。

⑰——主路直流输出正接线柱。输出电压的正极，接负载正端。

⑱——主路稳流状态指示灯。当主路电源处于稳流工作状态时，此指示灯亮。

⑲——主路稳压状态指示灯。当主路电源处于稳压工作状态时，此指示灯亮。

⑳——固定 5 V 直流电源输出负接线柱。输出电压负极，接负载负端。

㉑——固定 5 V 直流电源输出正接线柱。输出电压正极，接负载正端。

㉒——主路稳压输出电压调节旋钮。调节主路输出电压值。

㉓——主路稳流输出电流调节旋钮。调节主路输出电流值（即限流保护点调节）。

2. 使用说明

DF1731SB3AD 三路直流稳压电源既可作为稳压源，也可作为稳流源使用。在此我们仅介绍其实验室常用功能（稳压源功能）。

（1）双路可调电源独立使用

1）将⑬和⑭开关均置于弹起位置（即▙位置）。

2）将稳流调节旋钮⑥和㉓顺时针调节到最大。

3）打开电源开关⑦。

4）调节电压调节旋钮⑤和㉒，当从路和主路输出直流电压至需要的电压值时，稳压状态指示灯⑨和⑲发光。

（2）双路可调电源串联使用

1）将⑬开关按下（即▃位置），⑭开关弹起（即▙位置）。

2）调节主电源电压调节旋钮㉒，从路的输出电压严格跟踪主路输出电压。使输出电压最高可达两路电压的额定值之和（即端子⑩和⑰之间电压）。

3. 注意事项

(1) 直流稳压电源输出端不可短路。

(2) 电压源的输出电压以万用表的实际测量值为准,屏幕显示只能作为参考。

(3) 两路可调电源独立使用时,若只带一路负载,为延长机器的使用寿命,减少功率管的发热量,应使用在主路电源上。

(4) 在两路电源串联以前应先检查主路和从路电源的负端是否有连接片与接地端相联,如有则应将其断开,否则在两路电源串联时将造成从路电源短路。

(5) 在两路电源处于串联状态时,两路的输出电压由主路控制,但是两路的电流调节仍然是独立的。因此,在两路串联时应注意电流调节旋钮 6 的位置,如旋钮 6 在反时针到底的位置或从路输出超过限流保护点,此时从路的输出电压将不再跟踪主路输出电压,所以一般两路串联时应将旋钮 6 顺时针旋到最大。

7.2.3 RIGOL DS5102CA 型数字存储示波器

7-3 视频:RIGOL DS5102CA 示波器

1. 面板介绍

DS5102CA 数字示波器面板如图 7.31 所示。

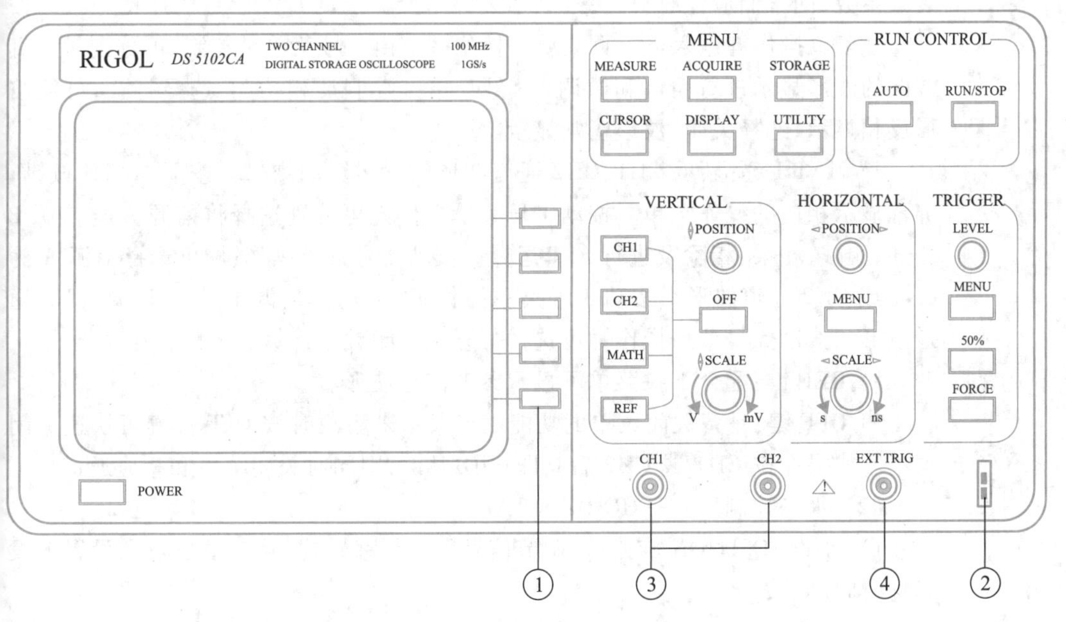

图 7.31 DS5102CA 数字示波器面板

①——菜单操作键。位于显示屏幕右侧的灰色按键(自上而下 1、2、3、4、5),通过它们可以设置当前菜单的不同选项。

②——探头补偿器。位于面板右下角,提供一个频率为 1 kHz、峰-峰值为 3 V 的方波信号,可用于示波器自检。

示波器自检方法:打开电源开关,将探头上的开关设定为 1X,并将示波器探头与通道 1(通道 2)连接,按 CH1(CH2)功能键显示通道 1(通道 2)的操作菜单,按与探头项目相对应的3号菜单操作键，选择与探头同比例的衰减系数，即设定为1X。将探头端部和接地夹接到探头补偿器的连接器上。按动位于示波器右上方的AUTO自动设置按键，几秒钟内，可观察到稳定的方波显示。

③——CH1、CH2信号输入端。位于面板下方，信号由此输入。

④——EXT TRIG，外触发信号输入端。

2. 功能说明

(1) 垂直控制区——VERTICAL

1) 垂直POSITION旋钮：控制信号的垂直显示位置。当转动垂直POSITION旋钮时，指示地的标识跟随波形上下移动，可通过该旋钮调节对称波形的基准线。

2) 垂直SCALE旋钮：可调节信号垂直灵敏度“Volt/div(伏/格)”，另外按下垂直SCALE旋钮可作为设置输入通道的粗调/细调的快捷键。

3) CH1、CH2键：分别显示CH1、CH2通道波形，有下拉菜单提示测量操作。

例如，按下CH1功能键，屏幕显示CH1通道的操作菜单，按动1号菜单操作键，可选择耦合方式，如选定交流，即阻挡了输入信号的直流成分，屏幕上仅显示信号的交流成分；选定直流，则输入信号的交流和直流成分均被显示；选定接地，则断开输入信号，屏幕上仅显示一条水平线。按动3号菜单操作键，可选择探头衰减系数，同学们应注意，探头衰减系数应与探头上的开关设定值保持一致。按下5号菜单操作键进入下一页菜单。挡位调节由2号菜单键控制，可分别对垂直方向的波形显示进行粗调和微调。3号菜单键控制反相功能，选择打开，可使波形反相显示，选择关闭，波形正常显示。

4) MATH键：显示CH1、CH2通道波形数学运算的结果。按下MATH按键，屏幕显示相应的操作菜单。按动1号菜单操作键可分别选择将信源A与信源B相加、相减、相乘、相除及进行FFT运算。按动2号菜单操作键，可选择信源A为CH1或CH2通道波形。按动3号菜单操作键，可选择信源B为CH1或CH2通道波形。按动5号菜单操作键可选择打开或关闭数学运算波形的反相功能。

5) REF键：配合下拉菜单可显示参考信号波形。

6) OFF键：具备关闭菜单的功能。当菜单未隐藏时按OFF按键可快速关闭菜单。如果在按CH1或CH2后立即按OFF键，则同时关闭菜单和相应通道。

(2) 水平控制区——HORIZONTAL

1) 水平POSITION旋钮：可调节信号水平位移，水平移动触发点和设置触发释抑时间。

2) 水平SCALE旋钮：可调节信号水平扫描速度“s/div(秒/格)”。

3) MENU键：显示TIME菜单。在此菜单下，可以开启/关闭延迟扫描或切换X-T、X-Y显示模式。X-T方式显示垂直电压与水平时间的相对关系，X-Y方式可在水平轴上显示通道1电压，在垂直轴上显示通道2电压。

(3) 触发控制区——TRIGGER

1) LEVEL旋钮：可调节触发电平位置。

2) MENU键：操作菜单，改变触发设置。

3) 50%键：设定触发电平在触发信号幅值的垂直中点。

4）FORCE 键：强制产生一触发信号，主要应用于触发方式中的“普通”和“单次”模式。

（4）常用功能键区——MENU

1）MEASURE 键：实现自动测量功能，该按键为我们快速准确地获取实验数据提供了便利条件。按 MEASURE 键，屏幕即显示自动测量操作菜单。

① 按动 1 号菜单操作键可选择信源为 CH1 或 CH2 通道信号。

② 按动 2 号菜单操作键可启动电压测量功能菜单。电压测量菜单有 3 个分页，由 1 号菜单键控制。在电压测量分页一中，可通过对应的菜单键选择峰-峰值、最大值、最小值、平均值，所选择的自动测量结果显示在屏幕下方，最多可同时显示 3 个数据；在电压测量分页二中可选择显示幅度等测量结果；在电压测量分页三中可选择显示测量信号的过冲值及预冲值。

③ 按动 3 号菜单操作键，选择时间测量功能，可以显示频率、周期等测量结果。方法与②类似。

④ 按动 4 号菜单操作键选择清除测量，此时，所有的自动测量值从屏幕消失。

⑤ 按动 5 号菜单操作键可选择打开或关闭全部测量的结果显示。

2）CURSOR 键：可用光标测量电压、时间等参数。在两个位移旋钮配合下有手动等 3 种模式。

3）ACQUIRE 键：可进行采样系统的功能测试，有下拉菜单提示测量操作。

4）DISPLAY 键：可进行显示系统的功能转换，有下拉菜单提示测量操作。

5）STORAGE 键：可进行存储系统的功能转换，有下拉菜单提示测量操作。

6）UTILITY 键：可进行辅助系统的功能设置，有下拉菜单提示测量操作。

（5）运行控制键区——RUN CONTROL

1）AUTO 键：自动设置波形。通常接入信号波形后，首先按下此键，屏幕自动显示信号波形，如有需要，可在此基础上进行手动调节，使波形达到最佳。

2）RUN/STOP 键：可运行或停止波形采样，由于屏幕波形不断刷新，因此屏幕上显示的测量结果随之不断改变，按下该键，即可获得稳定的结果显示。

7.2.4　AgilentDSO5032A 型示波器

7－4 视频：AgilentDSO5032A 型示波器

AgilentDSO5032A 型示波器不仅包括功能直观的面板按键，而且这些按键还能启动显示屏上的软键菜单，进而访问示波器。

1. 面板介绍

AgilentDSO5032A 型示波器面板如图 7.32 所示。

①——电源开关。

②——Intensity，亮度调节旋钮。

③——Probe Comp，校准信号输出端。可用于示波器自检。

④——输入通道。该型号示波器具有两个输入通道，将探头连接到示波器通道的 BNC 连接器，进行实验测量时，探头的红夹接到需要测量的电路节点，黑夹接到实验电路的接地点。

⑤——Ext Trigger，外触发信号输入端。

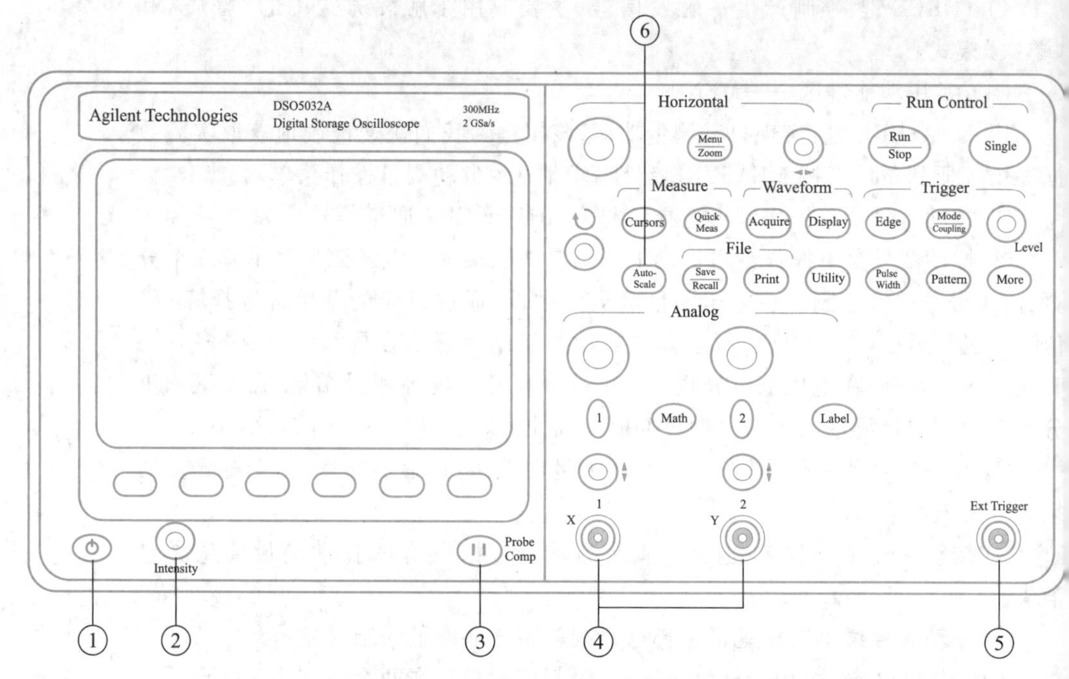

图 7.32　AgilentDSO5032A 型示波器面板

⑥——AutoScale,自动定标键。为方便测量,同学们将测试信号通过探头正确引入示波器后,首先按下自动定标键 AutoScale,示波器即可实现自动配置,以最佳状态显示信号。屏幕左下角显示当前功能下的软件菜单,其中,Undo Autoscale 为取消自动定标操作,Channels Displayed 为选择自动定标后显示所有通道信号或仅显示打开的通道信号。

2. 功能说明

示波器面板上其他功能按键被分为几大区域,包括 Horizontal 区、Run Control 区、Measure 区、Waveform 区、Trigger 区、Analog 区等,下面仅对实验常用功能区进行说明。

(1) Analog 区

1) 数字键 1、2:控制两个通道的开启和关闭。当前开启的通道数字键为点亮状态。屏幕显示开启通道的信号波形。按动已开启的通道数字键,则屏幕显示该通道菜单。

Coupling:耦合方式。可选择被测信号的耦合方式,如选择交流,则仅显示信号中的交流成分;如选择直流,则显示信号的所有成分。当前选中方式显示在软键菜单上。

Imped:阻抗设置。可将示波器通道输入阻抗设置为 1 MΩ 或 50 Ω。1 MΩ 模式适用于一般用途测量,在实验室使用的示波器已默认为此模式,同学们不可随意更改,以防示波器受损。

BW Limit:带宽限制。开启该功能时,通道的最大带宽约为 25MHz,对于低于此频率的波形,可从波形中消除不必要的高频噪声。

Vernier:通道微调。此开关与数字键上方的垂直灵敏度旋钮配合使用,可实

现屏幕波形的纵向显示调节。开启微调功能,旋转垂直灵敏度旋钮,可微调屏幕波形的纵向变化,关闭微调功能,再旋转垂直灵敏度旋钮,可观察到屏幕波形的大幅度纵向变化。两种情况下每格所代表的电压值均显示在状态栏,根据该值可计算出被测信号的电压值。

Invert:通道反向。开启此功能,该通道显示波形电压值被反向。

Probe:探头菜单。按下即显示通道探头菜单。该菜单包括探头衰减系数和探头测量单位的设置,目前均为默认设置。

2) 电压灵敏度旋钮:位于数字键上方的大旋钮。可选择屏幕纵向显示的信号幅度"Volt/div(伏特/格)"。

3) 垂直位移旋钮:位于数字键下方的小旋钮。可上下移动屏幕上对应通道波形。

4) Math 键:可将两个通道信号进行数学运算。通过软键操作可选择两通道信号相加、相减、相乘、微分、积分运算和傅里叶变换等运算。

(2) Horizontal 区

1) Menu/Zoom 键:水平时基菜单。按动该键,可打开水平时基设置菜单。

Normal:正常扫描模式,是实验室的主要应用模式。

Vernier:时基微调。与面板上方的时间/格旋钮配合使用,可调节信号的扫描速度。开启 Vernier 功能,旋转时间/格旋钮,波形在水平方向上以较小的增量变化;关闭 Vernier 功能,旋转时间/格旋钮,波形在水平方向上大幅度变化,扫描速度即每格所代表的时间值显示在屏幕右上方,以一个完整变化波形所占格数乘以该值即可计算出待测信号的周期。

2) 时间/格旋钮:位于 Menu/Zoom 键左侧的大旋钮。可调节信号水平扫描速度"s/div(秒/格)"。

3) 延迟旋钮:位于 Menu/Zoom 键左侧的小旋钮。可调节波形在水平方向上的位移。

(3) Measure 区

该区按键可对屏幕显示信号进行参数测量。

1) 游标测量。

按动面板上的 Cursors 键,该键被点亮,即启动了游标。游标是在所选波形源上指示 X 轴值和 Y 轴值的水平和垂直标识,位置随输入旋钮的旋转而移动。屏幕下方为开启的游标测量菜单。

Mode:游标模式。其中 Manual 为同学们在实验室通常使用的游标模式。选择该模式后,游标测量菜单上方显示 ΔX、1/ΔX 及 ΔY 值。ΔX 是 X1 和 X2 游标间的差,ΔY 是 Y1 和 Y2 游标间的差。

Source:选择游标测量的模拟通道。

XY:用于选择当前进行测量的是 X 游标还是 Y 游标。X 游标是横向显示的两条竖直虚线,Y 游标是纵向显示的两条水平虚线。

时间测量按如下步骤进行:

- 选择菜单软键 XY 为 X 游标。
- 按下 X1 软键,调节输入旋钮,移动横向分布的第一条游标至一个测量点。
- 按下 X2 软键,调节输入旋钮,移动第二条游标至另一个测量点。

● 如果按下 X1、X2 软键，可同时移动两条横向分布的游标。

X1 和 X2 软键上分别标明两条游标相对于触发点的时间。ΔX 为两游标间的时间差值，1/ΔX 为时间差值的倒数。若两游标间的波形恰好为一个周期，则 1/ΔX 即为被测信号的频率。

电压测量按如下步骤进行：

● 选择菜单软键 XY 为 Y 游标。

● 按 Y1 软键，调节输入旋钮，将纵向分布的第一条游标移至一个测量点。

● 按 Y2 软键，调节输入旋钮，将第二条游标移至另一个测量点。

● 如果按下 Y1、Y2 软键，可同时移动两条纵向分布的游标。

Y1 和 Y2 软键上分别标明两条游标相对于接地电平的电位，ΔY 为两游标间的电压差值。

2）自动测量。

按动面板上的 Quick Meas 键，该键被点亮，即启动了自动测量功能。屏幕下方为打开的自动测量菜单，菜单上方显示最后四次测量结果，最新测量结果显示在最右边。功能菜单说明如下：

Source：选择待测通道。

Select：提供波形幅度、平均值、峰-峰值、频率、相位、周期等 22 个测量项目，操作时，先按动 Select 软键，开启测量项目菜单，再通过调节输入旋钮选定待测项目。

Measure：按下此键开始测量，被测波形的频率值显示在专用行最右边。

Clear Meas：清除当前显示的所有自动测量结果。

（4）Run Control 区

1）Run/Stop：运行控制键。当该键点亮为绿色时，示波器处于连续运行模式，对同一信号进行多次采集，显示波形实时更新；当该键变为红色，示波器停止采集数据，屏幕显示停止前的测量轨迹。

2）Single：单次采集键。按一次采集一次数据。

3. 注意事项

实验中，若同学们调乱了示波器的显示状态，可按 Save/Recall 键，再按 Default Setup 软键，即可将示波器恢复到初始默认设置。

7.2.5 AgilentDSO-X 2002A 型示波器

7-5 视频：AgilentDSO-X 2002A 型示波器

AgilentDSO-X 2002A 型示波器不仅具有示波器常规的显示及测量功能，而且具有内置的波形发生器，功能强大，操作便捷。

1. 面板简介

示波器的面板如图 7.33 所示。

①——显示屏。

②——电源。按下电源开关，示波器将执行自检，几秒钟后即可正常工作。

③——软键区，六个软键位于显示屏下方。

④——Back，返回键。按动此键，可使软键菜单返回上一结构或关闭菜单。

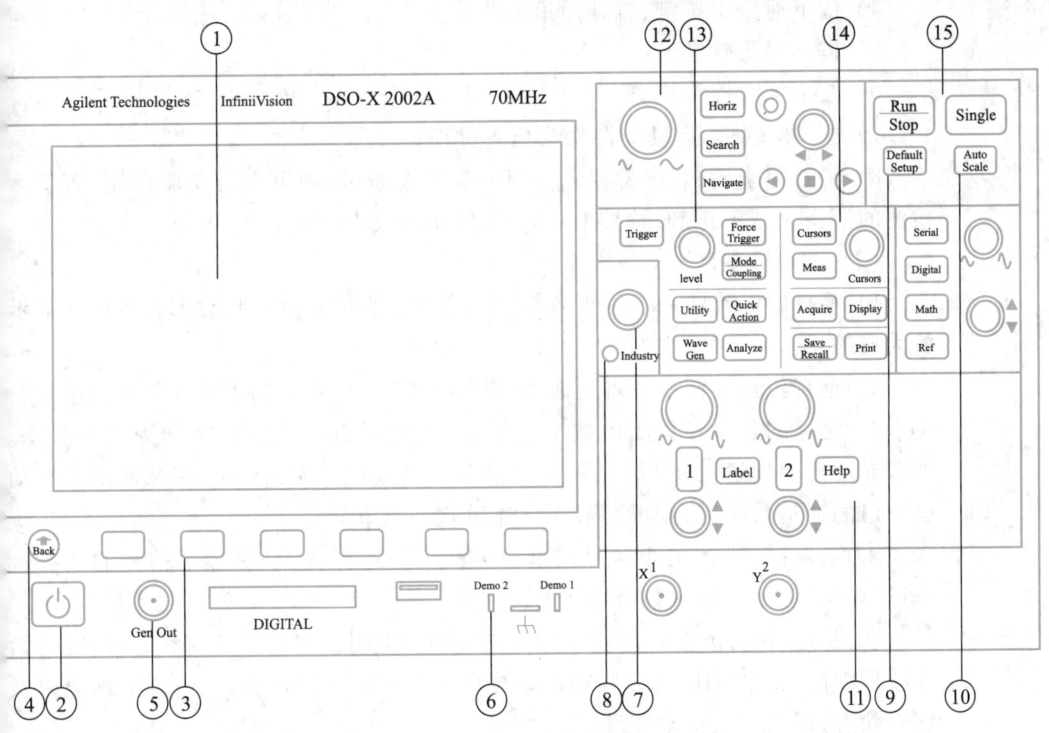

图 7.33　AgilentDSO-X 2002A 型示波器面板

⑤——Gen Out，波形发生器输出端。

⑥——Demo2，演示 2 端子，可用于无源探头补偿。

⑦——Industry 旋钮，用于从菜单中选择菜单项或更改值。

⑧——Intensity，亮度键。按下此键，旋转 Entry 旋钮可调整波形亮度。

⑨——Default Setup，默认设置键。按下该键可恢复示波器的默认设置。

⑩——Auto Scale 自动调整键。按下该键，示波器将快速确定接收触发信号的通道，并打开相应通道显示输入信号。

⑪——垂直控制区。

⑫——水平控制区。

⑬——触发控制区。

⑭——测量控制区。

⑮——运行控制区。

2. 功能说明

(1) 无源探头补偿

实验前应首先进行示波器的无源探头补偿，以便与它所连接的示波器通道的输入特征匹配。一个补偿有欠缺的探头可能导致显著的测量误差。以通道 1 为例，补偿方法如下：

1) 将通道 1 探头的红色信号夹连接到前面板上的演示 2(探头补偿)端子，黑色接地夹连接到探头补偿端子旁边的接地端子。

2) 按下 Default Setup，调用示波器默认设置。

3) 按下 Auto Scale，自动配置示波器。

4）按下通道 1 按键，打开通道 1 菜单。

5）按下探头软键。

6）按下无源探头检查。

7）按 OK 软键，启动无源探头检查过程。

8）检查完毕后，若屏幕提示无源探头检查通过，则可进行实验应用；若提示检测的探头衰减不正确，请按 OK 键，应用新的探头设置。

（2）垂直控制区

1）垂直定标旋钮——可更改相应通道的垂直灵敏度。将波形在纵向的显示放大或缩小。

2）垂直位置旋钮——可更改相应通道的垂直位置。向上或向下平移波形。

3）通道的开启和关闭由数字键控制，当前开启的通道数字键为点亮状态。屏幕显示开启通道的信号波形，显示信号的接地电平在屏幕的左侧标识。按动已开启的通道数字键，则屏幕显示该通道软键菜单。

① 耦合：可选择被测信号的耦合方式。如选择直流，则显示信号的所有成分；选择交流，则仅显示信号中的交流成分。

② 带宽限制：按下此键，软键方框被填充，表明该功能为开启状态，此时可消除波形中高于 20 MHz 的高频噪声。再次按下带宽限制软键，软键方框恢复未被填充状态，即为关闭该功能开关。

③ 微调。此开关与数字键上方的垂直定标旋钮配合使用，可调节实现屏幕波形的纵向显示。开启微调功能，旋转垂直定标旋钮，可微调屏幕波形的纵向变化，关闭微调功能，再旋转垂直定标旋钮，可观察到屏幕波形的大幅度纵向变化。每格所代表的电压值显示在状态栏，根据该值可计算出被测信号的电压值。

④ 倒置：该通道显示波形电压值被反向。

⑤ 探头：显示通道探头菜单，包括探头测量单位及探头衰减系数的设置，若开机后，同学们已进行了无源探头补偿，此处就不用修改任何参数。按动屏幕左下角的返回按键即可返回前页菜单。

4）Help 帮助键——打开帮助菜单。若想了解示波器前面板任何按键、旋钮功能，可按住相应键或旋钮约 2 秒，即可显示该键或旋钮的功能简介，简介信息将保留在屏幕上，直至按下面板上的任意键为止。

（3）水平控制区

1）水平定标旋钮——旋转此旋钮可调整扫描速度，使波形在水平方向上的显示放大或缩小。

2）水平位置旋钮——可水平移动波形数据。

3）缩放键——将示波器显示拆分为正常区和缩放区，缩放区水平展开正常窗口视图的一部分，从而了解信号分析的详情。

4）Horiz 水平键——打开“水平设置菜单”。操作显示屏下方的软键，可选择三种时基模式：标准模式、XY 模式及滚动模式。同学们在实验室主要应用标准模式，这也是示波器的常规查看模式。操作软键可启动微调功能，与水平定标旋钮配合使用，可调节信号的扫描速度。开启微调功能，水平定标旋钮，波形在水平方向上以较小的增量变化；关闭微调功能，旋转水平定标旋钮，波形在水平方向上大幅度变化，扫描速度即每格所代表的时间值显示在屏幕右上方，以一个

完整变化波形所占格数乘以该值即可计算出待测信号的周期。

(4) 触发控制区

1) Trigger——触发键,打开触发菜单,从中可选择触发源,应设置触发源与显示信号的通道保持一致。

2) 触发电平旋钮——可调整所选模拟通道的触发电平。按下该旋钮,可将电平设置为波形值的 50%,如果使用 AC 耦合,按下该旋钮可将触发电平设置为 0 V。

(5) 测量控制区

Cursors——光标键,按下该键可打开光标设置菜单。

光标旋钮——可选择光标,并调整选定的光标。

Meas——测量键,对波形进行自动测量。

示波器的测量是我们学习的重点。

1) 光标测量。

光标是水平和垂直的标记,表示所选波形源上的 X 轴值和 Y 轴值。X 光标是水平调整的垂直虚线,可以用于测量时间、频率、相位等参数。Y 光标是垂直调整的水平虚线,可以用于测量电压值。

例如,测量波形的周期及频率可按如下步骤进行:

① 按下 Cursors 光标键,屏幕下方显示光标菜单。

② 选择模式为手动。

③ 选择源为待测信号的输入通道。

④ 按光标旋钮,旋转该旋钮,选择光标 X1,再按光标旋钮,光标选择菜单消失,旋转光标旋钮,调整光标 X1 至一个周期内完整波形的起始点。

⑤ 按光标旋钮,选择光标 X2,调整 X2 至同一周期内该波形的终止点。

⑥ 通过在屏幕下方显示的光标 X1、X2、ΔX 和 1/ΔX 的值,即可得知波形的周期及频率。

⑦ 同样方法,分别选择光标 Y1、Y2,可在屏幕下方显示 Y1、Y2 和 ΔY 的值。

2) 自动测量。

① 使用 Meas 键可以对波形进行自动测量。所选最后四个测量的结果将显示在屏幕右侧的测量信息区域中。

② 按下 Meas 测量键以显示测量菜单。

③ 按下源软键,选择要进行测量的通道。

④ 按下类型软键,打开测量项目菜单,旋转 Entry 旋钮选择要进行的测量项目。

⑤ 按下 Entry 旋钮可显示测量结果。

设置软键可用来在某些测量上进行附加的测量设置。例如,选择测量项目为相位,由于该选项在两个源之间进行测量,因此按下设置键以指定第二个源(按 Back 键返回)。

要停止一项或多项测量,可按下清除测量值软键,选择要清除的测量,或按下全部清除。

清除所有测量值后,若再次按下 Meas 键,则默认测量为频率和峰-峰值。

(6) 运行控制区

1) Run/Stop——运行/停止键,当该键为绿色时,表示示波器正在运行,持续采集数据，显示波形实时更新。按下此键，该键变为红色，表示示波器停止运行，显示波形为停止前的采集数据。

2）Single——单次采集键，按一次采集一次数据。

（7）内置波形发生器

示波器中内置有波形发生器，Gen Out 为波形发生器输出端，将波形发生器的输出信号通过探头接至示波器的通道 1。按 Wave Gen 键，即打开波形发生器菜单。

注意：切不可将波形发生器短路，即不能将波形发生器输出探头的两端短接在一起。

按波形软键，可选择输出波形为正弦波、方波、锯齿波、脉冲波、直流或噪声等信号。

按频率软键，旋转 Entry 旋钮可设置输出波形的频率。同样方法，可设置输出波形的峰-峰值、直流偏移等其他参数。

7.2.6　Agilent33210A 型函数信号发生器

7－6 视频：Agilent 33210A 型函数信号发生器

1. 面板介绍

Agilent33210A 型函数信号发生器面板如图 7.34 所示。

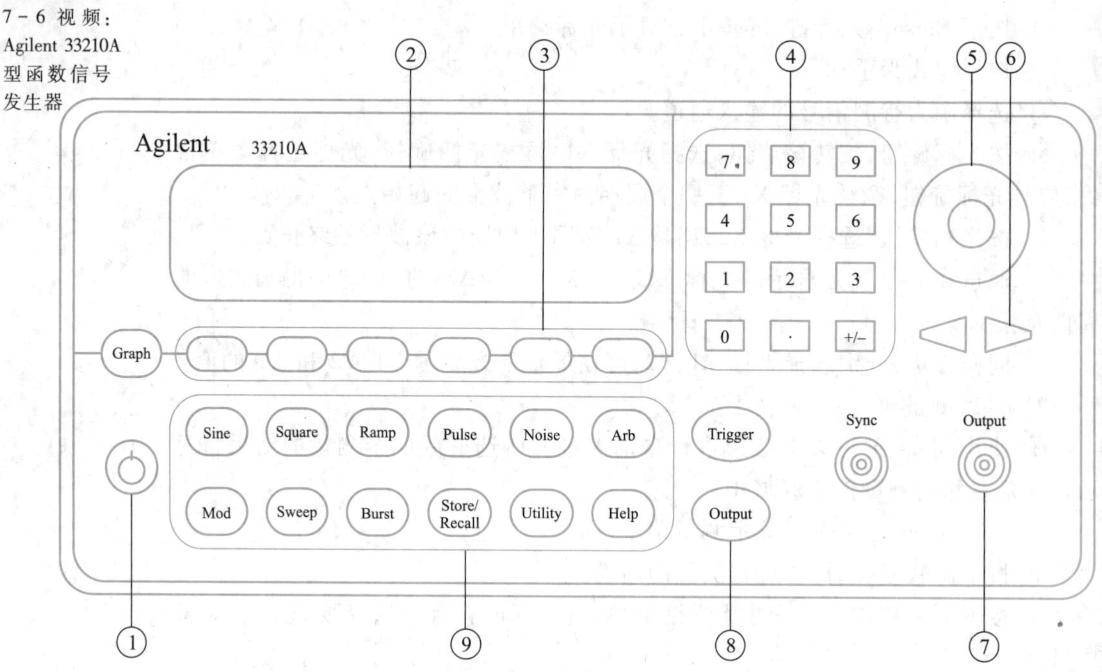

图 7.34　Agilent33210A 型函数信号发生器面板

①——电源开关　②——显示屏　③——菜单操作软键　④——数字键　⑤——旋钮
⑥——光标键　⑦——信号输出端　⑧——信号输出控制按键　⑨——功能按键

2. 使用说明

打开电源开关，屏幕显示 1 kHz 及正弦波标识，此为该仪器的默认设置，需注意的是，为保护设备开机后信号源的输出为关闭状态，只有按下信号输出控制键 Output，即该键呈点亮状态时信号才被输出。我们利用示波器来观察信号发生器

的输出波形。将测试线接到信号发生器的信号输出端 Output，并与示波器的测试探头相接，注意两条测试线的红色信号端相接，黑色地端相接。按 Output 键，示波器屏幕便显示信号发生器的输出信号波形。

（1）频率的设置

例如设定频率为 1.2 kHz，可通过如下两种方法进行：方法一为利用数字键实现，先按菜单软键选择频率，屏幕显示当前频率，输入数字 1.2，再按菜单软键选择单位 kHz 即可；方法二为利用旋钮和光标键实现，先通过光标键定位数字，顺时针调节旋钮，可增大当前光标选定数字，逆时针调节旋钮，可减小当前光标选定数字。

以上介绍的两种方法普遍适用于该信号发生器的其他参数设置，下面仅以数字键方法为例进行介绍。

（2）幅度的设置

例如，设定正弦波峰-峰值为 5 V：按菜单软键选择幅度，输入数字 5，再按菜单软键选择单位 V_{P-P}，即可从示波器的显示读出当前输出的正弦波峰-峰值为 5 V。

（3）直流偏移电压的设置

例如，给当前输出的正弦波添加一个-1 V 的直流偏移分量。按 Offset，屏幕显示当前直流偏移电压为 0 V，输入数字-1，再选择单位 VDC。

（4）方波占空比的设置

例如，设定占空比为 20%，首先按方波键，改变输出信号为方波。再按软键菜单 Duty Cycle 键，屏幕显示当前方波占空比为 50%，输入数字 20，并选择软键菜单的百分号。

（5）直流输出电压的设置

信号发生器还可在±5 V 的范围内输出直流电压。例如，设定输出 2.5 V 的直流电压。首先按 Utility 键，再按软键菜单选择 DC ON，输入数字 2.5，并选择单位 VDC，即可得到 2.5 V 的直流输出电压。

3. 注意事项

（1）信号发生器的输出端不可短接。

（2）千万不能将信号发生器与直流稳压电源的输出端直接短路。

（3）为保护仪器，只有按下信号输出控制键 Output，即该键呈点亮状态时，信号才被输出。

（4）信号发生器的实际输出与屏幕显示可能会有偏差，实验中以毫伏表或示波器的实际测量值为准。

7.2.7　TFG2020G DDS 型函数信号发生器

7-7 视频：TFG2020G DDS 型函数信号发生器

1. 面板介绍

TFG2020G DDS 型函数信号发生器的面板如图 7.35 所示。

2. 使用说明

键盘区共有 20 个按键。键体上的标识表示该键的基本功能，按键上方的标

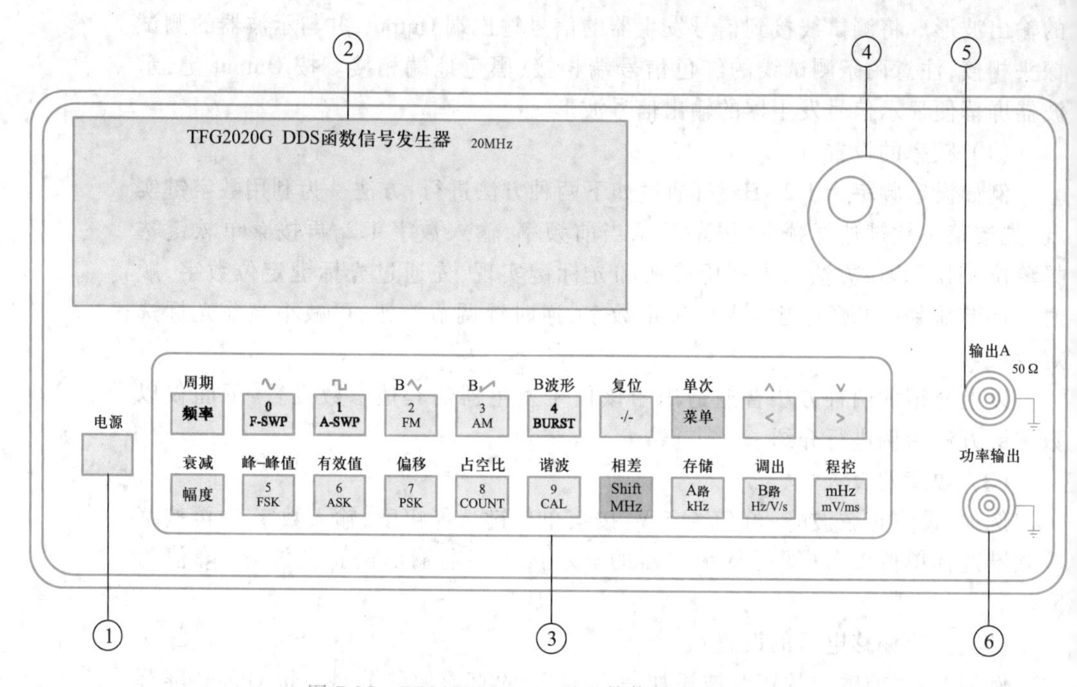

图 7.35　TFG2020G DDS 型函数信号发生器面板

①——电源开关　②——显示屏　③——键盘区　④——调节旋钮

⑤——A 路输出端　⑥——功率输出端

识表示该键的上挡功能。直接按键执行该键的基本功能，若执行其上挡功能，需首先按 shift 键，屏幕右下方显示“s”再按该键即可。

下面举例说明 TFG2000G 系列信号发生器在电路实验中的常用功能。调节 A 路输出信号为频率 3.5 kHz、峰-峰值 5 V 的正弦波。

打开电源开关，屏幕显示 A 路输出正弦波，频率为 1 000 Hz。我们可通过示波器观察该信号。

直接修改频率，输入数值 3.5，再按单位键 kHz 即可。

按幅度键，显示当前幅度格式为峰-峰值，可通过数字和单位键直接修改峰-峰值。若设置有效值，方法如下：按 shift+有效值，再按 5、单位键伏特即可。

至此，在 A 路输出端及功率输出端均可测量到频率为 3.5kHz、有效值为 5 V 的正弦波输出信号。

除了正弦波，按下 shift+1，可选择输出为方波；按 shift+占空比，可选择输出为脉冲波。参数的设置，与正弦波类似。

信号参数还可通过调节旋钮进行设置。在参数值数字显示的上方，有一个三角形的光标，按移位键可以使光标左移或右移，顺时针转动旋钮，可使光标指示位的数字连续加 1；逆时针转动旋钮，可使光标指示位的数字减 1。数字改变后即刻生效，不用再按单位键。

3. 注意事项

1）由于信号发生器有一定的内阻，在频率特性等电路实验中，随着频率改变，信号发生器内阻上的电压也将发生改变，从而引起被测电路输入信号幅值的变化，因此测量时需用交流毫伏表或示波器监测信号发生器的输出电压，以维持

输入信号的幅值不变。

2）A 路输出端，常用于对输出功率要求较小的电工电子实验中。当电路负载较大时，如谐振电路等实验，应使用下方的功率输出端。该端内有功率放大电路，可提供较大的功率输出。

3）尽管信号发生器输出具有过压保护和过流保护，输出端短路几分钟时一般不会损害，但应尽量防止这种情况的发生，以免对仪器造成潜在危害。

7.2.8　AS2294 系列双通道交流电压表

交流电压表是一种用来测量正弦电压的电子仪表，显示数值为交流信号的有效值。万用表的交流电压挡，一般只能用于测量低频交流电压。而用交流电压表测量的交流信号，具有测量频率范围宽、电压范围大、输入阻抗大、灵敏度高等特点，故常被用作一般的放大器和电子设备的测量。

7－8 视频：AS2294 系列双通道交流电压表

AS2294A 和 AS2294D 为电路实验室常用的两种型号的交流电压表，能够测量毫伏级电压，因此也称交流毫伏表。AS2294A 采用硬开关控制并指示被测电压的输入量程，AS2294D 采用数码开关和单片机结合控制被测电压的输入量程，用指示灯指示量程范围。二者均由两路电压表组成，功能基本相同。下面主要以 AS2294A 型交流电压表为例向同学们进行介绍。

1. 功能介绍

AS2294A 型交流电压表面板如图 7.36(a)所示。

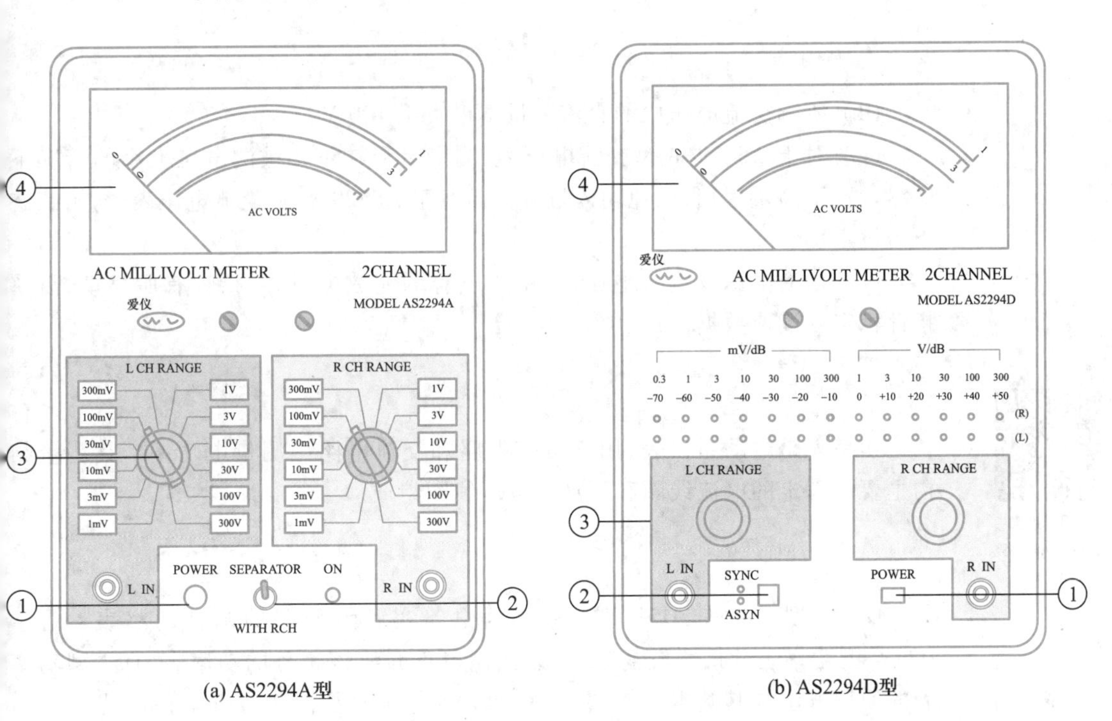

(a) AS2294A型　　(b) AS2294D型

图 7.36　AS2294 系列双通道交流电压表面板

①——电源开关：按下接通电源，指示灯亮。接通电源后，首先将测试线的红黑两个夹子短接，观察表针是否归零，如需要可进行机械调零。

②——独立、同步开关:两路电压表既可作为两台独立的电压表使用,也可以作为同步电压表使用,此功能由独立、同步开关控制。当开关置于上方“SEPARATOR”时,为两台独立的电压表,测量信号分别由两个 BNC 测试接口输入;当开关置于下方“WICH RCH”时,为同步电压表。此时,右侧量程选择旋钮同时控制两路电压表量程,而左侧量程选择旋钮处于闲置状态。

③——电压量程选择旋钮:旋钮周围黑色字体标识的部分为电压量程,红色字体标识的部分为电压增益。

④——表盘:具有两个指针,黑色指针指示左通道电压测量值,红色指针指示右通道电压测量值。表盘上还标有四条刻度线,当选择电压量程的数值为 1、10、100 时,从第一条刻度线读取数据;当选择电压量程的数值为 3、30、300 时,从第二条刻度线读取数据。指针满偏时的数值为所选择的量程值。若选择测量电压增益,则读取第三、四条刻度线以红色标识的 DB 值。

仪表的后面板有一个浮地、共地开关。当作为两台单独电压表使用时,将开关置于上方“FLOAT”,浮地测量状态,两路电压表的参考地与机壳三者分开;否则将开关置于下方“GND”,共地状态,此时两路电压表的参考地在内部与机壳连在一起。

AS2294D 型交流电压表如图 7.36(b)所示,量程挡位标识在面板中央,通过量程选择旋钮选定的挡位,对应指示灯变亮。其独立、同步功能由面板左下方的灰色按键控制,ASYN 灯亮时为独立操作;SYNC 灯亮时为同步操作,此种状态下,两路量程选择旋钮均可调节电压表量程。

2. 注意事项

(1) 所测交流电压中的直流分量不得大于 100 V。

(2) 对于 AS2294A 型交流电压表,测量量程在不知被测电压大小的情况下应尽量置于高量程挡,以免输入过载。而对于 AS2294D 型交流电压表,初始状态不需设定。

(3) 接通电源及输入电压后,由于电容的充放电过程,指针有所晃动,需待指针稳定后读取数据。

7.2.9 功率表

7-9 视频:D34W 型、D51 型功率表

功率表是电动系仪表,用于直流电路和交流电路中测量电功率。其测量结构主要由固定的电流线圈和可动的电压线圈组成。

1. 功能介绍

D34W 型功率表、D51 型功率表为电路实验室使用的两种功率表。由于 D34W 型功率表的接线较复杂,所以我们着重介绍该型号的功率表(D51 型功率表的使用方法与其基本类似),D34W 型功率表面板如图 7.37(a)所示。

(1) 电压量程选择:D34W 型功率表有四个电压接线柱,其中一个为标有“*”的公共端,另外三个是电压量程选择端,分别为 25 V、50 V 和 100 V 量程选择端。

(2) 电流量程选择:没有标明量程,我们可以通过改变四个接线柱的连接方式来选择电流量程,利用活动连接片将两个 0.25 A 的电流线圈串联,可得到 0.25 A

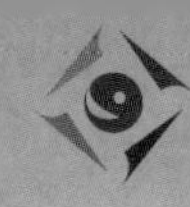

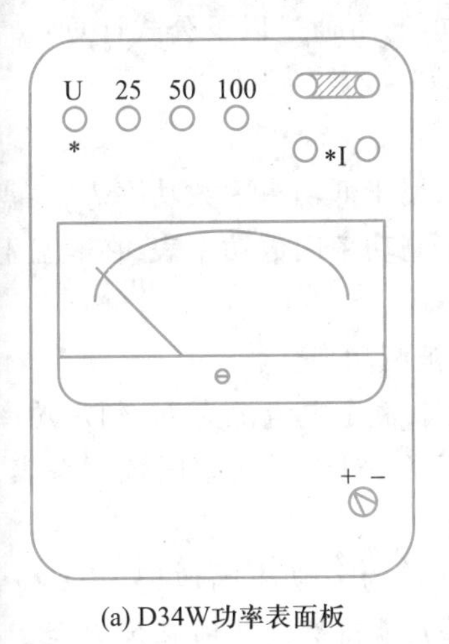

(a) D34W功率表面板

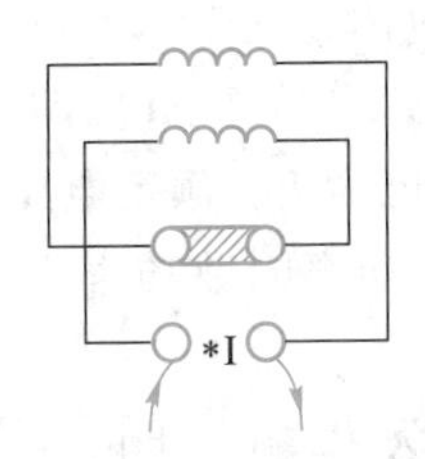

(b) 两电流线圈串联

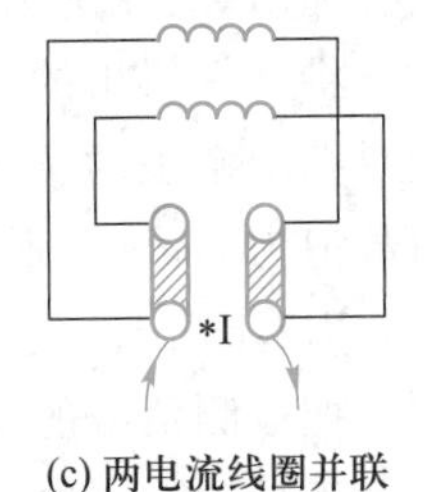

(c) 两电流线圈并联

图 7.37　D34W 型功率表

的量程，如图 7.37(b)所示；利用活动连接片将两个电流线圈并联，电流输入输出接线柱不变，可以得到 0.5 A 的量程如图 7.37(c)所示。

(3) 正负换向开关：测量时，如遇仪表指针反向偏转，应改变正负换向开关极性。

对于 D51 型功率表，左边为两个电压接线柱，通过电压量程转换开关可分别选择电压量程为 75 V、150 V、300 V 及 600 V，该电压量程转换开关兼作正负换向开关。右边的两个接线柱是电流接线柱，通过电流量程转换开关可选择电流量程为 0.25 A 或 0.5 A。

2. 使用说明

(1) 接线：用功率表测量功率时，需要使用四个接线柱，两个电压线圈接线柱和两个电流线圈接线柱。电压线圈并联接入被测电路，电流线圈串联接入被测电路。通常情况下，电压线圈的“ * ”端和电流线圈的“ * ”端应短接在一起。否则，功率表除反偏外，还有可能损坏。

例如，选择电压量程为 50 V、电流量程为 0.25 A，按如下步骤操作：

① 将电压线圈的“ * ”端和电流线圈的“ * ”端短接。

② 从 D34W 型功率表的“ * ”端和 50 V 量程选择端引出两根导线，将电压线圈并联接入被测电路。

③ 利用活动连接片选择电流量程为 0.25 A 后，将电流线圈的输入输出接线柱通过导线串接到电路里。

功率表量程选择示例如图 7.38 所示。

(2) 读数：与其他仪表不同，功率表的表盘上并不标明瓦特数，而只标明分格数。所以从表盘上不能直接读出所测的功率值，而需通过以下公式计算得到：

$$P = C\alpha \tag{7-1}$$

式中，α 为仪表指针偏转的格数，C 为每分格所代表的瓦特数。

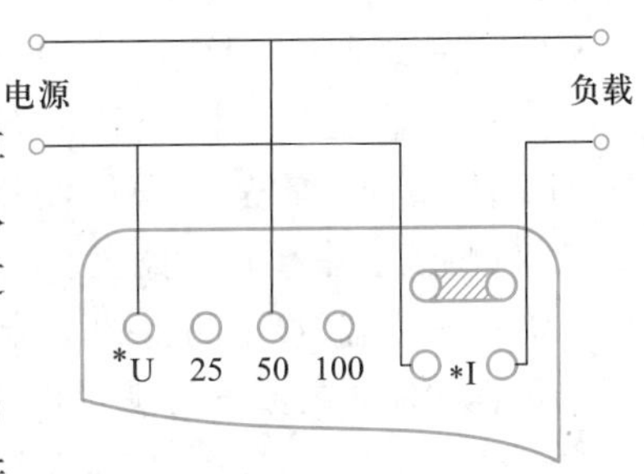

图 7.38　功率表量程选择示例

当选用不同的电压、电流量程时，C 值是不相同的，可通过以下公式计算：

$$C=\text{电压量程}\times\text{电流量程}\times\cos\varphi/\text{表盘满刻度数（瓦/格）}$$

式中，$\cos\varphi$ 为功率表的功率因数。

对于 D34W 型功率表，$\cos\varphi=0.2$，标在表盘上，属于低功率因数功率表，表盘满刻度数为 125；对于 D51 型功率表，$\cos\varphi=1$，属于高功率因数功率表，在表盘上没有标出，表盘满刻度数为 75。

将计算得出的 C 值带入公式(7-1)，即可求出被测功率。

把功率表的额定功率记为 P_N，额定电压记为 U_N，额定电流记为 I_N，额定功率因数记为 $\cos\varphi_N$，则对于高功率因数功率表，$P_N=U_NI_N$；对于低功率因数功率表，$P_N=U_NI_N\cos\varphi_N$。

把被测负载的功率记为 P，端电压记为 U，电流记为 I，功率因数记为 $\cos\varphi$，则对于高功率因数功率表，只要保证了 $U_N\geqslant U$，$I_N\geqslant I$，就自然而然地满足 $P_N\geqslant P$；但对于低功率因数功率表，满足 $U_N\geqslant U$，$I_N\geqslant I$，却不一定满足 $P_N\geqslant P$。因为 $P_N=U_NI_N\cos\varphi_N$，$P=UI\cos\varphi$，通常 $\cos\varphi_N<\cos\varphi$，特别是测量电阻性负载的功率时，更可能出现 $P_N<P$ 的情况（指针偏转超过满刻度）。此时就要把电压量程或电流量程再加大，也可同时加大电压量程和电流量程，从而提高 P_N 使指针偏转不超过满刻度。

3. 注意事项

（1）功率表在使用过程中应水平放置。

（2）仪表指针不在零位时，可利用面板上零位调节器调整。

（3）电流线圈必须串联在电路中，否则有可能烧毁仪表。

（4）测量时，应将电压线圈的“*”端和电流线圈的“*”端短接在一起。

（5）如遇仪表指针反向偏转，应改变仪表面板上的+、-换向开关极性，切忌互换电压接线。

（6）由于功率表在使用过程中，可能出现电压、电流值均没有超过量程，而功率表指针却已超出满偏的情况；也可能出现虽然功率表指针没有达到满偏，而电压或电流值却已超出量程的情况。上述两种情况都会造成仪表的损坏。因此，通常需同时接入电压表和电流表进行监控。

7.2.10 C65 型直流毫安表

7-10 视频：C65 型直流电流表

C65 型直流毫安表面板如图 7.39 所示，用于测量直流电路中的电流，准确度等级为 0.5 级。

①——仪表负极接线柱。下方标有负号，为直流毫安表的负极。

②——量程选择接线柱。五个接线柱分别为 400 mA、200 mA、100 mA、50 mA 及 25 mA 量程选择端，测量时，根据需要选择某一量程端作为直流毫安表的正极，将仪表串接在电路里。

③——表盘，显示测得的电流值。表盘的标度尺被均匀地分为 100 个分格。所选量程端标明的数值为满量程所代表的电流值，再除以 100 就是每分格所代表的电流值。例如，当选择 100 mA 量程时，满刻度所代表的电流值即为 100 mA，每分格所代表的电流值就是 1 mA，该值乘以指针偏转格数，即为电流表所测得的电

流值。

④——保险丝座。里边放有 0.5 A 的保险丝管，对电流线圈起保护作用，防止过流烧坏仪表。按箭头所指方向旋转保险丝座，可以取出保险丝管进行更换。

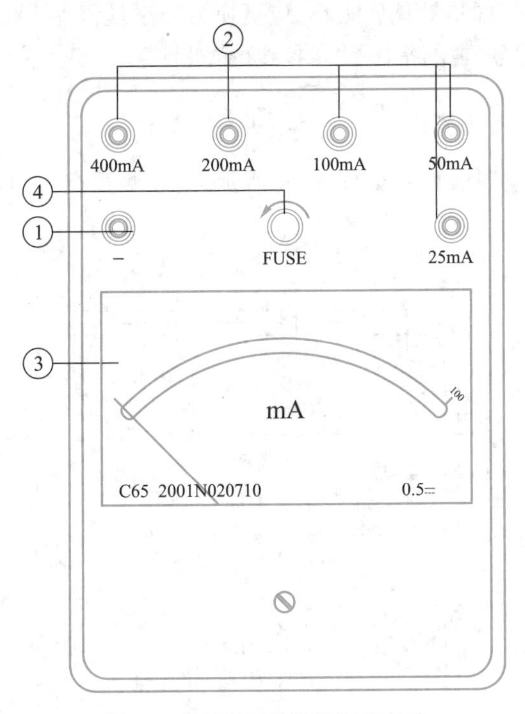

图 7.39 C65 型直流毫安表面板

1. 使用说明

电流表在使用时必须串联在电路中，否则极易烧毁仪表。

需要测量多个支路电流时，通常将电流表与电流插座、电流插头配合使用。电流插头具有两根导线，将电流表的正极与插头的红色导线相接，负极与插头的黑色导线相接。串联于电路中的电流插座，其功能类似于开关，不用时内部的两个弹簧片互相接触，整个插座为短路状态。将接有电流表的电流插头插入插座时，插座的两个弹簧片被分开，电流表通过电流插头与电流插座的两个弹簧片相接，即可将电流表串接于电路中。

利用电流插头和插座配合电流表使用时，需要判断被测电流的正负取值。电流插座有红黑两个接线柱，设定电流参考方向为由红接线柱指向黑接线柱，电流表与电流插头按前述方法接线，测量时若电流表指针正偏，则被测电流方向与参考方向一致，测量数据取正号；若电流表指针反偏，则被测电流方向与参考方向相反，此时应调换电流插头与电流表接线，再次测量后，电流表指针正偏，但测量数据取负号。

2. 注意事项

（1）仪表在使用过程中应水平放置。

（2）如仪表指针不在标度尺的零位，应利用表盘上的零位调节器将仪表的指针准确调到标度尺的零位。

（3）接入仪表前应切断电源，按被测量电流的大小选用相应的量程，当不知道被测电流的大小时，应首先选择较大量程。指针偏转到标度尺的 2/3 以上区域时，读数最准确。如指针偏转很小，应更换为较小量程。

（4）仪表应串联在电路中，注意接线的“极性”。

7.2.11 L7/4 型交流毫安表

7-11 视频：L7/4 型交流电流表

L7/4 型交流毫安表面板如图 7.40 所示，用于测量交流电路中的电流，其准确度等级为 1.0 级。

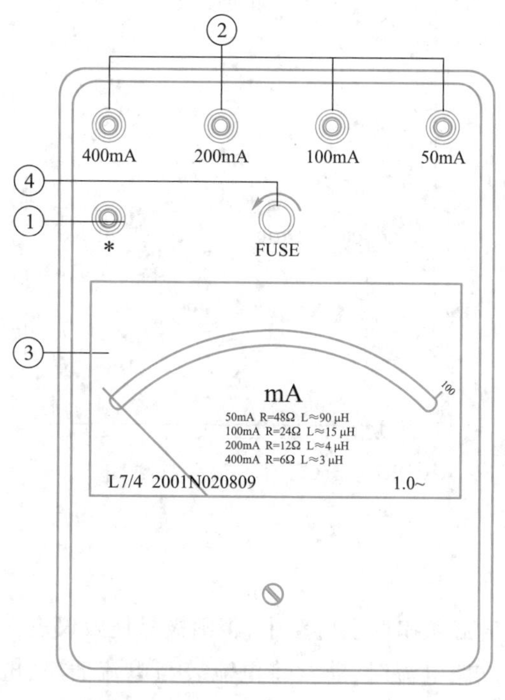

图 7.40 L7/4 型交流毫安表面板

①——公共端，标有“＊”。

②——量程选择端。可提供 400 mA、200 mA、100 mA 及 50 mA 量程选择。

③——表盘，显示被测的交流电流值。表盘上标明的刻度值为 0~100，根据所选量程确定每分格所代表的电流值。例如，选择量程为 200 mA，则每分格所代表的电流值为 2 mA，再乘以指针偏转格数，即为被测的交流电流值。对于交流毫安表，选择不同的量程，电流线圈对应不同的电阻和电感值，其数值标识在表盘上。

④——保险丝座，里边放有 0.5 A 的保险丝管，对电流线圈起保护作用，防止过流烧坏仪表，按箭头所指方向旋转保险丝座，可以取出保险丝管进行更换。

1. 使用说明

电流表在使用时必须串联在电路中，否则极易烧毁仪表。

需要测量多个支路电流时，通常将电流表与电流插座、电流插头配合使用。交流电流表不需考虑被测电流方向。

2. 注意事项

（1）仪表在使用过程中应水平放置。

（2）如仪表指针不在标度尺的零位，应利用表盘上的零位调节器将仪表的指针准确调到标度尺的零位。

（3）接入仪表前应切断电源，按被测量电流的大小选用相应量程，当不知道被测电流的大小时，应首先选择较大量程。指针偏转到标度尺的 2/3 以上区域时，读数最准确，如指针偏转很小，应切断电源，再更换为较小量程。

（4）仪表应串接在电路中，接线时不分正负极性。

7.2.12 UNI-T 56 数字万用表

7-12 视频：UNI-T 56 数字万用表

1. 使用说明

UNI-T 56 数字万用表面板如图 7.41 所示，包括显示屏、电源开关、数据保持开关、功能转换开关、电容测试座、晶体管测试座及输入插座。

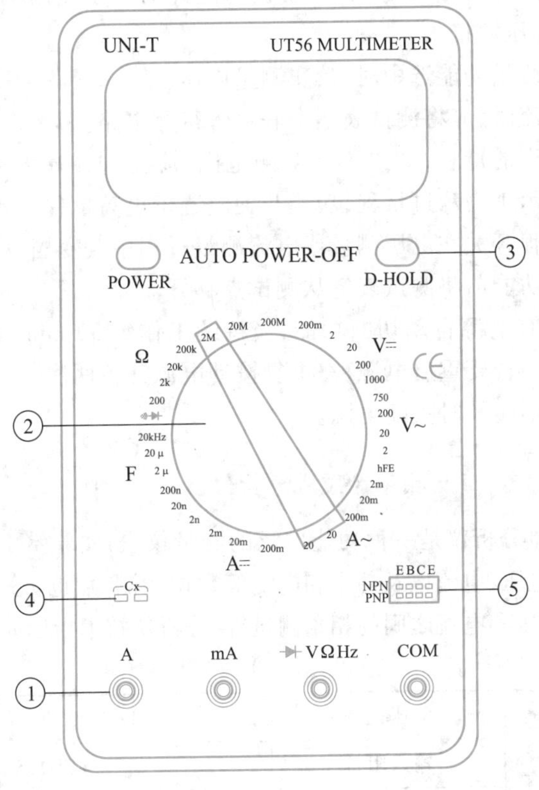

图 7.41　UNI-T 56 数字万用表面板

①——输入插座。在进行实验数据测试时，首先应选择正确的输入插座插入测试表笔。

左边起第一个为 20 A 电流输入插座；第二个为小于 200 mA 电流输入插座；第三个为二极管、电压、电阻、频率输入插座；第四个为公共端，我们应将黑色测试表笔固定插于该插座。

②——功能转换开关:用于选择测量功能。将开关转换至不同挡位,可分别进行直流、交流电压测量;晶体管放大倍数测量;直流、交流电流测量;电容测量;频率测量;二极管测量及通断测试;电阻测量。

这些测量功能的实现都很简单,特别介绍一下通断测试挡的实验应用。打开电源,选择功能转换开关为通断测试挡,将测试表笔接在一根导线的两端。如果导线完好,则可听到内置蜂鸣器的响声;如果导线内部断路,则蜂鸣器不响。由此我们可快速检查实验导线的通断情况及实验电路的通断故障。

③——D-HOLD 键:按下此键,抓取并保持当前测量值,显示屏左下角显示H,再次按下退出保持状态。

④——电容测试插座:选择功能转换开关为电容测试挡,将待测电容插入该插座,即可从显示屏获取被测电容值。

⑤——晶体管测试插座:选择功能转换开关为 HFE 测试挡,将待测晶体管插入该插座,即可测得被测晶体管的放大倍数。

2. 注意事项

(1) 测量前选择适当的功能,严禁在功能开关处于电阻测量及二极管通断测试挡位时,将电压源接入。

(2) 当电流测量功能选中时,禁止测量电压。

(3) 测量电流时,应将测试表笔串联接入待测电路。

(4) 选择适当的量程,如果不知被测范围,应先选择最大量程并逐渐下调。如果显示器只显示 1 表示过量程,功能开关应置于更高量程。

(5) 严禁量程开关在电压测量或电流测量过程中改变挡位,以防损坏仪表。

(6) 在切换功能前将测试表笔从测试点移开。

(7) 仪表设有电源自动切断功能,当持续工作约 30 min,电源自动切断,仪表进入睡眠状态。若要重启电源,需重复按动电源开关两次。

(8) 测量完毕应及时关断电源。

7-13 视频:FLUKE 434-Ⅱ三相电能质量分析仪

7.2.13 FLUKE 434-Ⅱ三相电能质量分析仪

三相电能质量分析仪是一种功能广泛的测量仪表,实验室中可被用于进行三相和单相电路的电压、电流以及功率和电能等数据的测量,也可进行谐波、电压、电流的波形测量,电压和电流之间的相角测量等,分析仪技术指标如表 7.9 所示。

表 7.9　分析仪技术指标

电压输入	电压范围	1~1 000 V(有效值)
	输入阻抗	4 MΩ,5 pF
	缩放系数	1 : 1、10 : 1 、100 : 1、1 000 : 1
	分辨率	0.1 V(有效值)
电流输入	类型	夹式变流器
	范围	电流夹为 0~5A (有效值)
功率与能量	测量范围	1.0~20.00 MW

1. 基本套件

FLUKE 434-Ⅱ三相电能质量分析仪的基本套件包括：

(1) 电源适配器。

(2) 具有不同颜色标识的电压测试导线简称电压测试线，共5根。其中，黄色为A相电压测试线，绿色为B相电压测试线，红色为C相电压测试线，黑色为零线电压测试线，白色为地线电压测试线。

(3) 具有不同颜色标识的电流钳夹，共3只。其中，黄色为A相电流钳夹，绿色为B相电流钳夹，红色为C相电流钳夹。

2. 面板介绍

FLUKE 434-Ⅱ三相电能质量分析仪的面板如图7.42所示。

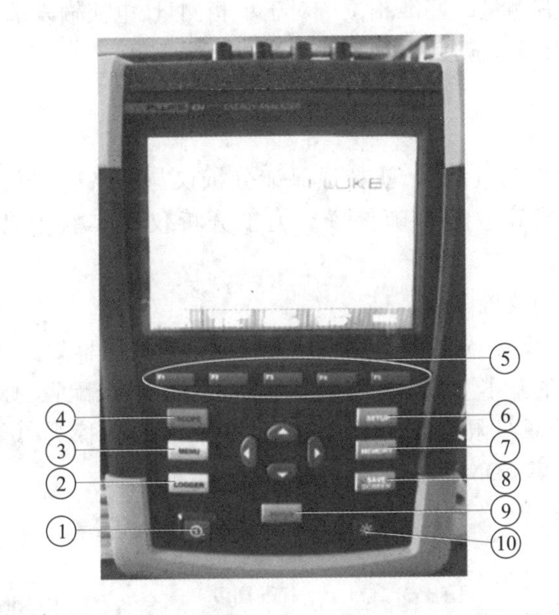

图7.42　FLUKE 434-Ⅱ三相电能质量分析仪面板

①——电源开关　②——实时记录键　③——菜单键　④——示波器模式选择键
⑤——功能键　⑥——设置键　⑦——内存操作键　⑧——保存屏幕键
⑨——回车键　⑩——显示屏亮度调节

分析仪上方为测试线提供输入接口，如图7.43所示。

电压测试线连接端，包括A(L1)、B(L2)、C(L3)、N、地5个电压输入端口。U_A、U_B、U_C分别接A、B、C相负载，即可测量各相负载的相电压、线电压。U_G接负载中性点，U_N接电源中性点，即可测量中性线的电压。连接电压测试线时请注意相序。

电流钳夹连接端，包括A(L1)、B(L2)、C(L3)、N对地4个BNC输入端口。I_A、I_B、I_C分别接入A、B、C相负载所在回路，即可测量各相负载的相电流、线电流。测量中性线电流时，可将任意一相电流钳夹套入中性线即可。电流钳夹上标有箭头，接线时请注意电流方向。

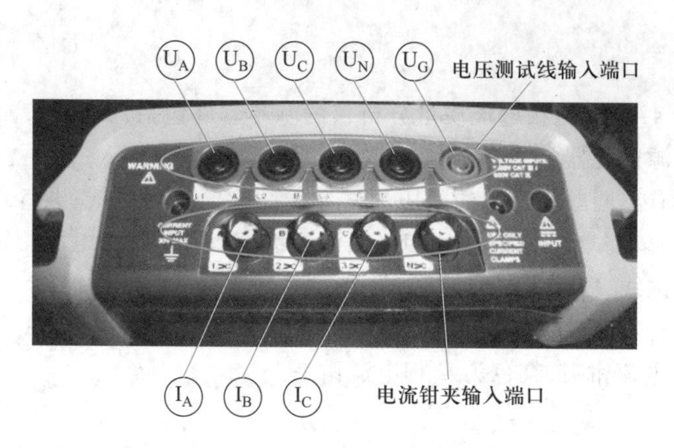

图 7.43　FLUKE 434-Ⅱ三相电能质量分析仪输入端口

A(L1)是所有测量的基准相位。对于单相测量,电流输入端口应使用A(L1)和地端,电压输入端口应使用 A(L1)和 N(中性线)端。

3. 使用说明

要获得正确的测量结果,就必须保证分析仪与电路连接正确,并对分析仪的测量模式、参数等进行正确设置。关于分析仪在实验中常用的功能简介如下。

(1) 分析仪的设置

1) 打开电源开关,分析仪自动显示开机时的欢迎屏幕如图 7.44 所示。该屏幕显示了分析仪的基本参数。其中包括日期、时间、接线配置、标称频率、标称电压、使用的电能质量极限值组,以及要使用的电压和电流探头的类型等。

2) 选择 VIEW CONFIG(功能键 F1)打开设置界面。

3) 选择 SETUP(设置),屏幕显示如图 7.45 所示。

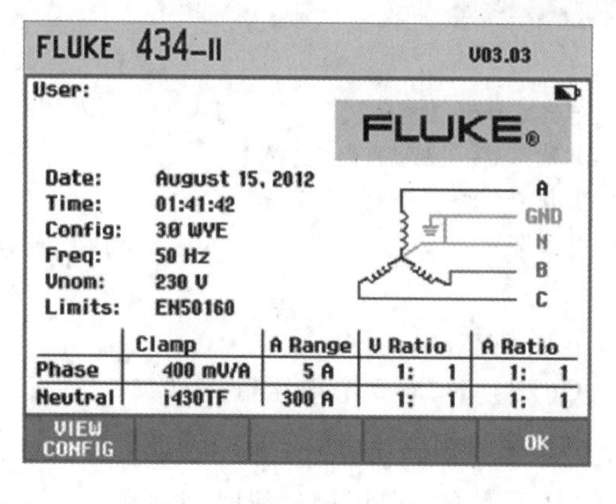

图 7.44　分析仪开机界面

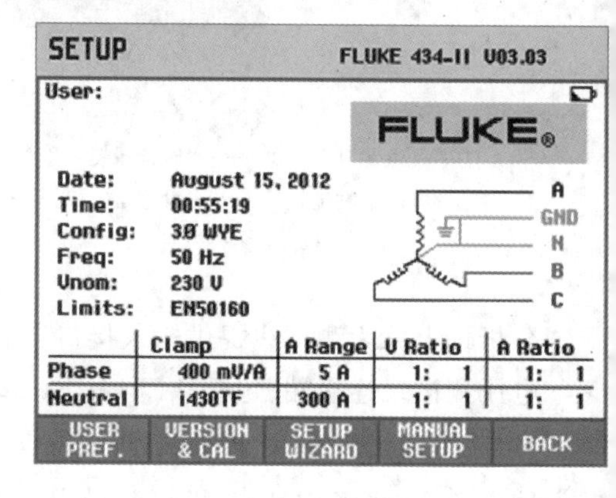

图 7.45　分析仪设置界面

- USER PREF.:用于实现操作用户参数选择,包括语言调整、相位识别、相位颜色、RS-232 波特率、自动关闭屏幕(以节省电源)、自定义用户名、重置为出厂默认设置、演示模式开启/关闭、显示对比度、格式化 SD 存储卡。
- VERSION & CAL:显示版本和校准, 打开一个只读菜单,显示型号、序列

号、校准编号和校准日期。

● SETUP WIZARD：设置向导，指导用户进行一般性的设置，以确保测量的正确性。

● MANUAL SETUP：手动设置。丰富多样的菜单允许用户按照特定的要求对许多功能进行自定义设置。大多数功能都进行了预设，默认设置通常可以提供良好的显示效果。实验中使用 MANUAL SETUP 进行接线方式的设置，应根据不同的被测电路选择合适的接线方式。

4）按 MANUAL SETUP（功能键 F4），屏幕显示如图 7.46 所示。

5）利用上下箭头选中 Config（配置）项，按回车键进入设置菜单，屏幕显示如图 7.45 所示。

6）通过功能键 F1、F2、F3 及箭头键选择电路接线模式（图 7.47 选中的是 3φWYE）。

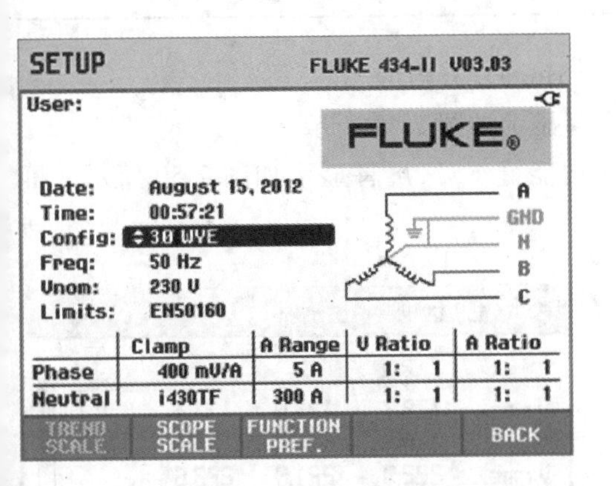

图 7.46　MANUAL SETUP 界面

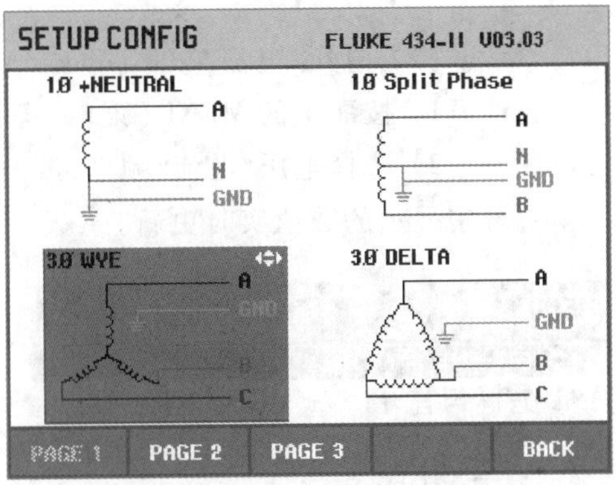

图 7.47　接线模式设置界面

7）按回车键确认，此时屏幕如图 7.48 所示，显示分析仪与被测电路的连线方式。

8）BACK（功能键 F5）返回上一级菜单。

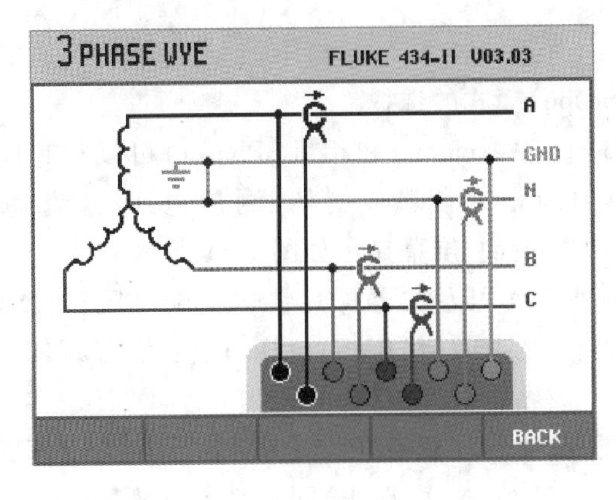

图 7.48　实际接线示意图

3φWYE 为三相四线制 Y 形接法，其他接线模式的含义如表 7.10 所示。

表 7.10　电路接线模式含义

三相接线模式	含义
3φ WYE	三相四线制,Y 形
3φ　DELTA	三相三相制(Delta)
1φ+ NEUTRAL	单相带中性线
1φSPLIT PHASE	分相
1φ　IT NO NEUTRAL	单相制,带两相电压,无中性线
3φ　IT	三相 Y 形,无中性线
3φ　HIGH LEG	四线三相三角形(Delta),带中心抽头高压相脚
3φ　OPEN LEG	开口三角形(V 形)接线,带两个变压绕组
2-ELEMENT	三相三线制,L2 / B 相位上无电流传感器

(2) 电压/电流/频率(Volts/Amps/Hertz) 的测量

1) 按面板的 MENU(菜单)键,屏幕显示如图 7.49 所示。

2) 选择电压/电流/频率,按 OK(功能键 F5),屏幕显示如图 7.50 所示。屏幕中显示的数值实时更新。

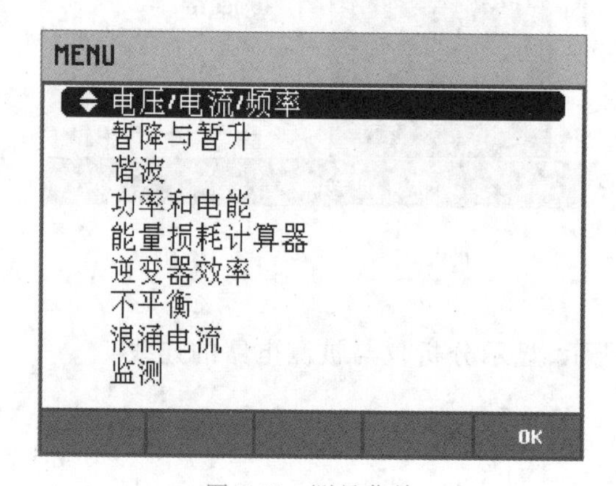

图 7.49　测量菜单

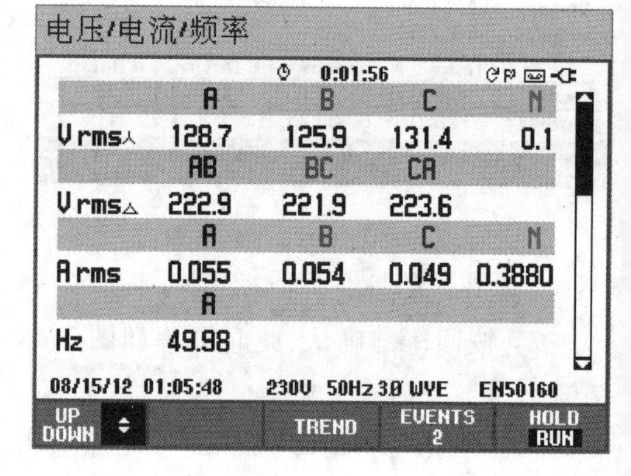

图 7.50　电压/电流/频率测量

(3) 示波器(Scope)模式的选择

示波器波形(Scope Waveform)和相量(Phasor)可以与其他正在进行的测量结合使用,而无须中断记录读数。例如,测量电压/电流/频率(Volts/Amps/Hertz)时,按面板的 Scope 键,屏幕显示如图 7.51 所示。

图 7.51 所示屏幕界面以示波器样式快速更新电压和/或电流波形的显示。屏幕表头部位显示相关的有效值(RMS)电压/电流值,显示四个波形周期。通道 A(L1)是基准通道。该界面下,功能键含义:

● 功能键 F1,显示波形设置选项。VOLT 显示所有电压,AMP 显示所有电流。A(L1)、B(L2)、C(L3)、N(中性线)同步显示所选相位的电压和电流。

● 功能键 F2,打开/关闭光标。使用向左/向右箭头键沿着波形水平移动光标。

● 功能键 F3,打开 Phasor(相量)屏幕,如图 7.52 所示。

● 功能键 F4,使用向上/向下箭头键进行垂直缩放。

● 功能键 F5,返回。切换至当前测量(例如,Volts/Amps/Hertz)。如果当前测量只有示波器波形(Scope Waveform)/相量(Phasor),切换至菜单(MENU)。

图 7.52 所示屏幕界面以矢量图形式显示电压和电流的相位关系。基准通道 A(L1)的矢量指向水平正方向。此外还显示相位电压(有效值(RMS)、基波值、光标处显示值)、相位电流(有效值(RMS)、基波值、光标处显示值)、频率、电压和电流之间的相角等数值。屏幕表头部位显示有效值(RMS)电压和(或)电流值。该界面下,功能键含义:

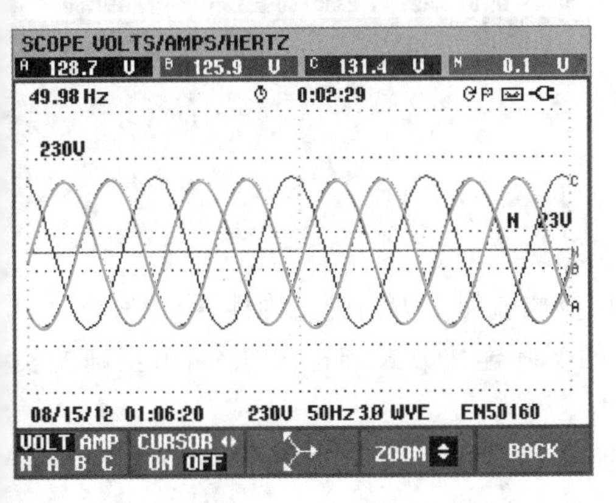

图 7.51　Scope Waveform 界面

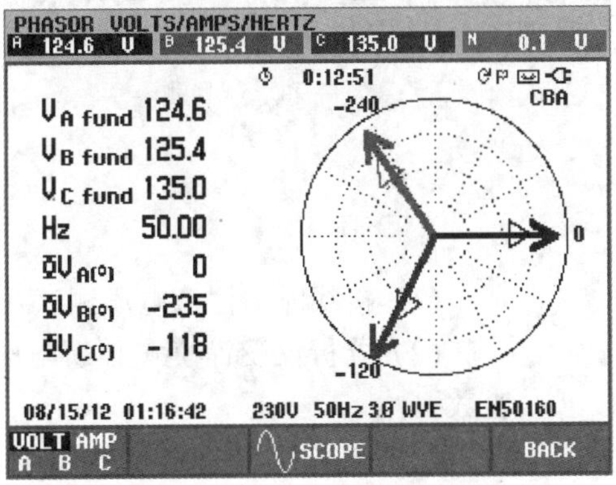

图 7.52　Phasor 界面

● 功能键 F1,显示相量设置选项。可显示所有电压和电流,或各相位的电压和电流。

● 功能键 F3,切换至 Scope Waveform(波形模式)。

● 功能键 F5,返回。

光标是一条垂直直线,可以定位在波形上。通过箭头键来操作缩放(Zoom)和光标(Cursor)。当光标(Cursor)启动时,光标处的波形值显示在屏幕的表头部位。缩放(Zoom),让用户能够垂直扩大或缩小显示来查看详细内容或将整个图形适合屏幕区域显示。

可利用波形(Waveform)和相量(Phasor)模式检查电压导线和电流钳夹是否正确连接。

(4) 功率和电能的测量

按面板的 MENU(菜单)键,屏幕显示如图 7.49 所示,选择功率和电能,按 OK 键(功能键 F5),屏幕显示如图 7.53 所示。

其中包括:有效(或有功)功率(W)、视在功率(V·A),无功功率(var),谐波功率(V·A)、不平衡无功功率(V·A Unb)、基波有效功率(W fund),基波视在功率(V·A fund)、功率因数(PF)、位移功率因数(DPF 或 cos)、有功能量(W·h)、视在能量(V·A·h)、无功能量(Var·h)、正向能量(W·h,kW·h forw)、反向能量(W·h,kW·h rev)。

如果界面显示有功功率或功率因数为负,如图 7.54 所示,请检查电压测试线相序是否正确及电流钳夹方向是否正确。

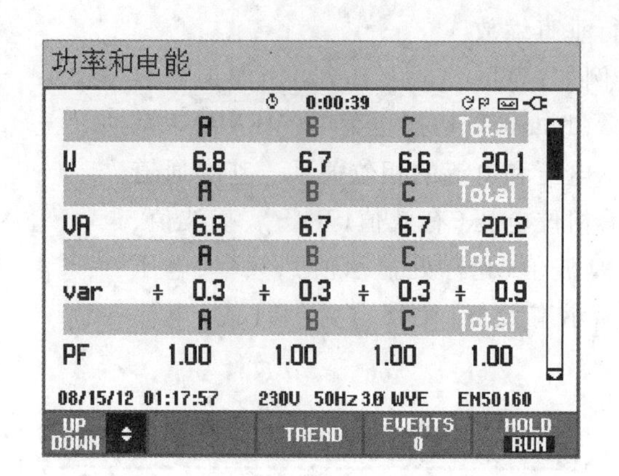

图 7.53　功率和电能的测量

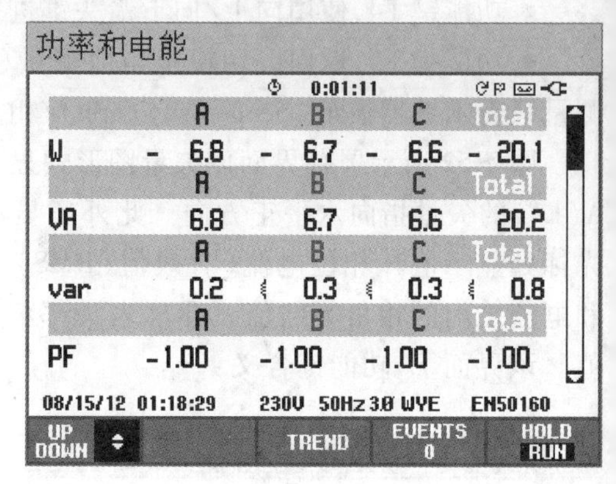

图 7.54　测量数据为负值

4. 注意事项

（1）接线时请注意电压测试线相序及电流钳夹方向的正确性。

（2）分析仪设置模式必须与电路的实际连接方式相符，才能测出正确的实验数据。

（3）务必使用分析仪自带的或者推荐使用的安全电流钳夹及电压测试导线。

（4）分析仪的接地输入端仅可接地，不可施加任何电压。

（5）不要施加超出分析仪额定标准的输入电压。

（6）不要施加超出分析仪电流钳夹额定标准的输入电流。

参考文献

[1] 秦曾煌,姜三勇.电工学——电工技术[M].7版.北京:高等教育出版社,2009.
[2] 秦曾煌,姜三勇.电工学——电子技术[M].7版.北京:高等教育出版社,2009.
[3] 王卫.电工学(上册)[M].2版.北京:机械工业出版社,2008.
[4] 杨世彦.电工学(中册)[M].2版.北京:机械工业出版社,2008.
[5] 吴建强.电工学(下册)[M].北京:机械工业出版社,2008.
[6] 吴建强,张继红.电路与电子技术[M].2版.北京:高等教育出版社,2018.
[7] 刘凤春,王林.电工学实验教程[M].2版.北京:高等教育出版社,2019.
[8] 廉玉欣.电子技术实验教程[M].北京:高等教育出版社,2018.
[9] 吴建强.电工学新技术实践[M].3版.北京:机械工业出版社,2012.
[10] 孟涛.电工电子EDA实践教程[M].2版.北京:机械工业出版社,2012.
[11] 林育兹.电工学实验[M].2版.北京:高等教育出版社,2016.
[12] 王宇红.电工学实验教程[M].2版.北京:机械工业出版社,2013.
[13] 赵建华.电工学基础与综合实验[M].北京:中国电力出版社,2013.
[14] 袁桂慈.电工电子技术实验教程[M].北京:机械工业出版社,2008.